建筑室内 PM$_{2.5}$ 污染控制

赵 力 王清勤 陈 超 路 宾 等编著

U0250906

中国建筑工业出版社

图书在版编目（CIP）数据

建筑室内 PM$_{2.5}$ 污染控制/赵力等编著. —北京：中国建筑工业
出版社，2016.4
ISBN 978-7-112-19265-6

Ⅰ.①建… Ⅱ.①赵… Ⅲ.①室内空气-可吸入颗粒物-空气污
染控制 Ⅳ.①X513

中国版本图书馆 CIP 数据核字（2016）第 056012 号

责任编辑：张幼平
责任设计：李志立
责任校对：陈晶晶 姜小莲

建筑室内 PM$_{2.5}$污染控制

赵 力 王清勤 陈 超 路 宾 等编著

*

中国建筑工业出版社出版、发行（北京西郊百万庄）
各地新华书店、建筑书店经销
北京科地亚盟排版公司制版
北京圣夫亚美印刷有限公司印刷

*

开本：787×1092 毫米 1/16 印张：17 字数：378 千字
2016 年 5 月第一版 2016 年 5 月第一次印刷
定价：**68.00** 元
ISBN 978-7-112-19265-6
（28539）

主　编　赵　力　中国建筑科学研究院

副主编　王清勤　中国建筑科学研究院

　　　　陈　超　北京工业大学

　　　　路　宾　中国建筑科学研究院

编写委员（以拼音为序）

　　　　曹国庆　中国建筑科学研究院

　　　　陈　华　广东申菱环境系统股份有限公司

　　　　陈紫光　北京工业大学

　　　　邓　鹏　远大建筑节能有限公司

　　　　范东叶　重庆大学

　　　　郭　阳　建研凯勃建设工程咨询有限公司

　　　　何春霞　中国建筑技术集团有限公司

　　　　胡　杰　远大空品科技有限公司

　　　　何健乐　广东申菱环境系统股份有限公司

　　　　康井红　中国建筑科学研究院

　　　　李国柱　中国建筑科学研究院

　　　　刘　亮　中国建筑科学研究院

　　　　李　冉　北京建筑大学

　　　　孟　冲　中国建筑科学研究院

　　　　彭　继　远大建筑节能有限公司

　　　　田　蕾　中国人民解放军军事医学科学院

　　　　田小虎　中国建筑技术集团有限公司

　　　　王军亮　重庆大学

　　　　王亮添　广东申菱环境系统股份有限公司

　　　　王　平　北京工业大学

　　　　王晓飞　重庆大学

　　　　王亚峰　北京工业大学

　　　　万亚丽　北京工业大学

　　　　夏聪和　中国建筑科学研究院

　　　　谢　慧　北京科技大学

　　　　袭著革　中国人民解放军军事医学科学院

　　　　于　丹　北京建筑大学

郑佰涛　中国石油天然气集团公司办公厅
左建波　中国金茂控股集团有限公司
张林勇　中油阳光物业管理有限公司
张　雪　北京建筑大学
赵乃妮　中国建筑科学研究院
朱荣鑫　重庆大学
赵　申　北京科技大学

前　　言

　　2013 年以来，我国大部分城市雾霾天气频发，PM$_{2.5}$ 已经成为影响大气环境质量的首要污染物，也是人们最为关注的污染物。PM$_{2.5}$ 又称为细颗粒物或可入肺颗粒物，是指空气动力学直径≤2.5μm 的颗粒物。国内外的环保部门对大气中 PM$_{2.5}$ 进行监测和控制、标准规范对室内空气中 PM$_{2.5}$ 浓度进行限值要求，并非仅仅因为它会导致大气能见度下降，影响交通安全和人们日常生活，更重要的原因是 PM$_{2.5}$ 能够突破鼻腔，深入肺部，甚至渗透进入血液。如果长期暴露在 PM$_{2.5}$ 污染的环境中，会对人体健康，如呼吸系统、心脑血管系统、神经系统及免疫系统等造成伤害，并可能引发整个人体范围的疾病，这是对 PM$_{2.5}$ 进行监测和控制的一个重要原因。

　　现代人们大部分的时间是在室内度过的，当雾霾天气出现的时候，人们通常选择关闭门窗并留在室内。然而，建筑室内并不完全是"躲避"PM$_{2.5}$ 的"安全避风港"，因为室外的 PM$_{2.5}$ 能够通过空调通风系统和建筑围护结构缝隙等途径进入室内；若室内环境中存在 PM$_{2.5}$ 污染源且没有有效的控制措施，室内 PM$_{2.5}$ 污染程度可能比室外环境更加严重。可见，在雾霾未得到治理之前，室内环境中的 PM$_{2.5}$ 控制问题不容松懈。

　　中国建筑科学研究院在室内颗粒物污染控制技术方面有着多年的研究积累，具有较为丰富的研究经验和研究成果。在雾霾、PM$_{2.5}$ 尚未受到深度关注时就申请并承担了"十二五"国家科技支撑计划课题"建筑室内颗粒物污染及其复合污染控制关键技术研究（2012BAJ02B02）"的研究工作。室内 PM$_{2.5}$ 污染受雾霾天气影响而加重，亟需有效的控制手段。鉴于此，课题组特将课题相关研究成果进行梳理并总结成书，以期为建筑室内 PM$_{2.5}$ 控制提供技术参考和应用借鉴。

　　本书的主要内容来源于"十二五"国家科技支撑计划课题"建筑室内颗粒物污染及其复合污染控制关键技术研究（2012BAJ02B02）"的部分研究成果。全书分为 9 章，各章主要内容为：

　　第 1 章　室内 PM$_{2.5}$ 来源与污染控制现状

　　本章概述了室内 PM$_{2.5}$ 来源、污染现状、相关政策以及标准规范限值要求。从室内来源和室外来源两方面阐述了室内 PM$_{2.5}$ 的来源，进而对我国典型城市的室外 PM$_{2.5}$ 污染及不同类型建筑的室内 PM$_{2.5}$ 污染进行调查研究，以掌握我国目前 PM$_{2.5}$ 的污染现状。介绍了国内外关于 PM$_{2.5}$ 防治的主要法规与政策，并梳理了国内外有关 PM$_{2.5}$ 的控制标准。

　　第 2 章　PM$_{2.5}$ 与人体健康

　　本章阐述了 PM$_{2.5}$ 暴露、健康危害的毒理效应及可能引起的疾病。介绍了颗粒物暴露水平及对健康的影响；叙述了颗粒物吸入与体内的分布，涉及颗粒物进入人体的途径以及颗粒物在呼吸道内的沉积。通过对呼吸系统、心血管系统、免疫系统、神经系统、生殖系统、致突变性与致癌性以及氧化损伤等方面内容的阐述，分析了颗粒物对人体健康危害的毒理效应。最后对未来发展进行展望。

第3章　$PM_{2.5}$的基本性质及动力学特征

本章对气溶胶科学的基本理论进行了阐述。$PM_{2.5}$的运动与控制遵循气溶胶力学的基本理论，对气溶胶的基本物理性质、气溶胶粒子的动力学特性、气溶胶粒子的扩散与凝聚理论进行了介绍；进一步介绍颗粒物穿透建筑围护结构缝隙时的受力与运动特性。

第4章　室内外$PM_{2.5}$污染实测与分析

本章基于实测数据，对室内外$PM_{2.5}$关联关系进行了研究。选取北京、广州地区办公建筑为研究对象，并对室内和室外$PM_{2.5}$进行连续监测。基于测试数据，研究了室外$PM_{2.5}$质量浓度的日、周、月变化规律及其对建筑室内环境的影响，室外气象参数（风速、空气温度、空气相对湿度）变化与建筑室外和室内$PM_{2.5}$质量浓度水平的关联关系。

第5章　建筑外窗的缝隙通风特征与评价

本章就建筑外窗缝隙结构特征对$PM_{2.5}$阻隔特性进行了研究。室外$PM_{2.5}$可以通过建筑围护结构渗透进入室内。结合北京地区两栋临街办公建筑室内外环境$PM_{2.5}$浓度及粒径分布的监测数据，比较分析了建筑外窗关闭且无室内源条件下，室外$PM_{2.5}$在渗入建筑外窗缝隙过程中的穿透特性及其在传输过程中的沉降特性。结合数理统计学方法，构建了关于室内$PM_{2.5}$质量浓度水平的预测模型。

第6章　$PM_{2.5}$污染控制技术

本章对室内$PM_{2.5}$污染的控制技术进行了分析和阐述。室外$PM_{2.5}$可以通过通风空调系统、外门窗缝隙、人员携带等途径进入室内。针对室外$PM_{2.5}$进入室内的主要途径和普适的单项控制技术，对通风、滤料过滤技术、静电过滤技术及其他控制技术等的原理、性能、影响因素及产品设备等进行阐述，并对各项控制技术的组合应用进行了介绍。

第7章　$PM_{2.5}$污染控制解决方案

本章提出了一整套室内$PM_{2.5}$污染控制设计方法。在室内$PM_{2.5}$控制设计中，$PM_{2.5}$室外和室内设计浓度是重要参数，本章给出$PM_{2.5}$室内和室外设计浓度的确定方法。在控制方法上，提出了系统的$PM_{2.5}$污染控制设计方案，并给出了集中式、半集中式、分散式系统的$PM_{2.5}$污染控制设计计算方法。通过实测给出了部分过滤器的计重效率、计数效率以及两者之间的关系。为兼顾通风空调系统的节能运行，提出了根据室外$PM_{2.5}$污染变化而进行的控制系统节能运行策略。

第8章　建筑室内$PM_{2.5}$污染控制工程案例

本章对室内$PM_{2.5}$控制的典型工程进行分析讨论。实际的建筑类型和使用功能多样，通风空调系统集成复杂，加之不同地区室外$PM_{2.5}$污染情况各异，导致建筑室内

PM$_{2.5}$的控制技术方案也不尽相同。为此，实践案例的选择考虑到了不同建筑类型、不同地区以及不同技术方案。每个案例主要从室内 PM$_{2.5}$ 控制设计和控制效果两方面出发，介绍不同功能的建筑室内 PM$_{2.5}$ 控制的设计思路与技术方案、关键技术以及控制效果。

第 9 章　PM$_{2.5}$产品检测与试验平台

本章介绍了不同功能和不同用途的颗粒物控制产品性能试验平台。大气环境中的 PM$_{2.5}$ 可以通过围护结构缝隙渗透、空调新风系统等途径进入室内，因此建筑围护结构对 PM$_{2.5}$ 的阻隔性能、过滤器对 PM$_{2.5}$ 的过滤性能至关重要。有必要通过专业的试验平台对它们的性能进行测试。本章选择了部分较为典型的用于阻隔和过滤 PM$_{2.5}$ 的产品检测与试验平台，对其功能、结构、测试及评价方法等内容进行了介绍。

本书编写过程中，清华大学张寅平教授、中国医学科学院秦川教授、上海市建筑科学研究院（集团）有限公司李景广教授级高工对本书的技术内容进行了审阅把关。中国建筑科学研究院赵力、王清勤、路宾以及北京工业大学陈超负责全书的统稿和审校工作，中国建筑科学研究院李国柱在统稿成书过程中做了大量工作。本书编写过程中，多处引用国家标准、规范、文献、著作以及网站空气质量数据，在此一并表示诚挚的谢意。

本书的编写凝聚了所有参编人员和专家的集体智慧，在大家辛苦的付出下才得以完成。由于编写时间仓促，编者水平所限，书中疏漏和不妥之处在所难免，恳请广大读者批评指正！

本书编委会

2015 年 12 月 12 日

主要名词及含义

细颗粒物 PM$_{2.5}$（fine particulate matter，PM$_{2.5}$）

空气动力学当量直径小于等于 2.5μm 的颗粒物，也称可入肺颗粒物，表征其质量浓度的常用单位为 $\mu g/m^3$ 或 mg/m^3。

I/O 比（I/O ratio）

室内颗粒物浓度与室外颗粒物浓度的比值，一般为质量浓度或数量浓度之比，无量纲量。I/O 比直接反映了室内外颗粒物浓度关系，是室内外颗粒物浓度关联特性研究中应用最广泛的参量。

气溶胶（aerosol）

由固体或液体小质点分散并悬浮在气体介质中形成的胶体分散体系，分散相为固体或液体小质点，大小主要为 0.001~0.1μm，分散介质为气体。

渗透系数 F_{in}（infiltration factor）

平衡状态下室外环境中颗粒物进入室内并保持悬浮的比例，无量纲量。渗透系数避免了和室内颗粒物源的混淆，特指由室外颗粒物进入室内并且还保持悬浮的那一部分。

穿透系数 P（penetration factor）

跟随渗透风穿过建筑围护结构进入室内的颗粒物质量浓度比例，无量纲量。穿透系数是描述颗粒物穿过建筑物围护结构缝隙机理最相关的参量。

沉降系数 k（deposition factor）

室内颗粒物向各壁面的沉降速度乘以该壁面面积的总和与房间体积之比，单位为 h^{-1}，是表征室内颗粒物浓度衰减速度的重要参量之一。

气密性能（air permeability performance）

外门窗在正常关闭状态时，阻止空气渗透的能力，单位为 $m^3/(m \cdot h)$ 或 $m^3/(m^2 \cdot h)$。我国现行的国家标准《建筑外门窗气密、水密、抗风压性能分级及检测方法》GB/T 7106—2008 中将建筑外门窗气密性能分为 8 级，从 1 至 8 级逐级升高。

洁净空气量（clean air delivery rate，CADR）

空气净化器在额定状态和规定的试验条件下，针对目标污染物（颗粒物和气态污染物）净化能力的参数；表示空气净化器提供洁净空气的速率，单位为 m^3/h。风道式净化装置不采用该指标。

PM$_{2.5}$负荷 Q（PM$_{2.5}$ load）

单位时间内室内的 PM$_{2.5}$ 获得量，单位为 $\mu g/s$。建筑 PM$_{2.5}$ 负荷由三部分构成，分别为随渗透风进入室内的 PM$_{2.5}$渗透负荷（Q_p）、随新风进入室内的 PM$_{2.5}$新风负荷（Q_w）以及室内污染源负荷（Q_n）。

PM$_{2.5}$去除能力（removal capacity of PM$_{2.5}$）

空气处理设备单位时间内去除 PM$_{2.5}$的量，单位为 μg/s。

目　　录

第1章 室内 PM$_{2.5}$来源与污染控制现状

近年来，细颗粒物（PM$_{2.5}$）污染已经成为人们关注的热点，人们越来越意识到PM$_{2.5}$对大气环境的破坏和对人类健康的危害。建筑室内的PM$_{2.5}$不仅来自室内的发生源，而且还来自室外。为实现建筑室内PM$_{2.5}$的有效控制，须知道室内PM$_{2.5}$的来源、污染现状及相关的政策和标准，为此，本章针对以上四方面内容进行了阐述。

1.1 室内 PM$_{2.5}$来源

室内PM$_{2.5}$污染的来源可以分为两大类，一是室外PM$_{2.5}$污染向室内环境的传输，二是室内PM$_{2.5}$污染源的释放，两者共同作用决定了室内空气环境中PM$_{2.5}$的浓度和组成。

1.1.1 室内源

1. 燃烧过程

室内PM$_{2.5}$的主要污染源之一是暖器、壁炉、火炉等燃料的燃烧过程。采用分散式供暖的地区，居民住宅内往往设有供暖器和壁炉等，这些设备在使用过程中会产生大量PM$_{2.5}$，加剧室内颗粒污染程度，例如目前在发达国家已经被淘汰的煤油供暖器，其PM$_{2.5}$颗粒发生率高达 9×10^{11} 个/min，石英供暖器和旋管加热器的PM$_{2.5}$发生率也分别达到了 2.5×10^{10} 个/min 和 4×10^{10} 个/min[1]。壁炉中燃烧木炭取暖时，产生的颗粒数量十分惊人，木炭在燃烧过程中产生的颗粒总量不少于 2.1g/kg，有的甚至多达20g/kg，颗粒质量中值粒径为 $0.17\mu m$，属于PM$_{2.5}$[2]。在居室里以蜂窝煤为燃料取暖时，室内空气中PM$_{2.5}$浓度达到了 $200\mu g/m^3$，属于高浓度污染，以液化气为燃料的住户室内空气中的PM$_{2.5}$浓度为 $71\mu g/m^3$，以木材为燃料的家庭其室内PM$_{2.5}$浓度可高达$212\mu g/m^3$，而在使用燃料前，室内PM$_{2.5}$浓度都处在相对较低水平；以生物质燃料（水稻秆和木材）为燃料时，燃料燃烧时室内PM$_{2.5}$的平均浓度明显高于燃料未燃烧时的PM$_{2.5}$平均浓度水平，秸秆类燃烧对室内PM$_{2.5}$浓度的影响大于木材[3]。

香烟释放的烟雾是室内环境中PM$_{2.5}$的主要来源，吸烟所产生的颗粒物大部分都小于 $2.5\mu m$，一支香烟在其燃烧周期中平均可释放 PM$_{10}$（22±8）mg，其中约 2/3 为PM$_{2.5}$（14±4）mg[4]。PTEAM[5] 研究发现，在没有明显室内污染源的情况下，室内PM$_{2.5}$浓度的 60%～70%是来自室外污染源。在有吸烟者的家庭中，香烟烟雾粒子将占室内PM$_{2.5}$的 54%，而室外污染源和其他室内污染源分别只占到30%和16%。Phillips[6] 等人对瑞士 17 个家庭室内外颗粒物浓度进行了研究，发现在室内无明显污染源以及人员活动较少的家庭，其PM$_{2.5}$浓度是室外的70%，而在吸烟家庭中则为180%，这也再次证明吸烟是室内PM$_{2.5}$污染的重要来源。在办公类建筑环境中，香烟烟尘在PM$_{2.5}$浓度中所占的比重很大，约为50%~80%，会议室和休息室中更是高达80%~90%[7]。可见，吸烟不仅有害健康，更是破坏室内空气质量的重要污染源。

熏香在居住环境中的使用已有数百年的历史，但直到最近人们才开始关注其对于室内环境质量的影响。研究表明，熏香在燃烧过程中会产生多种污染物，特别是多环芳香烃、碳氧化物和颗粒物。不同类型熏香的颗粒发生率差异很大，Lee Shun-Cheng[8]对香港常见的10种熏香进行了研究，包括传统型、芬芳型和教堂专用熏香，发现PM$_{2.5}$和PM$_{10}$的计重发生率的变化范围分别是9.8~2160mg/h和10.8~2537mg/h，并且两种环保型熏香产生的污染物并未显著减少。

2. 烹饪过程

烹饪时除所用的燃料燃烧而引起室内空气中PM$_{2.5}$浓度的增加外，烹饪方式也可以导致室内PM$_{2.5}$增加。Wallace[9]对美国家庭中PM$_{2.5}$浓度进行调查研究发现，烹饪过程中室内PM$_{2.5}$的数量增加1.7 ± 0.6mg/min，同时得出油炸和烧烤这两种烹饪过程使PM$_{2.5}$浓度增加最多。He[10]等人对澳大利亚15间厨房内的颗粒物污染情况进行了调查，发现烹饪过程可以使室内PM$_{2.5}$的数浓度增加约5倍，对PM$_{2.5}$质量浓度的影响更大。他们对各种不同类型的烹饪行为进行了实测，包括披萨制作、油炸、烧烤、微波炉和烤箱的使用等，其中制作披萨、油炸、烧烤对室内PM$_{2.5}$浓度的影响很大，制作披萨的行为导致室内PM$_{2.5}$浓度平均峰值达到$735\mu g/m^3$，油炸行为导致室内PM$_{2.5}$浓度平均峰值达到$745\mu g/m^3$，烧烤行为导致室内PM$_{2.5}$浓度平均峰值达到$718\mu g/m^3$，室内PM$_{2.5}$浓度可增加10倍左右。Long[11]等人也对烹饪过程中产生的颗粒物作了相关研究，其结果均证明烹饪将会产生大量颗粒物，油炸和烧烤这两类烹饪行为所导致的PM$_{2.5}$颗粒污染程度最为严重。

3. 人员活动

人员活动与室内PM$_{2.5}$的产生和传播密切相关，可能会导致室内PM$_{2.5}$浓度瞬间增加数倍。人员活动产生颗粒物的数量取决于室内的人数、活动类型、活动强度以及地面特性。人的生理活动，如皮肤代谢、咳嗽、打喷嚏、吐痰、说话以及行走都可能产生颗粒物质。Austen[12]发现，人在静止时$0.3\mu m$以上的PM$_{2.5}$颗粒发生率为10^5个/min，完成起立、坐下等动作时为2.5×10^6个/min，步行时产生的颗粒数更大。

人的家务活动，如打扫卫生和除尘等清洁活动会引起室内PM$_{2.5}$的二次悬浮，大大增加室内PM$_{2.5}$浓度[13]，此类颗粒源的特点是持续时间短，但是能够导致室内颗粒物浓度瞬间增加数倍。He[10]对人的家务活动进行了较为详细的调查后发现，普通扫地时PM$_{2.5}$的发生率为0.05mg/min，其中$1\mu m$以下的小颗粒的计数发生率为1.2×10^{10}个/min，使用吸尘器时PM$_{2.5}$的发生率为0.07mg/min，掸掉衣物上的灰尘导致的PM$_{2.5}$的发生率为0.09mg/min，折叠衣物会引起颗粒的二次悬浮，PM$_{2.5}$的发生率为0.15mg/min。不同的清扫方式，对室内空气中颗粒物浓度的影响也不同[14]，干扫、湿扫和通风干扫的实验中，PM$_{2.5}$的质量浓度达到的最大值分别为391.5、155.3、

286.3$\mu g/m^3$；湿扫和通风干扫可以明显降低室内空气中各颗粒物浓度的增加和各颗粒物在空中的停留时间；干扫后的各颗粒物浓度平均值明显大于湿扫和通风干扫。

4. 设备运行

设备的运行和使用也是PM₂.₅的来源之一。在诸多的办公设备中，打印机应用最为普遍，而其也是室内PM₂.₅的来源之一[15]。复印机在使用状态和通电闲置状态下均会产生PM₂.₅，并且复印速率和复印方式（单面/双面）与颗粒的发生率有着紧密关联。

综上可知，室内的燃烧、烹饪、人员活动及设备运行均会对室内PM₂.₅浓度造成影响，He[10]对居民住宅的PM₂.₅浓度进行了监测，并结合居民的日常活动，确定了153项行为能够导致室内PM₂.₅浓度升高，这些行为最终分为21种不同类型，结果见表1.1-1。

不同污染源对室内PM₂.₅质量浓度的影响   表1.1-1

活动	样本数	峰值（$\mu g/m^3$）	与初始浓度比值	平均发散率（$\mu g/s$）
烹饪	24	37	2.89	1.83
烹制比萨	1	735	73.5	26.50
煎炸	4	745	33.6	44.67
烧烤	6	718	90.1	46.33
烧水	25	13	1.13	0.50
微波炉	18	16	1.12	0.50
烤箱	6	24	1.76	0.50
炉灶	4	57	2.4	4.00
烤面包	18	35	2.08	1.83
开门	9	21	1.23	
吸烟	6	79	4.03	16.50
扫地	3	35	2.04	0.83
吸尘	5	16	1.46	1.17
清洗	17	18	1.25	0.67
按摩油	1	132	13.2	15.17
掸尘	1	22	1.69	1.50
电风扇	1	20	1.67	183.33
热风器	1	15	1.50	0.83
吹风机	1	45	1.36	0.67
淋浴	1	20	1.08	0.67
洗衣机	1	43	2.05	2.00

1.1.2 室外源

大气中的颗粒物主要来源分两大类：一类是自然散发的，一类是人的生产和生活活动产生的。其中，自然发生源包括土壤微粒、植物花粉以及火山爆发、森林火灾和海水喷溅等形成的颗粒；人为活动产生的颗粒主要来自工农业生产、建筑施工以及交通运输过程等[16]。机动车尾气排放、燃煤、工业生产、人为活动等过程中所产生的颗粒物以及大气化学过程所产生的二次颗粒物都会增加 PM$_{2.5}$ 的浓度[17]。随着我国城市机动车数量的快速增加，城市大气中的 PM$_{2.5}$ 在大气颗粒物中的比例逐渐增加[18]。

尽管室内颗粒物污染源具有很强的影响，室外空气对室内颗粒物浓度的影响仍然非常大。对没有空调器的住宅，室外空气中 PM$_{2.5}$ 对建筑围护结构的平均渗透率达 70%；而对有空调器的住宅，平均渗透率也有 30%；对于没有明显室内污染源的住宅，75% 的 PM$_{2.5}$ 来自室外；对于有重要室内污染源（抽烟、烹调）的住宅，室内 PM$_{2.5}$ 中仍然有 55%～60% 来自室外[13]。大气颗粒物进入室内的主要途径为空调新风系统[19]、自然通风[20]、围护结构缝隙穿透[21] 以及人员携带（附着于衣物）等[16,22]。

研究表明，即使没有或关闭新风系统、紧闭门窗及没有其他室内源的情况下，室内和室外的 PM$_{2.5}$ 浓度具有明显的关联性[23]，这是因为 PM$_{2.5}$ 可以经门窗及墙体等围护结构缝隙进入室内[24-25]。因此当室外发生雾霾天气时，必然会对室内空气质量带来不利影响。特别地，当建筑物位于工厂、建筑工地附近或交通繁忙的主干线两侧时，因工业气体排放、扬尘或尾气等明显增加了局部大气中的 PM$_{2.5}$ 浓度，使得相邻建筑物室内 PM$_{2.5}$ 浓度会高于其他地区室内 PM$_{2.5}$ 浓度。此外，气象条件、建筑布局、城市空间形态等均影响着大气 PM$_{2.5}$ 的浓度分布，因此大气 PM$_{2.5}$ 对室内的影响也是多变的[26-28]。

1.2　PM$_{2.5}$ 污染现状

1.2.1　2014 年大气 PM$_{2.5}$ 污染状况[29]

环保部 2014 年中国环境状况公报显示，按照《环境空气质量标准》GB 3095—2012 开展监测的第一、二阶段地级及以上城市共 161 个，其中 74 个为第一阶段实施城市，87 个为第二阶段新增城市。2014 年的监测结果显示，161 个城市中，舟山、福州、深圳、珠海、惠州、海口、昆明、拉萨、泉州、湛江、汕尾、云浮、北海、三亚、曲靖和玉溪共 16 个城市空气质量达标（好于国家二级标准），占 9.9%；145 个城市空气质量超标，占 90.1%。从 PM$_{2.5}$ 的指标来看，PM$_{2.5}$ 年均浓度范围为 19～130$\mu g/m^3$，平均为 62$\mu g/m^3$；达标城市比例为 11.2%；日均浓度达标率范围为 32.1%～99.7%，平均为 73.4%，平均超标率为 26.6%。

因大气 PM$_{2.5}$ 是室内 PM$_{2.5}$ 的重要来源之一，因此对大气 PM$_{2.5}$ 污染情况进行了解是室内 PM$_{2.5}$ 污染现状以及提出控制方案的重要前提条件。因此，以中国空气质量在线监测分析平台[30] 作为数据来源，选取 29 个典型城市，对其 2014 年大气 PM$_{2.5}$ 污染情况作进一步分析和讨论。

1. 空气质量指数状况

现行国家环境保护标准《环境空气质量指数（AQI）技术规定（试行）》HJ 633-2012 将空气质量以空气质量指数表示，并将其划分为 6 个级别，各级别对应的空气质量指数类别分别为优、良、轻度污染、中度污染、重度污染和严重污染。空气质量指数根据首要污染物的空气质量分指数确定。表 1.2-1 为空气质量指数分类及对应 PM$_{2.5}$ 的 24h 平均浓度限值。

空气质量指数分类及对应 PM$_{2.5}$ 的 24h 平均浓度限值　　　　　表 1.2-1

空气质量指数（AQI）	空气质量指数级别	空气质量指数类别	PM$_{2.5}$ 的 24h 平均浓度限值（$\mu g/m^3$）
0～50	一级	优	35
51～100	二级	良	75
101～150	三级	轻度污染	115
151～200	四级	中度污染	150
201～300	五级	重度污染	250
301～400	六级[1]	严重污染[1]	350
401～500			500

注：1.《环境空气质量指数（AQI）技术规定（试行）》HJ 633—2012 原文中，对应的空气质量指数为">300"。

图 1.2-1 为 2014 年我国 29 个城市的日空气质量状况。由图 1.2-1 可见，我国不同城市的空气质量状况差异较大，整体上，由北向南空气质量逐渐变好，大部分天气集中在"良"的水平，优良天数平均占到 60%。福州和昆明全年"优"和"良"的空气质量占了 97% 以上；贵阳、广州、银川、南昌、南宁的全年优良天气数量也占到了80% 以上，但仍有不同程度的污染。优良天气较少的城市是石家庄和济南，均不到30%。从 29 个城市不同空气污染（轻度污染及以上）天数分布上可知，轻、中、重及严重污染的天数分别不超过约 170d、60d、60d 和 40d，污染天气多集中在轻度污染水平，其次是中度及重度污染。部分城市会发生严重污染天气，但发生的天数相对较少且各城市的天数差别较大。

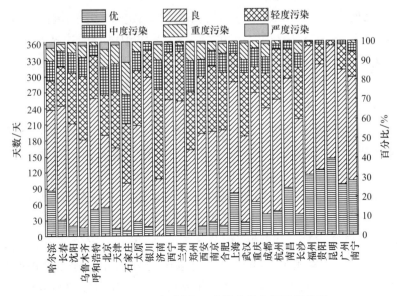

图 1.2-1　2014 年我国 29 个城市日空气质量状况

2. PM₂.₅日均极大值与年均浓度

需要指出的是，空气质量指数类别是以包括 PM₂.₅在内的 6 种污染项目的空气质量分指数中最大的为确定依据，所以空气质量指数类别不完全等同于 PM₂.₅的污染程度。图 1.2-2 为 2014 我国 29 个城市 PM₂.₅年平均浓度值及日均最大值情况。PM₂.₅的年均值范围为 $32\sim123\mu g/m^3$，年均值最小的城市是福州，最大是石家庄。在这 29 个城市中，2014 年最大 PM₂.₅日均浓度出现在沈阳，高达 $631\mu g/m^3$；哈尔滨、石家庄、西安和武汉的最高 PM₂.₅日均浓度值均超过 $500\mu g/m^3$。昆明 PM₂.₅年均值和日均最大值均最低，分别为 $33\mu g/m^3$ 和 $83\mu g/m^3$。这 29 个城市中，PM₂.₅年均值达到国家标准二级要求（年均值小于 $35\mu g/m^3$）的只有福州和昆明 2 个城市。

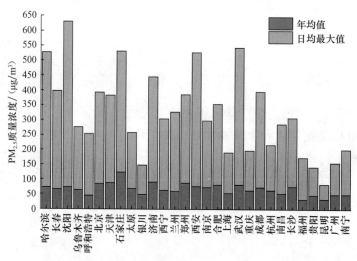

图 1.2-2　2014 我国 29 个城市 PM₂.₅年均值与日均值最大值

3. PM₂.₅日均浓度的频数与频率分布特征

PM₂.₅日均浓度频数是指 PM₂.₅日均浓度出现在一定浓度区间内的天数，频率是指频数与总天数的百分比。从图 1.2-2 可知，2014 年 PM₂.₅日均浓度最大值不超过 $650\mu g/m^3$，并根据表 1.2-1 中 PM₂.₅的 24h 平均浓度限值，将 PM₂.₅浓度以 35、75、115、150、250、350、500、$650\mu g/m^3$ 为每个浓度区间的上限（包含）进行划分。

图 1.2-3 为具有不同 PM₂.₅污染程度的代表城市 PM₂.₅日均浓度频数与频率分布图。以横坐标"～75"为例，其代表的含义是该区间 PM₂.₅日均浓度值＞$35\mu g/m^3$（上一相邻区间的上限）并≤$75\mu g/m^3$，"～35"、"～115"等其他区间含义与此相同。从图 1.2-3 中可知，2014 年中，不同城市 PM₂.₅污染程度不同，其 PM₂.₅日均浓度频数、频率分布也不相同。图 1.2-3a 为石家庄的全年频数和频率分布图，从频数分布上看，石家庄室外 PM₂.₅浓度在全年近一半的天数（约 180 天）中分布在 $36\sim115\mu g/m^3$，其中"～75"和"～115"两个区间的频数分布均约 90 天；另有约 70 天的 PM₂.₅浓度分布在"～250"区间内。从频率分布上看，石家庄的频率分布特征呈现明显的双峰分布。图 1.2-3b 所示为北京的情况，北京全年室外 PM₂.₅浓度分布在 $0\sim75\mu g/m^3$ 内的天数过半，而"～115"及之后区间内的天数下降明显。北京的频率分布特征呈现不明

显单峰趋势，峰值出现在"～75"区间，但由于"～35"和"～75"两个区间内频数相近，使单峰不明显。图1.2-3c为郑州的情况，其最大频数落在"～75"区间，约160天，"～75"之后的各区间频数依次降低，因此其频率分布特征呈现非常明显的单峰分布。图1.2-3d为南宁的情况，"～35"区间的频数最大，而后依次不同程度降低，其频率分布特征呈现了单调下降的分布形式。上述4种频率分布特征基本涵盖了29个城市的频率分布，从统计结果来看，没有与石家庄和北京频率分布特征相类似的城市，与南宁频率分布特征相似的城市有哈尔滨、呼和浩特、福州和昆明，其余城市均与郑州的频率分布特征相似。

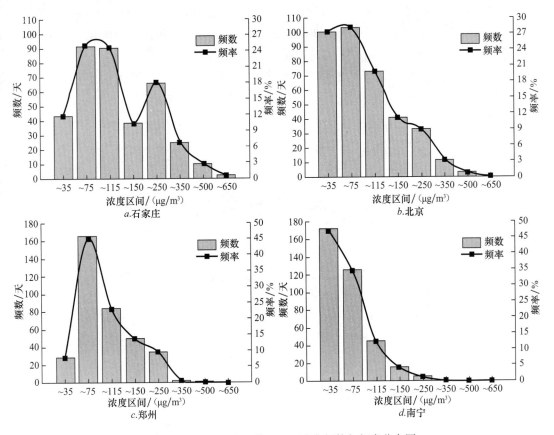

图1.2-3 典型城市日均 PM₂.₅浓度频数与频率分布图

1.2.2 公共建筑室内污染现状

目前，研究室内颗粒物浓度污染水平的趋势已逐渐形成，但是关于室内 PM₂.₅污染现状的研究还不够多。本节通过梳理2013年以来的文献报道，汇总了我国不同城市公共建筑的室内 PM₂.₅污染情况，涵盖了办公建筑、商店建筑、交通建筑、教育建筑和餐厅建筑等。

1. 办公建筑

赵力[31]等以北京地区某邻街办公建筑的11层办公室为实测房间，先后于2013年6～8月（夏季）和2013年12月～2014年2月（冬季）对该房间室内外 PM₂.₅浓度水平进行了连续实时监测。该办公建筑物位于北京城市中心主干道东二环附近，四周交通便利，室外空气污染主要受工业和交通排放源的影响，具有一定的代表性。实测房间建筑面积 30m^2，建筑外窗为东向塑钢平开窗，房间内有人员 1 人、电脑 1 台，为非吸烟房间；周一～周五正常工作，节假日休息，无集中空调通风系统；实测期间建筑外窗关闭。由于该房间人员在室内时间很短，可近似认为房间内部无发尘负荷。夏季和冬季室内外 PM$_{2.5}$ 质量浓度日小时均值变化和周变化见图 1.2-4 和图 1.2-5。结果显示，夏、冬季室内外 PM$_{2.5}$ 质量浓度水平超标严重，相对夏季而言，冬季超标更严重，其中，夏季室内外超标率分别为 27%、47%，冬季室内外超标率分别为 54%、61%。夏季实测期间室外和室内的 PM$_{2.5}$ 质量浓度月平均值分别为 104μg/m^3 和 49μg/m^3，明显低于冬季室外和室内的月平均值 230μg/m^3 和 134μg/m^3，并且夏季的室内与室外的 PM$_{2.5}$ 浓度比值（简称"I/O 比"）也明显低于冬季。无论是夏季还是冬季，室外风速与室内外 PM$_{2.5}$ 质量浓度均存在较为明显的负相关性，与 I/O 比值存在正相关性；室外空气温度的变化对室内外 PM$_{2.5}$ 质量浓度水平及其 I/O 比值的影响非常有限。

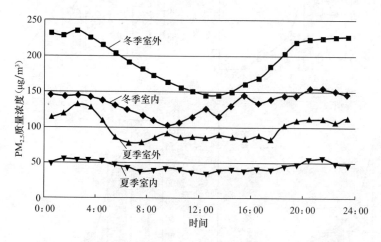

图 1.2-4　夏季和冬季室内外 PM$_{2.5}$ 质量浓度日小时均值变化

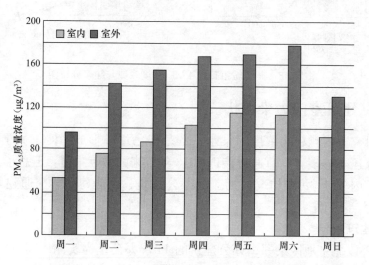

图 1.2-5　夏、冬季室内外室内外 PM$_{2.5}$ 质量浓度周变化

张锐[32]选择北京市 7 个不同功能区的 3 个室内监测点（住宅、学校、办公场所）及 1 个室外监测点测试 $PM_{2.5}$ 浓度。监测时间为 2013 年 5 月～2014 年 4 月，每月连续采集 7d，每天采集 24h。结果显示，监测时间段内，办公室室内 $PM_{2.5}$ 高于《环境空气质量标准》GB 3095—2012 二级标准的比例为 39.5%。综合来看，室内 $PM_{2.5}$ 浓度在夏季（7～8 月）最低，在冬季（1～3 月）最高；室内 $PM_{2.5}$ 浓度由低至高为：远郊区＜汽车交通要道、化工工业区＜机场、燃煤发电厂＜建筑工地、水泥厂。

为了解济南市冬春季节办公场所室内空气 $PM_{2.5}$ 水平，李新伟等[33]于 2013 年 1～5 月工作日期间在济南市某办公场所对室内空气颗粒物 $PM_{2.5}$ 进行监测，监测地点为 10 楼办公室，该建筑物位于济南市经一路和纬六路之间，北侧和西侧均临马路，车流量每分钟 30～40 辆/min，周围无工业生产和扬尘作业场所。结果表明，济南市冬春季节室内 $PM_{2.5}$ 平均质量浓度分别为 $82\mu g/m^3$，采暖期室内 $PM_{2.5}$ 的质量浓度（$152\mu g/m^3$），高于非采暖期（$50\mu g/m^3$），济南市冬春季节室内颗粒物污染较重，采暖对室内 $PM_{2.5}$ 浓度影响较大。

项琳琳[34]等于 2014 年 1 月和 3 月对上海地区办公建筑多个功能区域 $PM_{2.5}$ 质量浓度状况进行了测试，表 1.2-2 为测试结果。其中 1 月份该办公建筑还未正式启用，3 月份该办公建筑已经正常运作。由表中可以看出，与国家标准《环境空气质量标准》GB 3095—2012 中规定的二级标准 $75\mu g/m^3$ 相比，1 月份测得的各房间室内 $PM_{2.5}$ 平均浓度与室外 $PM_{2.5}$ 平均浓度均未超标，而 3 月份测得的所有房间的 $PM_{2.5}$ 平均浓度与室外 $PM_{2.5}$ 平均浓度均超标，总体超标率为 52.38%，超标倍数在 1.10～4.46 之间，平均超标倍数为 1.71。分析可知，1 月份办公楼未正式启用，门窗开启较多，测得室内外 $PM_{2.5}$ 浓度变化趋向一致，说明室外 $PM_{2.5}$ 污染对室内环境的影响较大，室内 $PM_{2.5}$ 污染主要来自于室外；3 月份办公楼正常运作，冬季门窗关闭较多，测得室内 $PM_{2.5}$ 的浓度大部分都大于室外环境，说明此时室内 $PM_{2.5}$ 浓度的变化主要来自于室内污染源。表 1.2-3 为办公楼走廊的人员活动变化时 $PM_{2.5}$ 浓度的监测，当走廊无人经过时，$PM_{2.5}$ 浓度为 $50\mu g/m^3$；有 1～3 人/min 经过时，$PM_{2.5}$ 浓度为 $150\mu g/m^3$；有 3～5 人/min 经过时，$PM_{2.5}$ 浓度为 $187\mu g/m^3$；有 5～7 人/min 经过时，$PM_{2.5}$ 浓度为 $224\mu g/m^3$，可见人员活动越多，$PM_{2.5}$ 浓度相对越高。

上海办公建筑 $PM_{2.5}$ 质量浓度测试结果　　　　　　表 1.2-2

房间用途	1 月份			3 月份		
	平均值（$\mu g/m^3$）	最低值（$\mu g/m^3$）	最高值（$\mu g/m^3$）	平均值（$\mu g/m^3$）	最低值（$\mu g/m^3$）	最高值（$\mu g/m^3$）
单人办公室	57	35	105	270	56	649
多人办公室	40	24	68	117	1	216
会议室	51	42	65	103	59	156
大办公区	50	43	62	85	51	239
走廊	44	41	49	187	138	339
水吧	56	51	72	129	117	154
打印间	60	53	83	100	85	112
室外	59	35	89	113	108	121

办公楼走廊来往人员数量对 $PM_{2.5}$ 浓度的影响　　　　　　表 1.2-3

走廊来往人员数（个）	0	1～3	3～5	5～7
$PM_{2.5}$ 浓度（$\mu g/m^3$）	50	150	187	224

陈治清[35]等对上海地区两类办公建筑进行了 $PM_{2.5}$ 质量浓度测试，A 建筑为普通多层办公楼，围护结构气密性较差，B 建筑为上海市中心某甲级高层办公楼，其围护结构气密性极佳，外窗常闭、不可开启。与国家标准《环境空气质量标准》GB 3095—2012 中规定的二级标准 $75\mu g/m^3$ 相比，大部分时刻 A、B 建筑室外 $PM_{2.5}$ 污染浓度都超标，分析监测建筑周边环境得知，两个办公建筑均临靠主要交通干道，来往车辆频繁，汽车尾气使得周边环境颗粒物污染严重。比较两个办公建筑室内环境测试数据可知，A 办公建筑室内 $PM_{2.5}$ 质量浓度监测值 1/3 超过 $75\mu g/m^3$，而 B 办公建筑室内 $PM_{2.5}$ 质量浓度监测值均小于 $75\mu g/m^3$，可见在室外 $PM_{2.5}$ 浓度超标的情况下，不同等级的办公建筑室内颗粒物受影响程度不同，气密性较好的甲级写字楼较普通办公楼受影响程度轻。

钟珂[36]以 2013 年夏、冬两季发生在上海区域的两次典型霾天气为背景，连续实测了上海市松江大学城一个无烟办公楼自然通风房间室内外 $PM_{2.5}$ 浓度的时间序列，房间位于该办公楼 5 楼中间，房间南向的推拉窗上装有窗纱，开启面积为 $1.96m^2$。结果表明，夏季的轻度霾天气下，$PM_{2.5}$ 连续一周平均浓度为 $135.1\mu g/m^3$，冬季的重度霾下，则高达 $231.6\mu g/m^3$。

樊越胜[37]等选取西安某高校内的一栋办公楼进行测试，对室内外 PM_{10}、$PM_{2.5}$ 的质量浓度进行同时监测。图 1.2-6 给出了 $PM_{2.5}/PM_{10}$ 随时间的变化曲线，由图可知，室内 $PM_{2.5}/PM_{10}$ 的值大于室外 $PM_{2.5}/PM_{10}$ 的值，说明室内 $PM_{2.5}$ 的质量浓度高于室外 $PM_{2.5}$ 的质量浓度，室内存在污染源。图 1.2-7 的结果显示，空调运行稳定时段，室内环境中 $PM_{2.5}$ 的理论浓度值为 $89\mu g/m^3$，与实测结果相近，平均相对误差为 2.3%。由 $PM_{2.5}$ 占 PM_{10} 的比重可知，室内颗粒物浓度主要由 $PM_{2.5}$ 贡献的。

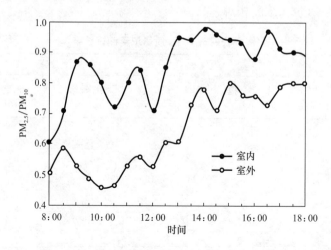

图 1.2-6　室内外 $PM_{2.5}/PM_{10}$ 随时间的变化关系图

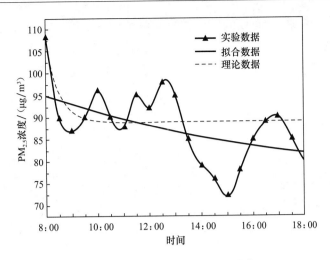

图 1.2-7　室内 PM$_{2.5}$质量浓度分布

黄玉华[38]等以重庆市办公建筑为研究对象，分别测试了集中式空调办公室、分体式空调办公室和非空调办公室的室内外 PM$_{2.5}$的日平均浓度。分析测试数据以后发现，春季三个办公室均未开启空调时，室内外 PM$_{2.5}$的日均浓度平均值分别为 129.8$\mu g/m^3$和 157.0$\mu g/m^3$，说明室外颗粒物是室内颗粒物的主要来源；夏季室外 PM$_{2.5}$的日均浓度均值为 125$\mu g/m^3$，非空调办公室内 PM$_{2.5}$的日均浓度最高，均值为 96.7$\mu g/m^3$，集中式空调办公室次之，均值分别为 89.1$\mu g/m^3$，分体式空调办公室最小，均值分别为 75.9$\mu g/m^3$，说明非空调房间受室外环境影响最大；春季和夏季不同空调方式的办公室 PM$_{2.5}$浓度均超过了国家标准《环境空气质量标准》GB 3095—2012 中二级浓度限值 75$\mu g/m^3$，且春季的室内外 PM$_{2.5}$污染环境更严重。

2. 商店建筑

商店建筑是人们社会生活中不可缺少的重要场所，商店建筑空间大但相对密闭、人员密度大、流动性强、大多应用中央空调系统，许多调查表明，很多商场的室内空气质量都存在较大问题。

沈凡[39]等于 2013 年对北京地区 8 家商场的室内 PM$_{2.5}$浓度进行了现场测试，以了解冬季商场建筑室内 PM$_{2.5}$浓度的污染水平及影响因素。表 1.2-4 为北京地区商场建筑室内 PM$_{2.5}$浓度水平，由表中可以看出，商场室内 PM$_{2.5}$浓度范围在 9～253$\mu g/m^3$，中位数为 47$\mu g/m^3$，其中 6 家临近交通干道的商场室内 PM$_{2.5}$浓度最高值为 253$\mu g/m^3$，中位数为 90$\mu g/m^3$，而 2 家位于步行街的商场室内 PM$_{2.5}$浓度最高值为 61$\mu g/m^3$，中位数为 37$\mu g/m^3$，说明临近交通干道对商店建筑的影响较大，机动车尾气排放是室内 PM$_{2.5}$浓度增加的一个重要来源。

北京地区商店建筑室内 PM$_{2.5}$质量浓度水平（$\mu g/m^3$）　　　　　表 1.2-4

类型	场所数（家）	样本数（件）	中位数（$\mu g/m^3$）	浓度范围（$\mu g/m^3$）
临近交通干道	6	239	90	9～253
步行街	2	83	37	14～61
合计	8	322	47	9～253

严丽[40]对西安市 10 家商场的室内外颗粒物浓度进行测试,结果见表 1.2-5,10 家商场室内 PM$_{2.5}$浓度不同程度超过了相关标准规定的浓度值,PM$_{2.5}$的室内超标率为71%。商场室内颗粒物浓度下午高于上午,主要原因是商场室内下午人流量比上午大。

商场室内外 PM$_{2.5}$浓度值 表 1.2-5

区域和时间		PM$_{2.5}$浓度($\mu g/m^3$)	
		浓度范围	平均值
室内	上午	147~277	237±40
	下午	132~238	212±26
全天	室内	140~252	224±28
	室外	235~277	264±13

3. 交通建筑

程刚[41]等选取北京、上海和广州 10 条地铁线路的站外、大厅、站台和车内进行空气中 PM$_{2.5}$浓度的测试,考察了不同天气的影响。结果表明,PM$_{2.5}$浓度大小依次为PM$_{2.5}$(站外)>PM$_{2.5}$(大厅)>PM$_{2.5}$(站台)>PM$_{2.5}$(车内),且站外、大厅、站台和车内PM$_{2.5}$相互之间的关联性极强。在上海地区考察了台风和降雨对 PM$_{2.5}$的影响,结果见图1.2-8 和图 1.2-9。从图中可以看出,台风天气时车内 PM$_{2.5}$相比非台风天气要低很多,说明地铁车内 PM$_{2.5}$主要取决于站外环境的影响,台风天气时地铁站外环境得到了改善,空气中 PM$_{2.5}$浓度降低,因而车内 PM$_{2.5}$浓度也随之降低。相比无降雨时段的 PM$_{2.5}$浓度值,降雨时段车内 PM$_{2.5}$浓度明显下降,这是由于雨水把空气中的大多数灰尘冲掉了,地铁车外 PM$_{2.5}$降低,地铁车内 PM$_{2.5}$也会降低。这两个测试同时说明地铁站外环境是影响站内环境的主要因素。为了比较客流量对地铁车内空气 PM$_{2.5}$浓度的影响,测试了上海地铁 2 号线在平峰时段(13:00~16:00)和高峰时段(17:30~19:00)各个站车内 PM$_{2.5}$浓度,如图 1.2-10 所示。从图中可以看出,平峰和高峰时刻,这两组数据并没有呈现出明显的变化规律。对平峰和高峰情形下车内 PM$_{2.5}$浓度进行了相关性分析,相关系数$R=0.02342$,因此两组数据相关性极低,说明载客量对地铁车内 PM$_{2.5}$并没有显著的影响。

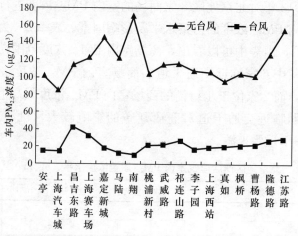

图 1.2-8 上海地铁在有台风和无台风影响时地铁车内 PM$_{2.5}$浓度水平

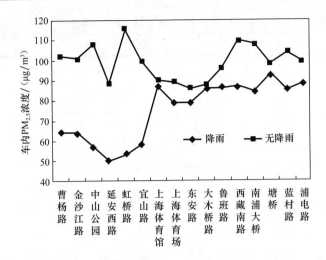

图1.2-9　上海地铁在有降雨和无降雨影响时地铁车内 PM₂.₅ 浓度水平

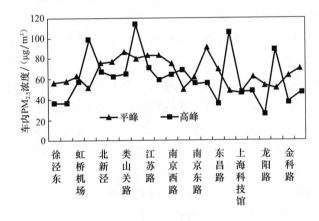

图1.2-10　上海地铁2号线平峰和高峰时 PM₂.₅ 浓度水平

张霞[42]等 2013 年对上海地区两地铁车站空气中的可吸入颗粒物浓度进行了监测，比较了不同地点和不同时段 PM₂.₅ 和 PM₁₀ 的浓度水平，测试结果如表 1.2-6 和表 1.2-7 所示。表 1.2-6 为上海两地铁车站不同地点的 PM₂.₅ 和 PM₁₀ 的浓度水平，PM₂.₅ 在隧道、站台、站厅及新风井的浓度范围分别为 24～140、22～145、21～135、14～162μg/m³，PM₁₀ 在相应的地点浓度范围分别为 70～345、37～428、34～342、43～284μg/m³，说明室外大气环境中颗粒物浓度水平是地铁内颗粒物浓度的主要因素。表 1.2-8 为上海两地铁车站不同时段的 PM₂.₅ 和 PM₁₀ 的浓度水平，比较后发现早晚高峰时段 PM₂.₅ 浓度和 PM₁₀ 浓度在隧道和站厅均高于中午平峰时段，说明客流量也是影响站内 PM₂.₅ 浓度水平的一个重要因素。

上海两地铁车站不同地点的 **PM₂.₅** 和 **PM₁₀** 的浓度水平（$\bar{x}\pm s$，μg/m³）　　表 1.2-6

地点	隧道	站台	站厅	新风井
PM₂.₅	71±29	67±29	59±28	64±39
PM₁₀	196±71	197±88	143±66	131±61

上海两地铁车站不同时段的 PM$_{2.5}$和 PM$_{10}$的浓度水平（$\bar{x}\pm s$，$\mu g/m^3$）　　表 1.2-7

	地点	7：00—9：00	12：00—14：00	17：00—19：00
PM$_{2.5}$	隧道	82±26	56±21	74±32
	站台	80±27	53±21	68±31
	站厅	73±29	48±20	56±30
PM$_{10}$	隧道	222±70	144±45	223±64
	站台	229±79	146±64	216±95
	站厅	180±76	115±46	136±55

包良满[43]发现，地铁颗粒物质量浓度的大小与其来源密切相关，与地铁投入运营时间、地铁内建筑装修、通风情况、人流量等因素相关。测试结果显示，上海地铁站台非交通高峰时 PM$_{2.5}$浓度为 273$\mu g/m^3$，交通高峰为 352$\mu g/m^3$。

严国庆[44]以夏、冬两季为典型季节，对上海市、南京市的轻轨系统和地铁系统（屏蔽门系统与安全门系统）的站台与车厢环境进行了 PM$_{2.5}$质量浓度测试，发现季节性对轻轨与地铁系统的颗粒物浓度均有一定影响，但数据分析同时表明，季节性对轻轨系统的颗粒物浓度较大，而对地铁系统的颗粒物浓度影响非常小。无论是站台环境还是车环境，屏蔽门系统、全高安全门系统、半高安全门系统的颗粒物浓度呈递升的趋势，从中可知，屏蔽门的使用能有效降低站台及车厢内的颗粒物的浓度，同时也使得站台及车厢内颗粒物浓度的变化较为平缓，说明地铁内颗粒物主要来源于列车运行。

李路野[45]对西安地区地铁线路不同站点的 PM$_{2.5}$浓度进行测定，对地铁站台及车内环境进行评价，测试结果如表 1.2-8 所示。从表中可以看出，站台内 PM$_{2.5}$浓度范围为 30～93$\mu g/m^3$，平均浓度为（60±31）$\mu g/m^3$，站厅内 PM$_{2.5}$浓度范围为 35～97$\mu g/m^3$，平均浓度为（63±30）$\mu g/m^3$。比较地铁线路 9 个站点的 PM$_{2.5}$浓度发现，有 6 个站台 PM$_{2.5}$浓度符合国家标准《环境空气质量标准》GB 3095—2012 中二级标准限值 75$\mu g/m^3$，有 8 个站台 PM$_{2.5}$浓度超过国家标准《环境空气质量标准》GB 3095—2012 中一级浓度限值 35$\mu g/m^3$，说明地铁站台存在 PM$_{2.5}$污染现象。表 1.2-9 是西安地铁不同区域的 PM$_{2.5}$/PM$_{10}$浓度的比值，站台的 PM$_{2.5}$/PM$_{10}$比值为 0.41～0.66，车厢内的 PM$_{2.5}$/PM$_{10}$比值为 0.57～0.75，车厢内 PM$_{2.5}$/PM$_{10}$比值高于相应站台，分析原因可能是地铁车厢内空调系统对 PM$_{2.5}$的过滤效率较低的原因。

西安地铁不同区域的 PM$_{2.5}$浓度水平（$\mu g/m^3$）　　表 1.2-8

地点	站 1	站 2	站 3	站 4	站 5	站 6	站 7	站 8	站 9
站台	42	41	30	82	57	63	54	76	93
车厢	35	39	36	44	41	62	63	75	87
站厅	86	35	35	79	61	49	44	85	97

西安地铁不同区域的 PM$_{2.5}$/PM$_{10}$浓度的比值　　表 1.2-9

地点	站 1	站 2	站 3	站 4	站 5	站 6	站 7	站 8	站 9
站台	0.47	0.56	0.55	0.66	0.45	0.47	0.41	0.62	0.53
车厢	0.74	0.70	0.75	0.73	0.72	0.58	0.57	0.74	0.71

樊越胜[46]针对地铁环境空气污染状况，于 2013 年 6 月对西安地铁 2 号线各监测车站的站厅、站台、车厢及室外的 PM$_{2.5}$ 污染水平进行了监测分析。结果表明，站厅、站台和车厢的 PM$_{2.5}$ 浓度最大值分别为 97.97、131.56、97.1μg/m³，超标率分别为 30.6%、75.4%、29.5%，各监测站点 PM$_{2.5}$ 污染较严重。

4. 教育建筑

学校也是人群活动较密集的场所，各类校内外的人员来往亦较为频繁，室内 PM$_{2.5}$ 浓度过高会影响人群的健康，了解教育建筑室内的颗粒物污染现状对改善室内空气品质有重要的作用。

张锐[32]于 2013 年 5 月至 2014 年 4 月对北京市学校内 PM$_{2.5}$ 浓度进行了监测，监测时室内禁止吸烟，房间门窗基本关闭（平均每日开窗 15min）。学校内 PM$_{2.5}$ 浓度范围为 2.73～383μg/m³，高于国家标准《环境空气质量标准》GB 3095—2012 二级标准（75μg/m³）的比例为 41.2%。

刘延湘[47]等于 2014 年对湖北某高校室内 PM$_{2.5}$ 质量浓度进行现场实测，测试地点包括大教室、图书馆和实验室，测试结果如表 1.2-10 所示。由测试数据得知，学校各个区域的室内 PM$_{2.5}$ 质量浓度大部分都超过国家标准《环境空气质量标准》GB 3095—2012 二级标准 75μg/m³，分析可能的原因是由于大教室和图书馆人员密度过大导致室内 PM$_{2.5}$ 质量浓度超标。

湖北地区高校不同区域室内 PM₂.₅质量浓度状况　　　　表 1.2-10

采样点	大教室	图书馆	实验室
PM$_{2.5}$浓度（μg/m³）	83～99	84～108	68～100

5. 餐厅建筑

沈凡[39]等于 2013 年对北京地区 8 家餐厅建筑的室内 PM$_{2.5}$ 浓度进行了现场测试，以了解不同的餐厅类型室内 PM$_{2.5}$ 浓度的污染水平及影响因素。表 1.2-11 为北京地区餐厅建筑室内 PM$_{2.5}$ 浓度水平，由表中可以看出，餐厨分开的餐厅室内 PM$_{2.5}$ 浓度范围在 15～91μg/m³，中位数为 35μg/m³，餐厨联通的餐厅室内 PM$_{2.5}$ 浓度范围在 16～213μg/m³，中位数为 35μg/m³，火锅或烧烤类的餐厅室内 PM$_{2.5}$ 浓度范围在 12～349μg/m³，中位数为 63μg/m³。火锅或烧烤类餐厅室内 PM$_{2.5}$ 浓度中位数远高于其他类型餐厅，而餐厨联通的餐厅 PM$_{2.5}$ 质量浓度最大值为 213μg/m³，远超过国家标准《环境空气质量标准》GB 3095—2012 二级标准 75μg/m³，说明餐厅不同的类型对室内空气质量有很大的影响。

北京地区商店建筑室内 PM₂.₅质量浓度水平（μg/m³）　　　　表 1.2-11

类型	场所数（家）	样本数（件）	中位数（μg/m³）	浓度范围（μg/m³）
餐厨分开	3	141	35	15～91
餐厨联通	2	71	35	16～213
火锅或烧烤类	3	121	63	12～349

为了解公共餐饮建筑的室内 PM$_{2.5}$ 状况，郭华等[48]对西安 8 家不同类型饭店（烧

烤、西餐、湘菜、面食、素菜、火锅、韩餐、印度菜）的用餐高峰期进行 PM₂.₅ 在线监测，所得的 2h 质量浓度平均值范围为 $59 \sim 129 \mu g/m^3$。而室内 PM₂.₅ 的最高值出现在烧烤店，为 $219 \mu g/m^3$。

6. 其他公共建筑及综合比较

了解不同类型公共场所室内 PM₂.₅ 水平及影响因素对于评价人群 PM₂.₅ 暴露水平及健康风险具有重要意义。徐春雨[49]以重庆市 5 类 38 家正常营业或运行的公共场所为研究对象，通过对室内 PM₂.₅ 监测了解其污染水平。其中餐馆 10 家，集体食堂 8 家，医院候诊室 5 个，娱乐场所（KTV、网吧、酒吧）10 家，机关办事大厅 5 个。38 家公共场所室内 PM₂.₅ 平均浓度为（211±93）$\mu g/m^3$，范围为 $68 \sim 468 \mu g/m^3$；室外 PM₂.₅ 平均浓度为（198±80）$\mu g/m^3$，范围为 $85 \sim 402 \mu g/m^3$；有 60.5% 的调查对象室内 PM₂.₅ 浓度高于室外。

陈陵[50]在南昌市区抽取 15 家学校、9 家卫生机构（疾病预防控制中心 7 家、健康教育所 2 家）、15 家办公场所、14 家公共交通场所和 10 家餐厅共 5 类 63 家公共场所进行室内 PM₂.₅ 测试。测试结果见表 1.2-12。平均浓度以餐厅最高，学校最低；办公场所、公共交通场所和餐厅明显高于学校和卫生机构。

不同公共场所 PM₂.₅ 浓度（$\mu g/m^3$）　　　表 1.2-12

场所类型	n	室内浓度		室外浓度	
		$x \pm s$	范围	$x \pm s$	范围
学校	15	63.46±26.64	27.72～133.83	64.05±24.75	33.20～116.40
卫生机构	9	72.55±39.05	39.45～258.29	77.61±44.25	37.17～158.64
办公场所	15	103.13±42.01(1)	27.25～138.84	94.95±36.27	28.87～161.54
公共交通场所	14	104.36±69.81(1)	37.14～321.83	74.17±35.97	26.00～146.40
餐厅	10	164.64±138.68(1)	38.06～492.73	92.09±47.27	43.80～196.25
完全禁烟	39	72.48±36.10	27.25～177.17	67.19±32.36	26.00～161.54
部分禁烟	11	113.43±40.43	63.85～259.29	104.87±29.95	65.94～158.64
不禁烟	13	153.95±122.69(1)	38.03～492.73	99.44±43.97	43.80～196.25
合计	63	93.28±65.42(1)	27.25～492.73	79.76±37.66	26.00～196.25

注：(1) 表示室内与室外比较，$P < 0.05$

1.2.3　居住建筑室内污染现状

随着人们环保意识的加强，住宅卫生状况与人体健康的关系越来越受重视。室内可吸入颗粒物是室内空气的主要污染之一，其来源除室外大气环境，也包括室内活动，如吸烟、烹饪、燃料燃烧及日常活动等。室内可吸入颗粒物的浓度高低直接影响了人体健康，特别是对在室内时间长的人群，如老人和儿童的健康危害将会更大。

张锐[32]实测发现，北京市住宅室内 PM₂.₅ 浓度介于 $3.82 \sim 338 \mu g/m^3$ 之间，高于国家标准《环境空气质量标准》GB 3095—2012 二级标准（$75 \mu g/m^3$）的比例为 42.7%。

高军[51]等于 2012 年对上海市某住宅室内进行了颗粒物浓度测试，表 1.2-13 为室内外 PM$_1$/PM$_{10}$ 与 PM$_{2.5}$/PM$_{10}$ 的浓度比值。通过分析发现，室内 PM$_1$、PM$_{2.5}$ 平均浓度接近于 PM$_{10}$ 的浓度，室内 PM$_{2.5}$ 在 PM$_{10}$ 中的比重较大，最大达到 0.87，最小为 0.65，而室外 PM$_{2.5}$ 的比重更大，最大达到 0.95，最小为 0.65，说明室内外空气中的颗粒物污染主要是 PM$_{2.5}$。2013 年 12 月的灰霾天气条件下，再次对上海市某住宅建筑室内外 PM$_{2.5}$ 浓度进行了测量，研究了最小通风量（外门窗关闭）条件下，室内外 PM$_{2.5}$ 浓度随时间变化规律及其相关性[52]。住宅位于一栋 5 层建筑的顶楼，除卫生间外，其余房间均有一个面向室外的窗户。该建筑周围存在绿色植物区域，在建筑物的背面约 20m 范围内存在一条公路。测试时室内仅有 1 人（测试者）且人员活动量较小。测试过程中，室内空调关闭，无采暖，同时住宅外门窗紧闭；在测试前一周，厨房停止使用，保证无油烟污染，同时室内也无吸烟现象以及任何形式的卫生打扫。图 1.2-11 为 PM$_{2.5}$ 随时间的变化规律，室内和室外的 PM$_{2.5}$ 浓度随时间变化规律一致。在测试时间段内，雨天时室内外 PM$_{2.5}$ 浓度较低，空气质量良好，故室内浓度相对较低，而晴天时，受室外影响，室内 PM$_{2.5}$ 浓度也相对较高。

上海地区住宅建筑室内外 PM$_1$/PM$_{10}$ 与 PM$_{2.5}$/PM$_{10}$ 的浓度比值　　　　　表 1.2-13

时间	PM$_1$/PM$_{10}$				PM$_{2.5}$/PM$_{10}$			
	客厅	主卧	次卧	室外	客厅	主卧	次卧	室外
D1	0.826	0.789	0.764	0.859	0.835	0.805	0.772	0.873
D2	0.692	0.635	0.644	0.867	0.731	0.651	0.661	0.889
D3	0.853	0.835	0.733	0.931	0.871	0.843	0.748	0.953

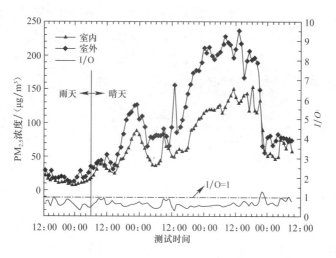

图 1.2-11　室内外 PM$_{2.5}$ 浓度随时间变化情况及其 I/O 比

王园园[53] 等在南京市某城区部分社区随机选择 85 户家庭作为调查对象，进行了室内 PM$_{2.5}$ 浓度检测，检测结果如表 1.2-14 所示。从表中可以看出，按照国家标准《环境空气质量标准》GB 3095—2012 二级标准 75μg/m^3 评价，住宅建筑室内各个房间的 PM$_{2.5}$ 质量浓度水平均超标，并且高于室外 PM$_{2.5}$ 质量浓度水平，说明南京地区住宅建筑存在明显的室内污染源。

南京地区住宅建筑室内外 PM$_{2.5}$ 质量浓度水平（μg/m³）　　　　表 1.2-14

监测点	户次	PM$_{2.5}$	
		浓度范围值	$\overline{x}\pm s$
客厅	142	37～296	81±32
卧室	142	36～267	80±32
厨房	142	12～312	79±38
室内平均	142	36～292	80±33
室外	129	42～155	42±25

表 1.2-15 为上午、中午、下午 3 个不同时段室内 PM$_{2.5}$ 浓度：上午时段室内 PM$_{2.5}$ 平均浓度最高，为 $95\pm26\mu g/m^3$；中午时段室内 PM$_{2.5}$ 平均浓度次之，为 $85\pm28\mu g/m^3$；下午时段室内 PM$_{2.5}$ 平均浓度最低，为 $67\pm33\mu g/m^3$。同一时段的室内 PM$_{2.5}$ 平均浓度均低于室外环境，说明这个住宅建筑存在室内污染源。

不同时段室内外 PM$_{2.5}$ 浓度水平（$\overline{x}\pm s$，μg/m³）　　　　表 1.2-15

时间	室内		室外	
	样本数	$\overline{x}\pm s$	样本数	$\overline{x}\pm s$
上午	54	95±26	53	97±24
中午	20	85±28	17	90±18
下午	68	67±33	59	71±21

表 1.2-16 为住宅室内吸烟情况与 PM$_{2.5}$ 浓度水平的关系，检测时吸烟家庭有 10 户家庭，吸烟地点均为客厅。从表中可以看出，吸烟客厅内 PM$_{2.5}$ 平均浓度为 $139\pm61\mu g/m^3$，室内 PM$_{2.5}$ 平均浓度为 $138\pm63\mu g/m^3$，无人吸烟的家庭客厅内 PM$_{2.5}$ 平均浓度为 $76\pm24\mu g/m^3$，室内 PM$_{2.5}$ 平均浓度为 $77\pm25\mu g/m^3$，吸烟家庭室内 PM$_{2.5}$ 浓度高于无人吸烟家庭，证实了吸烟对室内 PM$_{2.5}$ 浓度有显著影响。

住宅室内吸烟情况与 PM$_{2.5}$ 浓度水平的关系（$\overline{x}\pm s$，μg/m³）　　　　表 1.2-16

项目	室内		客厅	
	样本数	质量浓度	样本数	质量浓度
吸烟	10	138±63	10	139±61
不吸烟	75	76±24	75	77±25

马利英[54]以贵州省煤炭资源较丰富县的 A 村和薪柴资源较丰富县的 B 村作为燃煤和燃柴的典型村，测试室内 PM$_{2.5}$ 浓度情况。燃煤家庭厨房和卧室 PM$_{2.5}$ 浓度分别超过 $75\mu g/m^3$ 的 1.97 倍和 1.41 倍，燃柴家庭分别超标 0.74 和 0.06 倍。

谢栋栋[55]对哈尔滨市附近的 10 户农户住宅室内污染物进行了现场跟踪测试与调查。冬季不同月份 PM$_{2.5}$ 测试结果见图 1.2-12，PM$_{2.5}$ 在 12 月、1 月均值浓度（10 户农宅室内 PM$_{2.5}$ 的均值）分别为 $522\mu g/m^3$ 和 $566\mu g/m^3$。2 月和 3 月浓度有所下降，分别为 $187\mu g/m^3$ 和 $203\mu g/m^3$。在火炕采暖方式下，PM$_{2.5}$ 随秸秆燃烧规律性变化，秸秆燃烧对室内 PM$_{2.5}$ 影响显著。

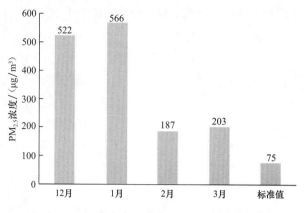

图 1.2-12 冬季不同月份 PM$_{2.5}$测试结果

董俊刚[56]等对西安地区某高校研究生宿舍楼的室内颗粒物浓度进行了测试，并比较了不同楼层室内外空气中 PM$_1$、PM$_{2.5}$、PM$_{10}$以及总悬浮颗粒物 TSP 的质量浓度、分布状况与变化特征，测试数据如表 1.2-17 所示。从表中看出，西安市高校宿舍楼室内 PM$_{2.5}$质量浓度为（52.2±14.3）～（111.5±12.2）$\mu g/m^3$，室外 PM$_{2.5}$质量浓度为（94.1±20.7）～（154.8±29.6）$\mu g/m^3$，大部分都超过 75$\mu g/m^3$。A1～A5 楼层逐渐增加，但是室内外 PM$_{2.5}$质量浓度并没有什么规律，说明宿舍楼的层数与室内外的颗粒物质量浓度之间无显著关联。

西安地区高校宿舍建筑室内外 PM$_{2.5}$质量浓度状况　　　　　　　表 1.2-17

采样点	各楼层 PM$_{2.5}$浓度（$\bar{x}\pm s$，$\mu g/m^3$）				
	A1	A2	A3	A4	A5
室内	74.6±19.6	68.1±10.7	111.5±12.2	72.9±26.5	52.2±14.3
室外	92.3±13.0	113.7±32.2	154.8±29.6	94.1±20.7	103.6±49.1

1.3 PM$_{2.5}$污染控制主要法规与政策

颗粒物污染不仅危害人类健康，而且会影响环境空气质量。现今，人们越来越关心空气质量的优劣，越来越多的国内外研究者关注有关颗粒物对人体健康影响的研究。各个国家为了保护人们的健康都先后制定了相关政策以及标准。

1.3.1 国外法规与政策

1. 美国

美国的空气质量法案最早始于 1955 年美国政府颁布的《联邦大气污染控制法》，1963 年颁布了《清洁空气法》（Clean Air Act），1967 年颁布了《空气质量法》，1970 年成立了美国环境保护署（U.S Environmental Protection Agency，EPA），并通过了《洁净空气法》，表明美国对环境的控制采取了严格的法律和措施。美国的空气质量是由国家制定空气质量标准控制，各州和地区需再制定具体的实施方案以达到国家标准的要求[57]。通过实施清洁空气洲际条例（CAIR，2005 年发布）、清洁空气能见度条例（CAVR）要求控制自工业设施排放的、对大气能见度产生影响的污染物，包括颗粒物及导致 PM$_{2.5}$ 生成的前体污染物。同时，一系列自愿减排方案，如柴油机改造项目、壁炉更换计划等也有助于减少颗粒物排放量。通过颁布一系列法规和实施严格的污染控制措施，美国颗粒物排放控制取得显著成效，与 2000 年相比，一次 PM$_{2.5}$ 削减了 55%，二次颗粒物的主要前体污染物 SO$_2$、NO$_x$、VOC，分别削减了 50%、41% 和 35%[58]。

2. 欧盟

欧盟空气污染政策具有很长的历史，近年与空气污染最为契合的政策是 2005 年颁布的《空气污染专项战略》（Thematic Strategy on Air Pollution）[59-60]，这部文件规划了欧盟长期的空气污染战略目标，即"空气质量水平不会对人类健康和环境造成不可接受的风险和影响"。其中，对于大气 PM$_{2.5}$ 的目标，到 2020 年，欧盟公民将避免暴露在 PM$_{2.5}$ 之下，即意味着 PM$_{2.5}$ 浓度要降低 75%；为实现这个目标，一次 PM$_{2.5}$ 的排放量相比 2000 年需降低 59%。该文件建议成员国加强 PM$_{2.5}$ 的监测，并将此作为降低 PM$_{2.5}$ 浓度的第一步；并提出 2010～2020 年之间，所有成员国实现减排 20% 的中期目标[60]。

欧盟《关于环境空气质量和为了欧洲更清洁空气的 2008/50/EC 指令》（以下简称 2008/50/EC 指令）对区域中二氧化硫、二氧化氮和氮氧化物、颗粒物、铅、苯和一氧化碳的环境空气质量及臭氧的空气质量评价作出规定，建立了区域空气质量监测与评价制度。在环境空气质量评价中，取样点的设置与数目起了关键的作用，为此，指令确立了区、块的监测制度。目前，欧盟内部的大气环境信息已经实现共享。欧盟各成员国按照欧盟要求，建立了完善的监测、评估与信息公开体系。

3. 德国

德国在 40 多年前，鲁尔工业区的莱茵河曾泛着恶臭，两岸森林遭受酸雨之害。而今天，包括莱茵河流域在内的德国多数地区已实现了青山绿水，空气清新，在此转变过程中，德国的 100 个"空气清洁与行动计划"功不可没。德国联邦和州一级机构共设立了约 650 个空气质量监测站点，联邦环保局每天汇总数据后，在网站公布空气质量状况，通报空气中直径等于或小于 10μm 的颗粒物、一氧化碳、臭氧、二氧化硫和二氧化氮含量。自 2010 年起，德国已将欧盟关于 PM$_{2.5}$ 的规定引入本国，尽可能降低空气污染物浓度，争取到 2020 年，将 PM$_{2.5}$ 年平均浓度降至 20μg/m^3 以下。

4. 英国

英国 1952 年 12 月 5 日的毒雾事件是伦敦历史上最惨痛的时刻之一，在那场灾难之后，英国政府做了补救工作。1956 年英国政府颁布了《清洁空气法案》，这一法案划定"烟尘控制区"，区内的城镇禁止直接燃烧煤炭。此外，还陆续关停了伦敦所有烧煤的火电厂，将其搬到城市以外的地方。通过一系列的措施，伦敦的空气质量一直在改进中。在过去 50 年间，由于在伦敦的家庭和工业中使用煤炭已经逐渐销声匿迹，交通排放成为空气污染的最大的来源。伦敦空气中 58% 的氮氧化物、68% 的 PM$_{10}$ 污染物颗粒都来自于汽车尾气排放，为此，政府出台了一系列措施来遏制交通污染。

5. 法国

法国于 2010 年颁布的《空气质量法令》，规定了 PM$_{2.5}$和 PM$_{10}$的浓度上限。法国政府还实施了一系列旨在减少空气污染的方案，如减排方案、颗粒物方案、碳排放交易体系、地方空气质量方案和大气保护方案等。在法国，空气质量监测协会负责监测空气中污染物浓度，并向公众提供空气质量信息。根据空气质量监测协会提供的数据，法国环境与能源管理局每天会在网站上发布当日与次日空气质量指数图，并就如何改善空气质量提供建议。当污染物指数超标时，地方政府会立即采取应急措施，减少污染物排放，并向公众提供卫生建议。法国公共卫生高级委员会在 2012 年 4 月公布的空气颗粒物污染报告中列出了一系列新的保护公众健康的建议，建议指出，当空气中 PM$_{10}$浓度为 $50\sim80\mu g/m^3$ 时，已表现出肺病和心脏病症状的患者应考虑减少户外活动与激烈体育运动；PM$_{10}$浓度超过 $80\mu g/m^3$ 时，敏感人群应减少甚至避免户外活动与激烈体育运动，哮喘患者可能需要在医生指导下适当增加使用吸入类药物的次数，健康人群如果出现咳嗽、呼吸困难或咽喉痛等症状，也应减少户外活动与激烈体育运动。

1.3.2 国内法规与政策

1. 《中华人民共和国大气污染防治法》

为防治大气污染，保护和改善生活环境和生态环境，保障人体健康，促进经济和社会的可持续发展，制定了《中华人民共和国大气污染防治法》。中国现行《大气污染防治法》制定于 1987 年，并于 1995 年、2000 年先后作过两次修改，截至 2015 年，这部法律已近 15 年未作修改。2014 年 12 月，第十二届全国人大常委会第十二次会议初次审议了《中华人民共和国大气污染防治法（修订草案）》，这是该法自 2000 年以后的第三次修改，也是首次全面修订。2014 年 12 月 30 日至 2015 年 1 月 29 日，草案向社会公开征求意见。之后，根据全国人大常委会组成人员和各方面的意见，对草案作了修改，形成了《中华人民共和国大气污染防治法（修订草案二次审议稿）》。2015 年 6 月，第十二届全国人大常委会第十五次会议对草案二次审议稿进行了审议，并再次征求意见。《中华人民共和国大气污染防治法（修订草案二次审议稿）》中，对大气颗粒物污染提出明确要求："防治大气污染，应当加强对燃煤、工业、机动车船、扬尘等大气污染的综合防治，推行区域大气污染联合防治，对颗粒物、二氧化硫、氮氧化物、挥发性有机物等大气污染物和温室气体实施协同控制"，并对扬尘污染防治提出要求。

2. 《重点区域大气污染防治"十二五"规划》

2012 年 9 月 27 日，国务院批复了《重点区域大气污染防治"十二五"规划》。这是我国第一部综合性大气污染防治的规划。标志着我国大气污染防治工作逐步由污染物总量控制为目标导向向以改善环境质量为目标导向转变，由主要防治一次污染向既防治一次污染又注重二次污染转变。该规划于 2012 年 10 月 29 日由环境保护部、发展改革委和财政部共同发布。规划范围为京津冀、长江三角洲、珠江三角洲地区，以及辽宁中部、山东、武汉及其周边、长株潭、成渝、海峡西岸、山西中北部、陕西关中、甘宁、新疆乌鲁木齐城市群，共涉及 19 个省、自治区、直辖市，面积约 132.56 万 km²，占国土面积的 13.81%。规划提出：到 2015 年（规划基准年为 2010 年），重点区域工业烟粉尘排放量下降 10%；环境空气质量有所改善，可吸入颗粒物、PM$_{2.5}$年均浓度分别下降 10%和 5%；京津冀、长三角、珠三角区域将 PM$_{2.5}$纳入考核指标，PM$_{2.5}$年均浓度下降 6%；其他城市群将其作为预期性指标。并提出了优化产业结构与布局、能源清洁利用、工业烟粉尘治理、机动车污染防治、扬尘控制等一系列的防治措施。同时，为有效控制区域性大气污染、创新区域管理机制，提出了建立区域大气污染联防联控的机制。

3.《大气污染防治行动计划》

大气环境保护事关人民群众根本利益，事关经济持续健康发展，事关全面建成小康社会，事关实现中华民族伟大复兴中国梦。当前，我国大气污染形势严峻，以可吸入颗粒物（PM$_{10}$）、细颗粒物（PM$_{2.5}$）为特征污染物的区域性大气环境问题日益突出，损害人民群众身体健康，影响社会和谐稳定。随着我国工业化、城镇化的深入推进，能源资源消耗持续增加，大气污染防治压力继续加大。为切实改善空气质量，国务院于 2013 年 9 月 10 日印发了《大气污染防治行动计划》。行动计划的奋斗目标为：经过五年努力，全国空气质量总体改善，重污染天气较大幅度减少；京津冀、长三角、珠三角等区域空气质量明显好转。力争再用五年或更长时间，逐步消除重污染天气，全国空气质量明显改善。其具体指标为：到 2017 年，全国地级及以上城市可吸入颗粒物浓度比 2012 年下降 10%以上，优良天数逐年提高；京津冀、长三角、珠三角等区域 PM$_{2.5}$浓度分别下降 25%、20%、15%左右，其中北京市 PM$_{2.5}$年均浓度控制在 60μg/m³ 左右。为实现上述目标，行动计划提出了 10 条 35 项具体措施。行动计划建立在国家战略高度，是大气污染防治工作的顶层设计。

4. 地方大气污染防治条例

根据《中华人民共和国大气污染防治法》等有关法律、法规的规定，根据地方能源结构和污染特点，结合地方实际，制定了符合地方特征的大气污染防治法或防治条例。如《北京市大气污染防治条例》、《安徽省大气污染防治条例》、《河北省大气污染防治条例》、《石家庄市大气污染防治条例》、《上海市大气污染防治条例》等。

1.4　国内外标准规范

1.4.1　环境 PM$_{2.5}$限值标准

1. 中国

为贯彻《中华人民共和国环境保护法》和《中华人民共和国大气污染防治法》，保护环境，保障人体健康，防治大气污染，我国政府于 1982 年首次发布了国家标准《环境空气质量标准》GB 3095，并根据国家经济社会发展状况和环境保护要求适时修订，分别于 1996 年和 2012 年发布其修订版。《环境空气质量标准》GB 3095—1996 于 1996 年 1 月 18 日发布，其中规定了总悬浮颗粒物、可吸入颗粒物日均值和年均值的浓度限值，并于 2000 年 6 月 1 日起将空气质量日报中总悬浮颗粒物（TSP）指标修订为 PM_{10} 指标，在环境质量状况与人体健康方面前进了一大步。《环境空气质量标准》GB 3095—2012 于 2012 年 2 月 29 日发布，于 2016 年 1 月 1 日起实施。《环境空气质量标准》GB 3095—2012 规定了环境空气功能区分类、标准分级、污染物项目、平均时间及浓度限值、监测方法、数据统计的有效性规定及实施与监督等内容。每次的修订完善都较好地适应了不同时期社会经济发展水平及环境管理要求，为引导大气环境质量发挥了重要作用。

2011 年 12 月 21 日，在第七次全国环境保护工作大会上，环保部部长周生贤公布了 $PM_{2.5}$ 和臭氧监测时间表，$PM_{2.5}$ 监测全国将分"四步走"。具体内容为：2012 年，在京津冀、长三角、珠三角等重点区域以及直辖市和省会城市开展 $PM_{2.5}$ 和臭氧监测；2013 年，在 113 个环境保护重点城市和环境模范城市开展监测；2015 年，在所有地级以上城市开展监测；2016 年，则是新标准在全国实施的关门期限，届时全国各地都要按照该标准监测和评价环境空气质量状况，并向社会发布监测结果。

国家标准《环境空气质量标准》GB 3095—2012 对人群、植物、动物和建筑物暴露的室外空气质量作出了新的要求，该标准于 2016 年 1 月 1 日正式实施，它的颁布标志着我国环保工作从污染物控制阶段开始向环境质量管理和风险控制阶段转变。该标准在基本监控项目中增设 $PM_{2.5}$ 年均、日均浓度限值，标准对颗粒物的限值要求详见表 1.4-1。

国家标准《环境空气质量标准》GB 3095—2012 颗粒物浓度限值　　表 1.4-1

项目	浓度限值（$\mu g/m^3$）			
	一级		二级	
	年平均	24h 平均	年平均	24h 平均
PM_{10}	40	50	70	150
$PM_{2.5}$	15	35	35	75

注：一级适用自然保护区、风景名胜区和其他需要特殊保护的区域；二级适用居住区、商业交通居民混合区、文化区、工业区和农村地区。

2. 美国

美国《清洁空气法》（Clean Air Act）中要求美国 EPA 对有害人体健康及环境的污染物制定环境空气质量标准[61]。因此，EPA 将标准分为两级：一级标准（primary standards）保护公众健康，包括保护哮喘患者、儿童和老人等敏感人群的健康；二级标准（secondary standards）保护社会物质财富，包括对能见度以及动物、作物、植被和建筑物等的保护。EPA 于 1971 年 4 月 30 日首次制定发布了《国家环境空气质量标准》（National Ambient Air Quality Standards，NAAQS），此后于 1987 年、1997 年、2006 年和 2012 年进行了四次修订。

在 1997 年的 NAAQS 修订中，增加了 $PM_{2.5}$ 的要求，版本修订及对 $PM_{2.5}$ 的要求[62]

见表 1.4-2。自 1997 年首次制定 $PM_{2.5}$ 标准以来，一级年平均浓度值由 $15\mu g/m^3$ 修订为当前的 $12\mu g/m^3$，限值水平收严了 20%，而二级年平均浓度限值保持 $15\mu g/m^3$ 不变。一级和二级 24h 平均浓度限值由 $65\mu g/m^3$ 修订为当前的 $35\mu g/m^3$，限值水平收严了约 46%。由表 1.4-2 可知，在达标统计要求方面，$PM_{2.5}$ 一级和二级年平均标准采用年算术平均值的三年平均，而一级和二级 24h 标准采用年第 98 百分位数的三年平均。

NAAQS 中 $PM_{2.5}$ 修订情况   表 1.4-2

时间	标准类别	项目指标	平均时间	浓度限值/($\mu g/m^3$)	达标统计要求
1997 年	一级和二级	$PM_{2.5}$	24h	65	第 98 百分位数*，三年平均
			一年	15	年算数平均值，三年平均
2006 年	一级和二级	$PM_{2.5}$	24h	35	第 98 百分位数，三年平均
			一年	15	年算术平均值，三年平均
2012 年	一级和二级	$PM_{2.5}$	24h	35	第 98 百分位数，三年平均
	一级		一年	12	年算术平均值，三年平均
	二级		一年	15	年算术平均值，三年平均

注：* 为一年中 $PM_{2.5}$ 的 24h 平均浓度的第 98 百分位对应的浓度值。

美国于 1997 年发布 NAAQS 后，为达到标准，制定了实施进度计划，见表 1.4-3。1999 年，各州开始陆续监测 $PM_{2.5}$，到 2000 年监测已常规化。2006 年修订了 NAAQS，提出了 2012～2017 年各州需达到的 $PM_{2.5}$ 年均浓度值为 $15\sim20\mu g/m^3$，基本达标。从 2000 年到 2010 年，美国的 $PM_{2.5}$ 年均浓度下降了 27%。

美国为达到 $PM_{2.5}$ 排放标准而制定的实施进度   表 1.4-3

1997 年	1998～2000 年	1999～2003 年	2002 年	2003～2005 年	2006 年	2007～2008 年	2012～2017 年
EPA 颁布 NAAQS	在全国范围内监测布点	监测结果收集分析、结果发布	完成近 5 年来有关 NAAQS 的科学评论研究报告	确定 $PM_{2.5}$ 排放未达标区域	修订 NAAQS	联邦各州提交达到 NAAQS 的州执行计划	各州达到 NAAQS 的最后期限

3. 欧盟及其成员国

2008 年 5 月，欧盟发布《关于欧洲空气质量及更加清洁的空气指令》，新标准规定了 $PM_{2.5}$ 的浓度限值、暴露浓度限值和消减目标值（AEI），见表 1.4-4。欧盟将 $PM_{2.5}$ 年均值 $25\mu g/m^3$ 作为浓度目标值于 2010 年 1 月 1 日起施行，作为浓度限值于 2015 年 1 月 1 日起施行。

欧盟制定的 $PM_{2.5}$ 浓度限值、暴露浓度限值和消减目标值   表 1.4-4

项目	质量浓度（$\mu g \cdot m^{-3}$）	统计方式	法律性质	每年允许超标天数
$PM_{2.5}$ 浓度限值	25	1 年	2015 年 1 月 1 日起强制施行	不允许超标
$PM_{2.5}$ 暴露浓度限值	20[1)	以 3 年为基准	在 2015 年生效	不允许超标
$PM_{2.5}$ 暴露消减目标值	18[2)	以 3 年为基准	在 2020 年尽可能完成消减量	不允许超标

注：1) 为平均暴露指标（AEI）；2) 根据 2010 年的 AEI，在指令中设置百分比消减要求（0～20%），从而计算得到。

英国的新空气质量目标将 $PM_{2.5}$ 年均值（$25\mu g/m^3$）作为 2020 年的 $PM_{2.5}$ 目标浓度限值，要求所有行政区在 2010～2020 年 $PM_{2.5}$ 暴露浓度消减 15%；苏格兰到 2020 年则要达到 $12\mu g/m^3$ 的年均浓度限值[63]；德国 2020 年 $PM_{2.5}$ 的目标是年平均浓度降至 $20\mu g/m^3$ 以下。

4. 世界卫生组织（WHO）

1987 年 WHO 发布了《欧洲空气质量指南》，并在 1997 年进行了更新。该指南涵盖了整个欧洲范围，针对有机污染物、无机污染物、常规污染物以及室内特征污染物等制定了空气质量浓度限值。2005 年 WHO 组织专家修订了《空气质量指南：2005 年全球更新版》[64]（Air Quality Guidelines：Global update 2005，简称"AQG2005"）并于 2007 年出版，适用于世界卫生组织所有区域。在 AQG2005 中，WHO 参照 PM_{10} 的标准值，以 $PM_{2.5}$ 和 PM_{10} 的质量浓度比为 0.5 的基准，确定了 $PM_{2.5}$ 的标准值。以这种方式给出 $PM_{2.5}$ 标准值的原因，是因为 PM_{10} 被广泛监测，且典型发展中国家城市区域 $PM_{2.5}$ 与 PM_{10} 质量之比是 0.5，同时也是发达国家该比值范围（0.5～0.8）的最小值。综合研究成果，AQG2005 以 $PM_{2.5}$ 年均值为 $10\mu g/m^3$ 作为长期暴露的标准值。为最终实现标准值的目标，WHO 还提出了 $PM_{2.5}$ 的 3 个过渡时期的目标值。WHO 制定的 $PM_{2.5}$ 标准值和目标值见表 1.4-5。

WHO 制定的 $PM_{2.5}$ 标准值和目标值　　　　　　　　　　　　表 1.4-5

项目		统计方式	PM_{10}（$\mu g/m^3$）	$PM_{2.5}$（$\mu g/m^3$）	选择浓度的依据
目标值	IT-1	年均浓度	70	35	相对于标准值而言，在这个水平的长期暴露会增加约 15% 的死亡风险
		日均浓度	150	75	以已发表的多项研究和 Meta 分析中得出的危险度系数为基础（短期暴露会增加约 5% 的死亡率）
	IT-2	年均浓度	50	25	除了其他健康利益外，与 IT-1 相比，在这个水平的暴露会降低约 6% 的死亡风险
		日均浓度	100	50	以已发表的多项研究和 Meta 分析中得出的危险系数为基础（短期暴露会增加 2.5% 的死亡率）
	IT-3	年均浓度	30	15	除了其他健康利益外，与 IT-2 相比，在这个水平的暴露会降低约 6% 的死亡风险
		日均浓度	75	37.5	以已发表的多项研究和 Meta 分析中得出的危险度系数为基础（短期暴露会增加 1.2% 的死亡率）
指导值		年均浓度	20	10	对于 $PM_{2.5}$ 的长期暴露，这是一个最低安全水平；在这个水平，总死亡率、心肺疾病死亡率和肺癌死亡率会增加（95% 以上可信度）
		日均浓度	50	25	建立在 24h 和年均暴露安全的基础上

5. 其他国家[63]

加拿大：1998 年开始制定环境 $PM_{2.5}$ 浓度参考值，2010 年起执行的 $PM_{2.5}$ 日均浓度限值为 $30\mu g/m^3$，并要求连续 3 年每年 98% 的日均浓度达标。

澳大利亚：1994 年开展 $PM_{2.5}$ 的监测，1994～2001 年的 $PM_{2.5}$ 日均浓度低于 $25\mu g/m^3$（1997 年除外）。2003 年，澳大利亚把 $PM_{2.5}$ 纳入环境空气质量标准，规定日

均浓度限值为 $25\mu g/m^3$，年均浓度限值为 $8\mu g/m^3$，但该标准为非强制性标准。自 2003 年制定 PM$_{2.5}$ 的非强制性标准以来，澳大利亚继续开展了大量的监测和基础研究。

日本：2009 年 9 月 9 日，日本环境空气质量标准增加了 PM$_{2.5}$ 的标准值，规定日均浓度限值为 $35\mu g/m^3$，年均浓度限值为 $15\mu g/m^3$。目前，日本对 PM$_{2.5}$ 的排放标准是亚洲最严格的，但该规定还未正式实施。

新加坡：在 2008 年的环境报告中指出，PM$_{2.5}$ 是最需要关注的一种主要大气污染物。新加坡制定的环境 PM$_{2.5}$ 标准值以 EPA 的 PM$_{2.5}$ 年均浓度限值（$15\mu g/m^3$）为标准，其目标是到 2014 年，PM$_{2.5}$ 年均浓度限值满足该标准。

墨西哥：规定的环境 PM$_{2.5}$ 日均浓度限值为 $65\mu g/m^3$，年均浓度限值为 $15\mu g/m^3$。

印度：规定环境 PM$_{2.5}$ 日均浓度限值为 $60\mu g/m^3$，年均浓度限值为 $40\mu g/m^3$。

1.4.2　室内 PM$_{2.5}$ 限值标准

1. 中国

我国有关室内颗粒物的控制标准列于表 1.4-6。

（1）国家标准《室内空气质量标准》GB/T 18883—2002

国家质量监督检验检疫局、卫生部和环境保护部于 2002 年联合发布了《室内空气质量标准》GB/T 18883—2002，对室内空气的主要污染因子制定了限制，该标准还规定了各污染因子的检验方法，适用于住宅和办公建筑。由于该标准颁布时间较早，所以仅规定了 PM$_{10}$ 的日平均值限值为 $150\mu g/m^3$。

（2）国家标准《室内空气中可吸入颗粒物卫生标准》GB/T 17095—1997

卫生部于 20 世纪 90 年代末期颁布实施了一系列室内空气单因子污染物卫生标准，其中包括《室内空气中可吸入颗粒物卫生标准》GB/T 17095—1997，该标准与《室内空气质量标准》规定的 PM$_{10}$ 限值相同，均为 $150\mu g/m^3$（日平均值）。

（3）行业标准《公共场所集中空调通风系统卫生规范》WS 394—2012

卫生部于 2006 年制定的《公共场所集中空调通风系统卫生规范》WS 394—2012 中规定送风气流中 PM$_{10}$ 的浓度 $\leqslant 150\mu g/m^3$，集中空调通风系统风管内表面积尘量 $\leqslant 20g/m^2$。

（4）行业标准《建筑通风效果测试与评价标准》JGJ/T 309—2013

行业标准《建筑通风效果测试与评价标准》JGJ/T 309—2013 于 2013 年 7 月 26 日发布，2014 年 2 月 1 日起执行。标准适用于民用建筑通风效果的测试与评价，其中规定室内 PM$_{2.5}$ 日平均浓度宜小于 $75\mu g/m^3$。

我国有关颗粒物浓度控制的标准及规定　　　　表 1.4-6

标准名称	对 PM$_{2.5}$ 浓度的要求（$\mu g/m^3$）		对 PM$_{10}$ 浓度的要求（$\mu g/m^3$）	
	年平均	日平均	年平均	日平均
国家标准《室内空气质量标准》GB/T 18883—2002	—	—	—	150
国家标准《室内空气中可吸入颗粒物卫生标准》GB/T 17095—1997	—	—	—	150

续表

标准名称	对 PM$_{2.5}$ 浓度的要求（μg/m^3）		对 PM$_{10}$ 浓度的要求（μg/m^3）	
	年平均	日平均	年平均	日平均
行业标准《公共场所集中空调通风系统卫生规范》WS 394—2012	—	—	—	150^a
行业标准《建筑通风效果测试与评价标准》JGJ/T 309—2013	—	75	—	150

注：a. 送风口现场检测平均值。

2. 美国

美国采暖、制冷及空调工程师学会（American Society of Heating, Refrigerating, and Air-Conditioning Engineers, ASHRAE）是世界上最为著名的暖通技术科学协会，其发布的《可接受的室内空气质量通风标准》（Ventilation for acceptable indoor air quality）最新版本为 ANSI/ASHRAE 62.1-2013，该标准综合考虑了物理、化学及生物污染物对室内空气污染的影响，不仅对通风量作出了规定，也对一些常见室内空气污染物提出了控制要求。该标准中建议的 PM$_{2.5}$ 和 PM$_{10}$ 浓度值见表 1.4-7。

ASHRAE 标准对常见室内污染物的目标浓度参考建议值　　　　表 1.4-7

污染因子	来源	参考浓度
PM$_{2.5}$	燃烧产物、烹饪、蜡烛、熏香、再悬浮和户外渗入	15μg/m^3
PM$_{10}$	尘、香烟、食物腐败、户外空气渗入	50μg/m^3

3. 加拿大

为降低特定室内污染物造成的健康风险，加拿大于 1987 年发布了《住宅室内空气质量指南》（Residential Indoor Air Quality Guidelines），该指南给出了住宅室内空气污染物最大暴露水平的建议值。不同污染物的暴露建议值在持续更新中，针对住宅室内 PM$_{2.5}$ 的暴露更新于 2012 年[65-66]。该指南指出，室内 PM$_{2.5}$ 是无法消除的，因为人员的每一个行为都会产生或多或少的 PM$_{2.5}$，同时，通过对加拿大不同城市住宅的长时间监测发现，当没有吸烟者时平均室内 PM$_{2.5}$ 浓度小于 15μg/m^3，当有吸烟者时平均室内 PM$_{2.5}$ 浓度小于 35μg/m^3；一般地，在室内没有吸烟者的情况下，室内 PM$_{2.5}$ 浓度低于室外水平。因此，该指南并未给出具体的 PM$_{2.5}$ 暴露限值，仅建议住宅室内 PM$_{2.5}$ 水平应尽可能低，且最好低于室外水平，若室内 PM$_{2.5}$ 水平高于室外，需要采取有效措施降低室内 PM$_{2.5}$ 的产生量，如采取炉顶排风扇降低炊事产生的 PM$_{2.5}$、室内禁止吸烟、加强通风等。

参考文献

[1] Tu K W, Hinchliffe L E. A study of particulate emissions from portable space heaters [J]. American Industrial Hygiene Association Journal, 1983, 44 (11): 857-862.

[2] Dasch J M. Particulate and gaseous emissions from wood-burning fireplaces [J]. Environmental Sci-

ence Technology，1982，16（10）：639-645.

[3]　石华东. 室内空气 PM$_{2.5}$ 污染的国内研究现状及综合防控措施 [J]. 环境科学与管理，2012，37（6）：111-114.

[4]　Wallace L. Indoor particles：a review [J]. Air & Waste Manage Assoc，1996（46）：98-126.

[5]　Koutrakis P，Briggs S L K，Leaderer B P. Source apportionment of indoor aerosols in Suffolk and Onondaga Counties，New York [J]. Environmental Science and Technology，1992（26）：521-527.

[6]　Phillips K，Howard D A，Bentley M C，et al. Assessment of environmental tobacco smoke and respirable suspended particle exposures for nonsmokers in Basel by personal monitoring [J]. Atmospheric Environment，1999，33，1889-1904.

[7]　日本空气清净协会. 空气净化技术手册 [M]. 电子工业部第十设计研究院译. 北京：电子工业出版社，1985.

[8]　Lee S C，Wang B. Characteristics of emissions of air pollutants from burning of incense in a large environmental chamber [J]. Atmospheric Environment，2004，38（7）：941-951.

[9]　Wallace L A，Emmerich S J，Cynthia H R. Source strengths of ultrafine and fine particles due to cooking with a gas stove. [J]. Environmental Science & Technology，2004，38（8）：2304-2311.

[10]　He C，Hitchins M J，Gilbert D. Contribution from indoor sources to particle number and mass concentrations in residential houses [J]. Atmospheric Environment，2004，38（21）：3405-3415.

[11]　Long C M，Suh H H，Koutrakis P. Characterization of indoor particle sources using continuous mass and size monitors. [J]. Journal of the Air & Waste Management Association，2010，50（7）：1236-1250.

[12]　Austen P R. Contamination Index [S]. AACC，1965.

[13]　熊志明，张国强，彭建国等. 室内可吸入颗粒物污染研究现状 [J]. 暖通空调，2004，34（4）：32-36.

[14]　桂锋，叶青徽，周扬屏等. 清扫对室内空气中颗粒物浓度的影响 [J]. 安徽工业大学学报：自然科学版，2013（30）：250-254.

[15]　朱维斌，胡楠，尹招琴. 室内打印机颗粒污染物特性的测量与分析 [J]. 环境科学与技术，2011，34（5）：104-107.

[16]　赵彬，陈玖玖，李先庭等. 室内颗粒物的来源、健康效应及分布运动研究进展 [J]. 环境与健康杂志，2005，22（1）：65-68.

[17]　朱先磊，张远航，曾立民等. 北京市大气细颗粒物 PM$_{2.5}$ 的来源研究 [J]. 环境科学研究，2005，18（5）：1-5.

[18]　李礼，余家燕，鲍雷等. 重庆主城区春季典型天气的大气颗粒物浓度变化分析 [J]. 环境工程学报，2012，6（6）：2012-2016.

[19]　曹国庆，谢慧，赵申等. 公共建筑室内 PM$_{2.5}$ 污染控制策略研究 [J]. 建筑科学，2015，31（4）：40-44.

[20]　金汐，孟冲. 窗口开启方式对 PM$_{2.5}$ 室内运动影响的探究 [J]. 建筑技术，2014（11）：1022-1025.

[21]　Chen C，Zhao B. Review of relationship between indoor and outdoor particles：I/O ratio，infiltration factor and penetration factor [J]. Atmospheric Environment，2011（45）：275-288.

[22]　张颖，赵彬，李先庭. 室内颗粒物的来源和特点研究 [J]. 暖通空调，2005，35（9）：30-36.

[23]　Zhao L，Chen C，Wang P，et al. Influence of atmospheric fine particulate matter（PM$_{2.5}$）pollution on indoor environment during winter in Beijing [J]. Building and Environment，2015（87）：283-291.

[24]　李国柱，王清勤，赵力等. 建筑围护结构颗粒物穿透及其影响因素 [J]. 建筑科学，2015，31（s1）：72-76.

[25] 王清勤，李国柱，孟冲等. 室外细颗粒物（$PM_{2.5}$）建筑围护结构穿透及被动控制措施 [J]. 暖通空调，2015，45（12）：8-13.

[26] 黄巍，龙恩深. 成都 $PM_{2.5}$ 与气象条件的关系及城市空间形态的影响 [J]. 中国环境监测，2014（4）：93-99.

[27] 吴正旺，马欣，杨鑫. 灰霾天气条件下几种建筑布局中空气污染的 $PM_{2.5}$ 调查及比较 [J]. 华中建筑，2013（10）：46-48.

[28] 吴志萍，王成，侯晓静等. 6种城市绿地空气 $PM_{2.5}$ 浓度变化规律的研究 [J]. 安徽农业大学学报，2008，35（4）：494-498.

[29] 王清勤，李国柱，朱荣鑫等. 空气过滤器设计选型用 $PM_{2.5}$ 室外设计浓度确定方法 [J]. 建筑科学，2015（12）：71-77.

[30] http://www.aqistudy.cn/historydata/

[31] 赵力，陈超，王平等. 北京市某办公建筑夏冬季室内外 $PM_{2.5}$ 浓度变化特征 [J]. 建筑科学，2015，31（4）：32-39.

[32] 张锐，陶晶，魏建荣等. 室内空气 $PM_{2.5}$ 污染水平及其分布特征研究 [J]. 环境与健康杂志，2014，31（12）：1082-1084.

[33] 李新伟，张华，张扬等. 2013年冬春季济南市某办公场所室内空气颗粒物质量浓度分析 [J]. 环境卫生学杂志，2015（2）：157-159.

[34] 项琳琳，刘东，左鑫. 上海市某办公建筑 $PM_{2.5}$ 浓度分布及影响因素的实测研究 [J]. 建筑节能，2015（3）：85-91.

[35] 陈治清，林忠平，朱卫华等. 两典型办公室室内颗粒物浓度监测与分析 [J]. 建筑热能通风空调，2014（3）：12-14.

[36] 钟珂，杨方，朱辉等. 上海地区霾天通风房间室内外粒子浓度的比较 [J]. 绿色建筑，2014（1）：24-26.

[37] 樊越胜，谢伟，李路野等. 西安市某办公建筑室内外颗粒物浓度变化特征分析 [J]. 建筑科学，2013，29（8）：39-43.

[38] 黄育华. 重庆市办公建筑室内外颗粒物浓度水平及暴露评价 [D]. 重庆大学，2013.

[39] 沈凡，贾予平，张屹等. 北京市冬季公共场所室内 $PM_{2.5}$ 污染水平及影响因素 [J]. 环境与健康杂志，2014，31（3）：262-263.

[40] 严丽，刘亮，谢伟等. 西安市商场建筑室内外颗粒物污染状况调查 [J]. 环境工程，2013（31）：642-644.

[41] 程刚，臧建彬. 地铁系统 $PM_{2.5}$ 浓度测试与分析 [J]. 制冷技术，2014（5）：13-16.

[42] 张霞，金铁，王晓保. 上海两地铁车站空气中 PM_{10} 和 $PM_{2.5}$ 浓度分布特征 [J]. 环境与职业医学，2014，31（7）：534-536.

[43] 包良满，雷前涛，谈明光等. 上海地铁站台大气颗粒物中过渡金属研究 [J]. 环境科学，2014，35（6）：2052-2059.

[44] 严国庆. 城市轨道交通系统颗粒物浓度的测试研究 [D]. 东华大学，2014.

[45] 李路野，樊越胜，谢伟等. 西安市地铁环境中大气颗粒物污染现状调查 [J]. 环境与健康杂志，2013，30（2）：160-161.

[46] 樊越胜，胡泽源，刘亮等. 西安地铁环境中 PM_{10}、$PM_{2.5}$、CO_2 污染水平分析 [J]. 环境工程，2014，32（5）：120-124.

[47] 刘延湘，代会会，刘君侠. 江汉大学校园典型室内空间空气质量分析 [J]. 广东化工，2015（9）：160-162.

[48] 郭华，高枫，董俊刚等. 公共餐饮建筑室内空气质量测试与分析 [J]. 西安建筑科技大学学报：
自然科学版，2013（45）：559-564.

[49] 徐春雨，王秦，李娜等. 公共场所室内空气中 PM$_{2.5}$ 浓度及影响因素分析 [J]. 环境与健康杂志，
2014，31（11）：993-996.

[50] 陈陵，范义兵，杨树等. 南昌市公共场所室内空气 PM$_{2.5}$ 浓度调查 [J]. 卫生研究，2014，43
（1）：146-148.

[51] 高军，房艳兵，江畅兴. 上海地区冬季住宅室内外颗粒物浓度的相关性 [J]. 土木建筑与环境工
程，2014（4）：111-114.

[52] 高军，房艳兵，张旭等. 灰霾天气条件下上海地区冬季居住环境 PM$_{2.5}$ 浓度及呼吸暴露分析 [J].
绿色建筑，2014（1）：31-34.

[53] 王园园，崔亮亮，周连等. 南京市部分居民室内 PM$_{2.5}$ 和 PM$_{1.0}$ 污染状况 [J]. 环境与健康杂志，
2013，30（10）：900-902.

[54] 马利英，董泽琴，吴可嘉等. 贵州农村地区室内空气质量及细颗粒物污染特征 [J]. 中国环境监
测，2015，31（1）：28-34.

[55] 谢栋栋. 严寒地区农宅室内空气品质现场测试与分析 [D]. 哈尔滨工业大学，2013.

[56] 董俊刚，闫增峰，曹军骥. 西安冬季高层公寓室内外颗粒物浓度水平与变化 [J]. 科技导报，
2015（33）：42-45

[57] 柴发合，王晓，罗宏等. 美国与欧盟关于 PM$_{2.5}$ 和臭氧的监管政策述评 [J]. 环境工程技术学报，
2013（3）：46-52.

[58] 朱增银，李冰，赵秋月等. 对国内外 PM$_{2.5}$ 研究及控制对策的回顾与展望 [J]. 环境科技，2013，
26（1）：70-74.

[59] http://ec. europa. eu/environment/air/review_air_policy. htm

[60] http://eur-lex. europa. eu/legal-content/EN/TXT/? uri=CELEX:52005DC0446

[61] http://www. epa. gov/ttn/naaqs/criteria. html

[62] http://www. epa. gov/ttn/naaqs/standards/pm/s_pm_history. html

[63] 谢慧，赵申，曹国庆等. 国内外 PM$_{2.5}$ 控制标准及对比 [J]. 建筑科学，2014，30（6）：37-43.

[64] http://www. euro. who. int/__data/assets/pdf_file/0005/78638/E90038. pdf

[65] http://healthycanadians. gc. ca/publications/healthy-living-vie-saine/fine-particulate-particule-fine/
index-eng. php

[66] 王清勤，李国柱，赵力等. 建筑室内细颗粒物（PM$_{2.5}$）污染现状、控制技术与标准 [J]. 暖通空
调，2016，46（2）：1-7.

第2章 PM₂.₅与人体健康

人体暴露于颗粒物污染之下，会对健康带来不同程度的危害。$PM_{2.5}$及其所携带的有害物质可对人体健康造成影响并可能由此引发整个身体范围内的疾病，这是暖通技术人员去研究和控制室内$PM_{2.5}$污染的重要原因。$PM_{2.5}$对人体健康的毒理和致病机理并不为暖通技术人员所了解，但其又是暖通技术人员进行室内颗粒物控制研究的出发点。本章阐述了$PM_{2.5}$暴露及对健康的影响，进而介绍了颗粒物吸入与体内分布。通过对呼吸系统、心血管系统、免疫系统、神经系统、生殖系统、致突变性与致癌性以及氧化损伤等8方面内容阐述分析了$PM_{2.5}$对人体健康的危害，在上述阐述分析的基础上，对未来发展进行展望。

2.1 暴露水平及对健康的影响

2.1.1 PM₂.₅暴露的影响因素

人体对于颗粒物的暴露是一个复杂的过程，不同来源和不同环境中的颗粒物具有不同的化学组成和物理特性，对人体健康的影响也有着显著区别。人们的日常活动在颗粒物暴露中具有重要影响作用[1,2]，当在室外活动时，因接近机动车尾气排放和燃煤排放等典型的$PM_{2.5}$污染源，导致较高水平暴露；当在室内活动时，由于室内微环境中$PM_{2.5}$的来源包括室内环境中的室外源和室内人员活动等引起的室内源，故也会存在$PM_{2.5}$的暴露。

人体颗粒物暴露水平取决于个体所经历的不同环境进入呼吸系统的空气中的颗粒物质量浓度[3]。当大气环境$PM_{2.5}$质量浓度较高时，除厨房、商场、娱乐场所与地铁等人员活动干扰严重或相对封闭的环境之外，住宅、办公室和餐厅环境中$PM_{2.5}$质量浓度与之存在显著的相关关系[4,5]，说明当室外大气$PM_{2.5}$污染严重时，$PM_{2.5}$室外源是这些环境中$PM_{2.5}$的主要来源。当大气$PM_{2.5}$浓度较低时，各建筑环境中$PM_{2.5}$质量浓度均呈现随机波动，与大气$PM_{2.5}$浓度相关关系相对不显著。

不同环境下暴露时间的统计研究显示，研究对象大部分时间处于住宅或办公室等室内微环境暴露下[6,7]，暴露分量均值达到总暴露量的80%，其中住宅内的暴露分量约占一半左右，室外活动与交通暴露分量水平相当，均大致占总暴露量的10%。当室外$PM_{2.5}$污染严重时，停留在室内可以相对降低个体日均暴露水平；而当室外$PM_{2.5}$污染较轻时，交通与烹饪过程中$PM_{2.5}$的排放则成为暴露的主要来源[8]。

2.1.2　室内 PM$_{2.5}$ 暴露对健康的影响

WHO 报告[9]指出，不论是发达国家还是发展中国家，城市人群 PM$_{2.5}$ 暴露会对健康产生有害效应，可以通过引起肺炎症反应以及氧化损伤，引发系统性炎症反应与神经调节改变，从而影响呼吸系统、心血管系统和中枢神经系统等[10]。流行病学研究表明，心律失常、心肌梗死、心力衰竭、动脉粥样硬化、冠心病等都与 PM$_{2.5}$ 暴露有关[11]。

近年来，研究 PM$_{2.5}$ 对人体健康的潜在影响主要是采用流行病学的方法去分析 PM$_{2.5}$ 浓度水平、发病率、死亡率以及入院率之间的关系。研究表明，颗粒物造成的健康危害取决于其浓度、化学特性、生物学特性、粒径大小和溶解性[12,13]。$10\mu m$ 以下的颗粒物可进入鼻腔，$7\mu m$ 以下的颗粒物可进入咽喉，而小于 $2.5\mu m$ 的颗粒物则可深达肺泡并沉积，甚至可以通过肺泡间质进入血液循环中，对人体的危害更加严重。不同粒径大小的颗粒物上吸附的有害物质也不尽相同，粗颗粒物主要含有 Si、Fe、Al、Na、Ca、Mg 等 30 余种元素，而细颗粒物主要含有硫酸盐、硝酸盐、铵盐、痕量金属和炭黑等物质。目前已经检测到的有机物主要包括烷烃、烯烃、芳烃和多环芳烃等烃类，还有少量的亚硝胺、酚类和有机酸等，其中具有致癌作用的多环芳烃和亚硝胺类化合物对人体危害较大[14]。有分析认为 PM$_{2.5}$ 的毒性大于 PM$_{10}$，部分原因可能是 PM$_{2.5}$ 含有更多的碳粒，这些碳粒可以吸附更多的无机和有机的有害物质[15,16]。

PM$_{2.5}$ 对人体健康危害较大[17-20]并与疾病的发病率和死亡率密切相关[21,22]。Pope 等[22]从美国癌症协会收集的 17 年 120 万成年人的关键死亡原因资料中挑选出了 50 万名居住在大城市的成年人的完整数据资料，在排除了吸烟、饮食、饮酒、职业因素等风险因素后分析得出，空气中的 PM$_{2.5}$ 每升高 $10\mu g/m^3$，全死因死亡率、肺心病死亡率、肺癌死亡率的危险性分别增加 4%、6%和 8%。钱孝琳[23]对国内外 1995～2003 年公开发表的关于大气 PM$_{2.5}$ 污染与居民每日死亡关系的流行病学文献进行了 Meta 分析，结果显示大气 PM$_{2.5}$ 浓度每升高 $100\mu g/m^3$，居民死亡率增加 12.07%。戴海夏[24]分析了上海市某城区 PM$_{2.5}$ 暴露与效应关系，结果发现 PM$_{2.5}$ 浓度上升 $10\mu g/m^3$ 时，总死亡数上升 0.85%。

2.2　颗粒物吸入与体内分布

颗粒物吸入体内后在体内的分布与其粒径大小有关。不同粒径的颗粒物的沉积部位不同。经科学研究表明，粒径大于 $10\mu m$ 的颗粒物进入人体呼吸道的可能性很小；$2\sim10\mu m$ 的颗粒物就可以进入气管和支气管并沉降积累，这些颗粒物通过纤毛运动可移至咽部，或被吞咽至胃，或随咳嗽和打喷嚏而排除；小于 $2\mu m$ 的颗粒物则更可以进入人体的肺泡，沉积在肺泡中数周甚至数年。小支气管管壁多沉积粒径在 $1\sim5\mu m$ 的颗粒，小于 $1\mu m$ 的超细颗粒物可直接进入肺泡附着在肺泡壁上[25]。显而易见，粒径小于 $10\mu m$ 的颗粒物会对人体造成危害，而 PM$_{2.5}$ 对人体危害更大。

室内外环境中的$PM_{2.5}$随着呼吸进入人们体内，可沉积于肺泡及支气管等部位。其在呼吸道内的沉积是一系列的过程，其机理包括碰撞、截留、扩散、沉降和静电沉淀等。

碰撞是指颗粒物在呼吸道内移动时，遇到呼吸道方向突然发生变化时，颗粒物不能继续随气流运动而在呼吸道表面沉积。容易发生碰撞的部位是胸腔外的呼吸道和气管支气管等，$PM_{2.5}$多数易于在此部位发生碰撞导致沉积。

截留与$PM_{2.5}$的长度密切相关，主要发生于纤维状颗粒物，即颗粒物的长度与直径之比应达到10以上。纤维状颗粒物进入呼吸道后，纤维边缘易于与呼吸道表面接触，从而被截留在呼吸道表面沉积下来。

扩散与$PM_{2.5}$空气动力学直径密切相关，多发生于粒径较小的细颗粒物。$PM_{2.5}$与呼吸道内其他粒子的布朗运动使之与呼吸道表面不断发生碰撞，随着呼吸道管腔的逐渐变小，当$PM_{2.5}$在运动中发生的位移与呼吸道空间大小成一定比例时，会由于扩散作用而在呼吸道表面沉积下来。

沉降是指$PM_{2.5}$在体内行进过程中，随着呼吸道管壁的变窄，会由于自身重力的作用而沉积在呼吸道表面。这一过程多发生于细小的气管支气管、终末支气管等气流速度较慢的部位。

静电沉积主要与$PM_{2.5}$所带电荷相关。空气中的颗粒物一般都会携带一定数量的电荷，这主要是因为空气中各种离子不停地在做布朗运动从而与颗粒物相互碰撞。同性电荷之间会产生排斥力，推动颗粒物向呼吸道表面沉积。颗粒物直径越小，空气流动速率越慢，电荷对颗粒物沉积的作用越明显。一般情况下，相对上述几种沉积机理，这种沉积方式在颗粒物所有沉积作用中所占比例较少，但在特殊环境下，如职业性暴露或室内吸烟等情况时，$PM_{2.5}$通过静电沉积在呼吸道表面的量很大。

$PM_{2.5}$沉积是受多种因素影响的，各种机理不是截然分开的，对与不同粒径的细颗粒物可能是几种不同的作用机理相互作用。另外，呼吸情况例如潮气量、呼吸频率、肺活量等也会影响$PM_{2.5}$在呼吸道内的沉积。

2.3 对呼吸系统的危害

2.3.1 对呼吸系统的毒性作用

空气中的$PM_{2.5}$进入人体的主要途径是呼吸系统。大量的$PM_{2.5}$进入肺部对局部组织有堵塞作用，可使局部支气管和肺泡的换气功能下降。吸附着有害气体的$PM_{2.5}$可以刺激和腐蚀肺泡壁，长期作用可使呼吸道防御功能受到损害。

$PM_{2.5}$进入机体内部后，通过本身的机械刺激作用及化学有害成分（如重金属、多环芳烃等）的作用，直接或间接地激活肺巨噬细胞和上皮细胞内的氧化应激系统，引起肺组织的炎症反应，并使细胞分泌各种活性成分和细胞因子，进一步活化免疫细胞，这些过程又进一步加剧了炎症反应的发生和发展。肺部的炎症反应是机体清除颗粒物的一种机制，通过免疫细胞活化、吞噬细胞功能增强以及各种细胞因子的互相调节，使肺组织能调动各种手段清除颗粒物，同时达到修复组织损伤的重要目的。但是严重而持久的炎症反应反而增加肺组织的炎症负担，造成恶性循环，引起组织增生和纤维化，甚至导致肺癌等更严重后果的发生。

吸入空气污染物会导致肺部的氧化应激从而发生全身炎症反应，增加心血管事件等全身性疾病的危险度，并可导致局部的炎症反应和氧化应激，这种氧化应激可激活一些转录因子，如核转录因子 κB（NF-κB），从而上调了一些细胞因子 IL-6、IL-8 和肿瘤坏死因子 NF-κB 等致炎介质的表达。这些都提示局部的肺部炎症与氧化应激导致了全身炎症反应。

2.3.2　对呼吸系统的致病机理

虽然引起肺组织炎症的颗粒物成分非常复杂，但都是通过共同途径引起肺部炎症反应，并因此产生相同的表现。PM$_{2.5}$ 引起肺部炎症的几个特征包括：炎症细胞数目增多，并向肺泡腔内聚集；各种标志细胞损伤的酶分泌水平增高；肺组织细胞遭到细胞内钙稳态失调引起的损伤、变形、坏死、凋亡；各类细胞因子分泌水平增高，这些细胞因子既促进了机体的炎症反应，也调节了整个免疫系统的平衡。PM$_{2.5}$ 引起的肺部炎症主要表现为以下几个方面：

第一，PM$_{2.5}$ 中的某些成分（如碳粒）具有潜在刺激肺上皮细胞增生、致纤维化的作用使肺部发生病理改变。研究表明，长时间暴露于 PM$_{2.5}$ 可使肺组织弹性逐渐变差，质地逐渐变硬；肺组织由粉红色逐渐变为灰粉色；肺表面黑色颗粒物的灶状沉积逐渐增加；单核细胞增多，聚集成团，吞噬颗粒物并形成肉芽肿；毛细血管扩张充血，肺间隔增宽；部分区域可见少量淋巴滤泡形成，严重时出现肺组织坏死，并在肺组织中发现有多发性结节的出现[26,27]。

可以进入肺泡腔的 PM$_{2.5}$ 还可以吸引大量的巨噬细胞、中性粒细胞、嗜酸性粒细胞以清除颗粒物，并激活细胞分泌各种细胞因子调节肺部的免疫反应。这些细胞因子或在局部肺组织中产生的炎症损伤又进一步吸引更多的炎症细胞聚集。若这些炎症反应得不到有效的控制，PM$_{2.5}$ 没有得到有效的清除，炎症反应会恶性循环，进一步加剧肺部组织损伤。

Lei Tian 等人对大鼠进行气管滴注 PM$_{2.5}$ 染毒，用光学显微镜观察所见如图 2.3-1，a 组为对照组，肺内未见黑色细颗粒物，肺泡腔大小均匀，肺泡壁薄，上皮细胞排列整齐、无增生，肺内未见多核巨细胞；b 组为染毒后大鼠的肺组织，PM$_{2.5}$ 在肺内沉积明显，由纤维细胞包裹形成结节，结节分布全肺叶，炎细胞浸润，肺泡上皮细胞出现增生，肺泡壁逐渐增厚，肺泡壁及肺泡腔内吞噬细胞增多并出现多核巨细胞，可见吞噬细胞吞噬细颗粒物[28]。

第二，细颗粒物还可以通过腐蚀刺激或其成分的毒性作用引起细胞损伤，造成膜通透性的改变，释放出例如蛋白和酶等生物活性物质，从而引起肺泡灌洗液（BAL）

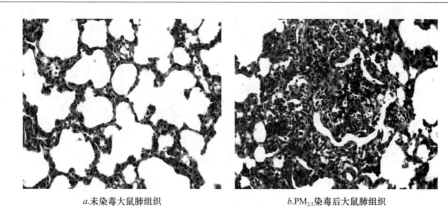

a.未染毒大鼠肺组织   b.PM$_{2.5}$染毒后大鼠肺组织

图 2.3-1   PM$_{2.5}$气管注入染毒后大鼠肺组织光镜照片

成分的变化，如总蛋白（TP）升高，乳酸脱氢酶（LDH）、总抗氧化能力（T-AOC）、酸性磷酸酶（ACP）、唾液酶（NA）等成分含量及活力的增加，并表现出一定的剂量和时间效应。LDH 为胞浆酶，当肺泡灌洗液中 LDH 的浓度明显升高时，说明细胞受损伤或膜通透性增加时致使 LDH 大量溢至胞外。ACP 是溶酶体酶，在肺泡巨噬细胞（AM）中相当丰富，参与肺部防御功能。颗粒物染毒后，肺泡巨噬细胞受到刺激，溶酶体数量增加、吞噬活跃或细胞中毒死亡使 ACP 大量逸出，在 BAL 中含量增加。NA 对生物膜结构与稳定性起很重要的作用，NA 含量的增加提示生物膜的完整性受到损害。故肺泡灌洗液中 LDH、T-AOC、ACP 和 NA 等是反映肺实质受损和细胞膜损伤情况的灵敏指标。

第三，钙离子是细胞内重要的信号转导系统之一，细胞内低钙是保证其发挥正常功能的前提条件。如果细胞内外 Ca^{2+} 浓度差减小，则会引起细胞功能性损伤。对颗粒物的成分分析表明，大气颗粒物中吸附有一定量的重金属，如铅、镉、汞、镍等，它们与 Ca^{2+} 具有类似的原子半径，可在质膜、线粒体或内质网膜的转运部位上与 Ca^{2+} 发生竞争，进而导致细胞内钙稳态失调。实验观察到超细颗粒物可以使人类单核细胞系（MM6）中 Ca^{2+} 浓度水平增高[29]。细胞内 Ca^{2+} 浓度的持续增高会抑制 ATP 的合成，氧自由基生成增加，加重组织损伤。

第四，细胞因子是介导细胞群之间相互联系的一组低分子蛋白质，在调节肺部炎症反应过程中起着至关重要的作用，也是细颗粒物引起的呼吸系统炎症反应的重要影响因素。机体暴露于细颗粒物后，免疫系统可以产生各种不同的细胞因子，它们之间通过合成的互相调节、受体表达的相互调控以及生物学效应的相互影响而组成细胞因子网络，且出现时间早，并随剂量和时间的变化而变化，是反映肺部免疫活性的灵敏因子，可以作为细颗粒物免疫毒性的生物标志物之一。

不同的细胞因子可出现在不同炎症阶段，如炎症、增生或纤维化，介导不同的免疫反应。肺部炎症反应过程中，有的细胞因子主要作用于炎症反应的起始，有的则主要起细胞趋化作用或对组织起修复再生作用，另外的一些细胞因子起中止调节炎症反应的作用，但每种细胞因子的作用往往不只限于其中的一种。

1. 启动炎症反应的细胞因子　如肿瘤坏死因子（TNF-α）、白介素 1（IL-1）等细胞因子对炎症反应的启动十分重要。它们负责内皮细胞、基质细胞之间的通信联系，并诱导细胞表面黏附分子以及趋化因子的表达，以达到淋巴细胞的趋化。TNF-α 是肺部炎症反应的启动因子，肺泡巨噬细胞是分泌 TNF-α 的重要细胞。TNF-α 具有重要免疫调节的生物活性，可以诱导黏附分子的表达，刺激其他生物活性分子的产生以及产生各种活性氧和活性氮产物。TNF-α 本身没有中性粒细胞或单核细胞的趋化作用，而是通过间接活化别的细胞包括内皮细胞和白细胞以及其他细胞因子来完成。

2. 趋化炎症细胞的细胞因子　此类细胞因子的主要作用是趋化和激活炎症细胞，使其向炎症部位移动，包括单核细胞趋化蛋白-1（MCP-1）、巨噬细胞炎症蛋白-2（MIP-2）和细胞因子诱导的噬中性粒细胞化学趋化剂（CINC）。在动物暴露于颗粒物后，此类细胞因子分泌水平升高，mRNA 表达增加，同时伴随炎症细胞如中性粒细胞、多核巨细胞和肺泡巨噬细胞等数目增多。例如，在大鼠暴露于石英颗粒物之前预先注射抗 MIP-2 的抗体，结果在暴露于颗粒物后，BAL 中的中性粒细胞数目较正常对照组减少了 60%，说明此类细胞因子是趋化炎症细胞的主要物质。

现在人们认为颗粒物首先刺激 TNF-α、IL-1 的产生，进而通过 TNF-α、IL-1 诱导趋化因子的分泌。因此，趋化因子在炎症反应中起第二介质的作用。趋化因子的来源主要是脂多糖（LPS）或者其他细胞因子激活的单核吞噬细胞、巨噬细胞以及抗原激活的 T 细胞。最近研究表明非免疫细胞也是 MIP-2 的重要细胞来源，小鼠的肺泡上皮细胞系 RLE-6TN 经石英颗粒物染毒后，表现出强烈的 MIP-2 分泌作用。能产生 MIP-2 分泌这种生物效应的不仅限于石英颗粒物，其他相当毒性的颗粒物如石棉也可以产生相似的表现，然而一些毒性相对较小的颗粒物则没有这种作用，如二氧化钛颗粒物。因此颗粒物的有毒成分如脂多糖（LPS）、重金属以及各种抗原要激活相关细胞，才会使这些细胞产生此类细胞因子。

有人发现 MIP-2 基因的启动子结构中包含有核转录因子（NF-κB）的结合位点，由于 NF-κB 的活化需要活性氧的参与，上皮细胞给予抗氧化物二甲硫脲（TMTU）后，颗粒物产生的正常 MIP-2 作用被明显阻滞，同时伴随 NF-κB 活性下降，因此推测肺部分泌 MIP-2 与颗粒物产生的活性氧有关。能产生活性氧的颗粒物都能诱导趋化因子的产生，并进一步引起肺部炎症反应的发生[30]。

3. 调节、中止炎症反应的细胞因子　虽然细颗粒物可以引起肺部炎症反应，但在一定程度上，这种炎症反应是机体的正常反应，而且也不是无限扩大的损伤反应。一旦炎症反应开始，机体就存在一个调节、中止炎症反应的机制，其中许多细胞因子可以起到调节炎症反应的作用。此类细胞因子包括 IL-10、IL-6 等。IL-10 是一种抗炎因子，大鼠肺 II 型上皮细胞与颗粒物共同培养后，分泌的 IL-10 随着其他促炎因子分泌水平的升高而增加，它可以和这些促炎因子相互作用，以调节肺部的炎症反应。大鼠气管滴注硅颗粒物后，肺泡灌洗液中的 IL-10 分泌和 mRNA 表达水平均随着其他促炎因子的表达的增加而显著提高。另外在特定的 IL-10 缺失大鼠染毒 24h 后，发现其 LDH 水平比正常动物组明显增加，说明 IL-10 可以抑制炎症反应的扩大。但是观察动物染毒后的肺部切片，正常大鼠肺部的病理切片能发现成熟的肉芽肿，而 IL-10 缺失大鼠只能形成不成熟的肉芽肿，说明 IL-10 并不抵制肺部的纤维增长反应，这也提示这些细胞因子存在多种不同的效应，应慎重解释这些细胞因子的改变在肺部病症中的作用。

4. 组织修复、增生的细胞因子　肺部的炎症反应是一个损伤与修复同时进行的过程，细颗粒物不仅引起炎症损伤，也会造成肺组织的增生、纤维化。与这类生物效应有关的细胞因子包括转化生长因子（TGF-α、TGF-β）、血小板衍生的生长因子（PDGF）等，这类细胞因子对成纤维细胞有趋化作用，使成纤维细胞在损伤部位聚集，并刺激成纤维细胞、上皮细胞以及内皮细胞的生长，对损伤的修复、组织的增生、纤维化都起到至关重要的作用，甚至可促进恶性细胞生长。利用原位杂交技术研究这些细胞因子在肺组织表达时发现，在暴露纤维状颗粒物后，染毒动物肺组织中出现此类细胞因子的表达，而且在暴露停止后的一段时间内，其分泌一直保持在比较高的水平。若高剂量或长期暴露，将伴随肺组织中巨噬细胞聚集、内皮损伤以及细胞增长恶化的现象，一些组织中甚至形成多个肉芽肿。

2.3.3　引发的呼吸系统疾病

进入呼吸道的细颗粒物会刺激和腐蚀肺泡壁，破坏呼吸道防御屏障，引起肺组织或全身的炎症反应，内皮细胞功能异常，激活原凝血物质，肺功能降低，咳嗽、咳痰、哮喘等呼吸系统症状的产生。多项流行病学数据显示，城市空气中颗粒物水平的上升，常伴随着肺炎、气喘、肺功能下降等急性呼吸系统疾病发病率的显著升高。而慢性呼吸系统症状如鼻炎、慢性咽炎、慢性阻塞性肺病、慢性支气管炎、肺癌等也与颗粒物有关。

颗粒物污染，特别是交通来源颗粒物，与儿童哮喘发病率增加、症状加重及急诊就诊率上升相关。一项时间序列研究[31]对加拿大（1999～2000 年）多个城市近 40 万人次的急诊就诊进行分析，发现短期暴露于 $PM_{2.5}$，浓度每增加 $8.2\mu g/m^3$，哮喘急诊就诊人次增加 7.6%（95%CI：5.1%～10.1%）。对荷兰 3863 名儿童开展的一项 8 年前瞻性出生队列研究显示[32]，交通相关的 $PM_{2.5}$ 年平均浓度每增加 $3.2\mu g/m^3$，相应的儿童哮喘发病率比值比为 1.28（95%CI：1.10～1.49），哮喘症状患病率比值比为 1.15（95%CI：1.02～1.28），哮喘患病率比值比为 1.26（95%CI：1.04～1.51）。

颗粒物尤其是 $PM_{2.5}$ 还可以降低机体对病原微生物的抵抗力，使儿童、老年人及有基础肺疾病的患者对病原微生物的易感性增加，从而导致肺炎急诊住院率上升和肺炎死亡风险的增加[33]。在澳大利亚与新西兰进行的一项病例交叉法分析中显示，1998～2001 年 1～4 岁儿童中因呼吸系统疾病的住院率，$PM_{2.5}$ 浓度每增加 $3.8\mu g/m^3$，肺炎及急性支气管炎的住院率上升 2.4%（95%CI：0.1%～4.7%）[34]。

可吸入颗粒物还容易吸附空气中的多环芳烃、多环苯类等致癌物质，使得癌症的发病率升高。流行病学研究显示，肺癌是目前发病率最高的恶性肿瘤之一，长期暴露于较高浓度的 $PM_{2.5}$ 可使肺癌死亡风险增加 8%～37%[35]。一项哈佛六城市研究（1974～2009 年）对长期暴露于 $PM_{2.5}$ 的 8111 名成人进行前瞻性队列研究分析发现，$PM_{2.5}$ 浓度每增加 $10\mu g/m^3$，肺癌死亡风险增加 37%（95% CI：7%～75%）。美国癌症协会对长期暴露于 PM$_{2.5}$ 的 1200 万名成人开展前瞻性队列研究，发现 PM$_{2.5}$ 浓度每增加 $10\mu g/m^3$，肺癌死亡的相对危险度为 1.14（95％CI：1.04～1.23）[36]。美国 Adventist Health Study of Smog（AHSMOG）队列研究（1977～1992 年）[37]对 6338 名不吸烟的成年人开展长达 15 年的分析，发现长期暴露于 PM$_{10}$ 与男性肺癌死亡之间存在显著正相关；PM$_{10}$ 浓度每增加 $24.08\mu g/m^3$，男性肺癌死亡相对危险度为 3.36（95％CI：1.57～7.19）。其中 PM$_{2.5}$ 与肺癌的相关性高于 PM$_{10}$[38]。

慢性阻塞性肺病（chronic obstructive pulmonary disease，COPD）是一种具有气流阻塞特征的慢性支气管炎和（或）肺气肿，可进一步发展为肺心病和呼吸衰竭的常见慢性疾病，与有害气体及有害颗粒的异常炎症反应有关，致残率和病死率很高，全球 40 岁以上发病率已高达 9％～10％。短期暴露于 PM$_{2.5}$（滞后期为 0～6d）即可引起慢性阻塞性肺病患者肺功能下降。研究表明，室外 PM$_{2.5}$ 浓度每增加 $10\mu g/m^3$，平均 1s 用力呼气容积下降 70.8ml（95％CI：118.4～21.3ml）[39]。意大利一项流行病学研究显示，短期暴露于 PM$_{2.5}$，浓度每增加 $11\mu g/m^3$，COPD 患者因呼吸系统疾病而死亡的危险度增加 11.6％（95％CI：2.0％～22.2％）[40]。香港一项研究（2000～2004 年）显示[41]，短期暴露于 PM$_{2.5}$ 与 COPD 急性加重住院率上升相关，相对危险度为 1.014（95％CI：1.007～1.022）。

慢性阻塞性肺部疾病（COPD）发病的另一个重要原因是长期吸烟，吸烟可致呼吸道慢性炎症，气管、支气管炎性细胞浸润，最终导致肺功能下降，通气功能障碍导致哮喘，引起肺气肿，形成 COPD。我国男性吸烟人群中 COPD 患病率达 16％，吸烟时间越长，吸烟量越大，患病风险越大。吸烟者死于 COPD 的人数较非吸烟者为多。被动吸烟也可能导致呼吸道症状以及 COPD 的发生。

2.4　对心血管系统的危害

2.4.1　对心血管系统的毒性作用

心血管系统是细颗粒物的另一重要靶标。研究发现，细颗粒物进入机体可产生全身炎症反应导致血液中的血小板、纤维蛋白原、凝血因子 VII 等凝血成分水平升高，引起凝血级联反应，破坏凝血系统凝血和溶血平衡而使之倾向前者；同时增加 C 反应蛋白以及各种细胞因子等，促进动脉粥样硬化的发生。细颗粒物引起的全身炎症反应还导致斑块的不稳定性，可在短期诱发急性心血管事件。

另外，随着颗粒物浓度的升高，健康志愿者血液黏稠度也增加，同时暴露于颗粒物可增加血液中的纤维蛋白原，这些证据都说明细颗粒物污染可增加急性血栓形成的危险度，从而促进心血管缺血事件的发生。相关机制研究发现，进入肺部的 PM$_{2.5}$ 可发生氧化应激，通过引发全身性的炎症反应，增加心血管事件的危险度。氧化应激反应可激活一些转录因子，从而上调 IL-6、IL-8 和 TNF-α 等炎性因子的表达。考虑到一些细胞因子，如 TNF-α、IL-1、IL-6、IL-8 等均有促进凝血系统激活的作用，其中 IL-6 还具有抑制纤维蛋白溶解作用，因此，凝血系统的激活可能是继发于全身炎症反应中这些细胞因子的作用。

微纳尺度颗粒物还可在穿透肺血屏障进入血管时首先影响血管外膜。Cheng WW 等人[42]研究发现微纳尺度颗粒物—单臂碳纳米管（SWCNTs）作用于大鼠主动脉内皮细胞后，可以导致活性氧族在细胞内的不断积累，活性氧族的不断堆积导致了氧化损伤的加剧最终诱发了线粒体途径的细胞凋亡。

2.4.2 对心血管系统的致病机理

细颗粒物对心血管系统产生影响的途径有以下两种假设：引起全身的氧化应激或炎症反应，释放促血栓形成和促炎性反应的细胞因子入血，从而间接影响心血管系统，引起心律失常；转运入血液循环系统的细颗粒物，还可以直接影响纤溶、凝血功能，造成心脏自主神经控制失调，心肌损伤，破坏血管内皮的完整性，削弱血管功能，导致动脉血压升高。细颗粒物的暴露是人体发生心血管系统的危险因素（图 2.4-1）。

进入肺部的细颗粒物可刺激具有内分泌功能的神经末梢细胞释放某些神经递质，改变神经转导通路的正常功能，导致心脏自主神经控制的失调。这种功能紊乱将导致一系列心血管生理指标的改变，如心律异常和其他心电图指标的改变等。有研究表明，短期的 $PM_{2.5}$ 暴露会降低健康者心率变异性（HRV）。HRV 是反映自主神经张力的最敏感指标，它的减少与严重心律失常事件及心脏病猝死等密切相关，可视为心肌自主功能紊乱的一个参考标志。目前研究认为，细颗粒物破坏自主神经平衡可能的机制包括肺神经反射弧的激活、细颗粒物对心脏离子通道的直接影响或全身免疫系统反应引起的一些细胞因子（如 IL-6、NF-κB）等产生的结果。

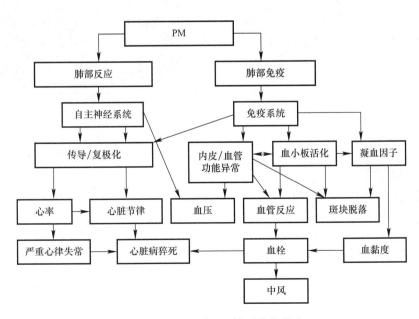

图 2.4-1 PM 对心血管系统的影响

　　暴露时间对于心血管疾病的发生也是一个危险因素。长时间暴露于细颗粒物可以导致心肌损伤。细颗粒物中某些金属也被认为是造成心血管系统危害的重要成分，含 V、Ni 元素的颗粒物对染毒动物产生心血管影响，如心律异常、心率过缓等，但 V 元素引起的是短期效应，而 Ni 元素则引起长期效应，含 Fe 元素的颗粒物则无明显作用。但是对于复杂成分的颗粒物以及机体反应系统性，这种单一元素和健康效应并不能说明整体细颗粒物的毒性。

　　通过荧光显微镜和电镜观察内皮细胞的 NF-κB、P53、TNF-α 蛋白、HO-1 蛋白的活化（图 2.4-2*a*）、细胞周期的改变（图 2.4-2*b*）、Caspase-3 和细胞色素 C 蛋白的表达（图 2.4-2*c*）及 BAX 蛋白、AIF 蛋白的调控（图 2.4-2*d*）。结果表明 SWCNTs 暴露引起细胞氧化应激导致活性氧（ROS）的产生，致使细胞发生氧化损伤，造成血管舒张素释放的异常，内皮功能发生障碍，细胞生长受阻，细胞周期发生紊乱，随着与 ROS 的不断积累，内皮细胞 DNA 损伤，诱导 P53 的上调，P53 的释放导致 BAX 蛋白的过量表达，然后致使线粒体膜电位的降低，线粒体受损，后释放细胞色素 C 进而合成凋亡小体，诱导 Caspase-3 的活化，导致细胞凋亡的发生[43]。内膜病理检测结果表明暴露可致主动脉血管内膜发生内皮脱落，内皮完整性受到破坏（见图 2.4-3*c*、*d*）。损伤部位细胞间黏附因子-1（ICAM-1）和血管-细胞黏附因子-1（VCAM-1）均呈现高表达（见图 2.4-4）。上述结果说明一定剂量的 SWCNTs 暴露一定时间后可致血管内膜结构和功能损伤（图 2.4-5*b*、*c*）[44]。

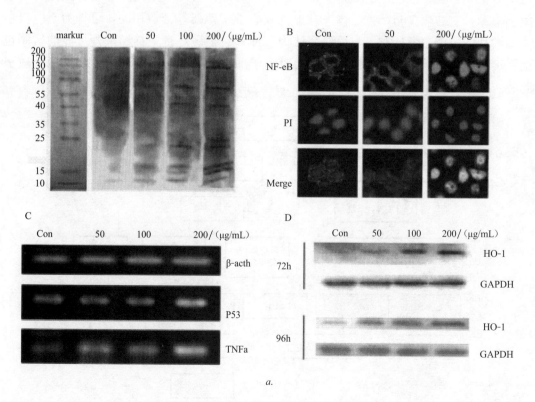

图 2.4-2　SWCNTs 暴露致血管内皮细胞凋亡作用研究（一）

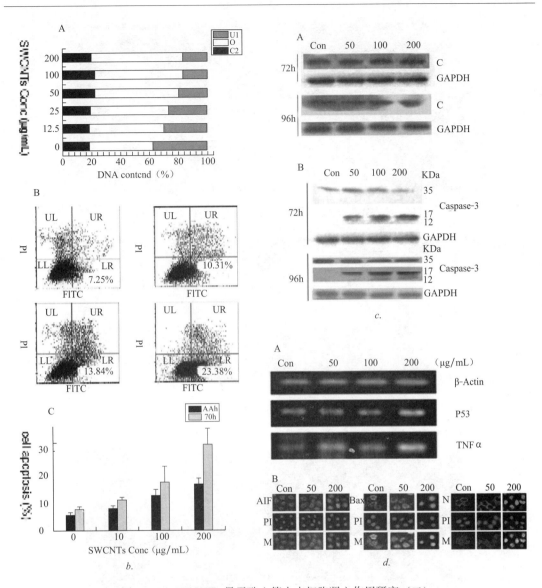

图 2.4-2　SWCNTs 暴露致血管内皮细胞凋亡作用研究（二）

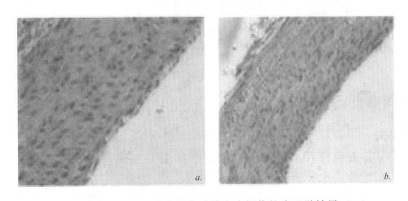

图 2.4-3　SWCNTs 致大鼠主动脉内皮损伤的病理学结果（一）

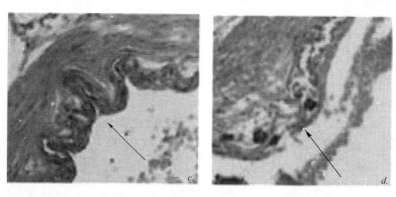

图 2.4-3　SWCNTs 致大鼠主动脉内皮损伤的病理学结果 (二)

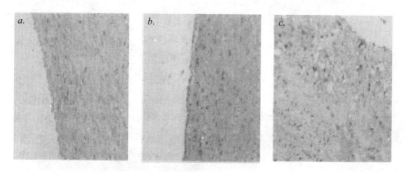

图 2.4-4　SWCNTs 暴露致大鼠主动脉内皮细胞黏附因子表达的免疫组化检测结果

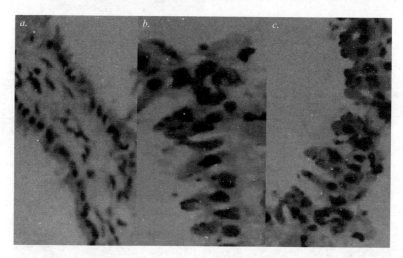

图 2.4-5　SWCNTs 暴露致大鼠主动脉血管外膜组织 α-SMA 表达结果，棕色为阳性表达

2.4.3　对凝血纤溶系统的影响

有研究表明，细颗粒物还可能造成凝血机制的异常[45]。肺部强烈的炎症引起一系列细胞因子的分泌并发挥作用，使得机体血黏度增高，血液处于高凝状态，引起心肌缺血缺氧，从而导致心血管事件的发生。

凝血过程是一系列蛋白质水解的生物化学连锁反应。一般可分为凝血酶原激活物形成、凝血酶形成和纤维蛋白生成三个阶段。参与凝血的因子有十多种，大多数都是蛋白质。流行病学中研究凝血系统与动脉粥样硬化的血栓形成关系较多的是纤维蛋白原和凝血酶[46]。纤维蛋白原（Fibrinogen，Fg）是体内重要的凝血因子。它除了本身作为斑块组成成分参与内膜增厚外，还可以为参与斑块形成过程中细胞的粘附、迁移和增殖提供临时性支架，促使动脉硬化，导致动脉血栓形成[47-49]。Fg 在凝血酶作用下，丢失两对纤维蛋白肽 A 和肽 B，形成纤维蛋白单体，后者可与血浆中其他形式的纤维蛋白及降解产物（FDP）形成可溶性纤维蛋白复合物（SFt），它是反映高凝状态的敏感指标。另外 Fg 还可以通过与炎性细胞的整合素受体或非整合素受体结合而与细胞发生相互作用，参与炎症过程[50]。许多类型的细胞，如内皮细胞、成纤维细胞、巨噬细胞和平滑肌细胞等都能特定地黏附于 Fg 基序上发挥作用。而凝血酶是另一个重要的凝血因子，它除了对血管内皮细胞有直接的损伤作用，使内皮细胞对脂质的通透性增加，还可以诱导血小板聚集和纤维蛋白聚合，吸引单核细胞和中性粒细胞，刺激内皮细胞产生各种细胞因子，以各种途径参与动脉粥样硬化斑块的形成。

纤溶系统包括纤溶酶原激活剂（plasminogen activators，PAs）、纤溶酶原激活剂受体、纤溶酶原激活物抑制剂（plasminogen activatorinhibitor，PAD）、纤溶酶原（plasminogen，PLG）、纤溶酶（plasmin，PL）、纤维蛋白原（fibrinogen，Fg）。纤溶系统通过细胞外基质降解作用参与组织屏障的破坏、炎症细胞的迁移，同时还可以通过与整合素受体或非整合素受体的相互作用、信号传导等非蛋白降解功能来调节炎症细胞的激活分化及定向运动，在炎症反应中发挥了重要的作用。

组织型纤溶酶原激活物（tissue type plasminogen activator，tPA）主要来自内皮细胞，是纤溶系统中的主要激活剂[51]。血浆中的 tPA 主要由血管内皮细胞合成后不断释放入血液中，在生理状态下，tPA 在纤溶系统激活中起主导作用，能激活与纤维蛋白结合的纤溶酶原，促进纤维蛋白溶解。tPA 在血液中的含量及活性大小能直接反映纤溶系统的功能，并可预测血栓形成的危险程度。tPA 抑制物 PAI（plasminogen activator inhibitor，PAI）类物质主要由内皮细胞合成、分泌，但 PAI-1 约有 25％来自血小板。作为 tPA 的抑制剂，通过与 tPA 形成 1:1 复合物，使之失去活性，并对 tPA 的活性起调节作用。血浆 tPA、PAI 活性及分泌量的变化，反映了该类患者纤溶活性的变化规律[52]。

D-二聚体作为纤维蛋白原的降解产物，在血浆中水平增高说明存在继发性纤溶过程。vWF 是血管内皮细胞和巨噬细胞合成的一种糖蛋白，是血管内皮受刺激或损伤的标志物。当内皮细胞受损后，大量储存在血管内皮细胞内的大分子 vWF 进入血液，因此，可以定量检测血浆中的 vWF 水平来评价内皮细胞损伤程度。vWF 是凝血因子的辅助因子，与形成 F 复合体参与机体凝血过程，并具有调节血小板黏附至血管壁，促进血栓形成的功能。D-二聚体和 vWF 的异常增高反映存在内皮细胞受损和凝血纤溶功能紊乱[53,54]。

凝血系统激活的同时，抗凝血系统（图 2.4-6a）和纤溶系统（图 2.4-6b）也被激活，可以局部止血及防止凝血过程的扩大，保证正常的血液循环。血管结构和功能的异常、凝血系统、抗凝血系统和纤溶系统功能的异常，均能使机体的凝血与抗凝血功能平衡紊乱，导致出血和血栓形成[55]。

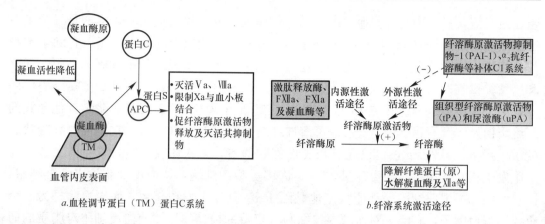

图 2.4-6　抗凝血系统激活途径

2.4.4　引发的心血管系统疾病

PM$_{2.5}$ 暴露引起心血管疾病发病率和死亡率增高的心血管事件主要涉及心率变异性改变、心肌缺血、心肌梗死、心率失常、动脉粥样硬化等。虽然导致心血管系统疾病的致病因素很多,如吸烟、酗酒、膳食不平衡、遗传、高血脂、肥胖、高血压等,但颗粒物特别是细颗粒物(PM$_{2.5}$)的影响不容忽视。

PM$_{2.5}$ 不仅能增加高血压、冠心病、糖尿病等心血管疾病的发病率和死亡率,同时也能显著增加健康人群中易感人群(如老年人和儿童)的患病率。研究显示:长期或短期暴露于可吸入颗粒物,尤其是 PM$_{2.5}$,可导致心肺系统的患病率、死亡率及人群总死亡率升高。

室外环境中 PM$_{2.5}$ 日平均浓度升高 $10\mu g/m^3$,冠心病的入院率升高 1.89%,心肌梗死入院率升高 2.25%,先天性心脏病发生率升高 1.85%[56]。美国哈佛等 6 城市进行的队列研究发现,颗粒物与心血管疾病死亡率密切相关。Pope 等在一项大气污染的长期健康效应研究中发现在控制了饮食和其他污染物联合作用等混杂因素后,PM$_{2.5}$ 年平均浓度每增加 $10\mu g/m^3$,心血管疾病死亡率上升 6%。

美国癌症协会(ACS)的研究也表明,PM$_{2.5}$ 每增加 $10\mu g/m^3$,心血管疾病死亡率危险度升高(RR=1.18,95%CI:1.14-1.23),其中以缺血性心脏病最为明显;心律不齐、心衰、心跳骤停的危险度也升高(RR=1.13,95%CI:1.054-1.21)。Burnett 等的研究表明,在控制了时间趋势和气候因素后,PM$_{2.5}$ 每上升 $10\mu g/m^3$,因呼吸系统及心血管疾病的入院人数上升 3.3%;PM$_{2.5}$ 每上升 $1.0\mu g/m^3$,心律失常的入院人数增加 4.33%;PM$_{2.5}$ 每上升 $3.0\mu g/m^3$,缺血性心脏病和心衰的入院人数分别增加 5.73% 及 4.70%。

PM$_{2.5}$ 的浓度与人体心率降低之间具有显著的统计相关性。2004 年发表于 Circulation 杂志的研究报告指出,长期接触 PM$_{2.5}$ 或更小尺度的颗粒物最有可能导致心脏局部缺血、节律障碍、心脏衰竭和心搏停止;其中超细颗粒物(ultrafine particles,Ups,即 PM$_{0.1}$,空气动力学直径小于 100nm 的颗粒物)每升高 $10\mu g/m^3$,人群死亡率增加 8%～18%[57]。

Wu S 等人重点研究了大气中颗粒物暴露对心率变异度(HRV)的短期影响,他们发现暴露水平与心率变率下降之间存在一定的剂量—反应关系，并指出颗粒物暴露可能通过直接提高交感神经应激反应性或通过间接影响由肺部产生的能引起炎症的细胞因子来影响心脏的自律神经系统，空气中颗粒物的短期暴露会对健康成年人的心脏自律功能产生不良的影响[58]。

Hampel 等在健康志愿者中发现，暴露于高水平的颗粒污染下，血浆中 C 反应蛋白浓度增加[59]。另外，Nemmar 等的研究发现，$PM_{0.1}$ 可直接在吸入后进入循环系统，沉积在肝中，提示氧化应激可在肺外组织发生从而激活全身炎症反应[60]。

国内开展了大气颗粒物暴露监测与易感人群老年人的心血管系统疾病相关指标监测（图 2.4-7），研究表明，采暖季与非采暖季相比，PM_{10} 浓度增加约 $111\mu g/m^3$，$PM_{2.5}$ 浓度增加约 $73\mu g/m^3$，老年人群每分钟心率会增加约 2.2 次，其中老年男性会增加约 3.9 次，而老年女性仅增加约 0.3 次，提示大气颗粒物污染可能与心血管自主调节功能的紊乱有关，并可能存在一定的性别差异。采暖季与非采暖季相比，老年人血液中的炎性因子 sICAM-1 和 sVCAM-1 显著增加 5.8 和 3 倍，提示大气颗粒物可显著提高老年人群心血管系统相关疾病风险。

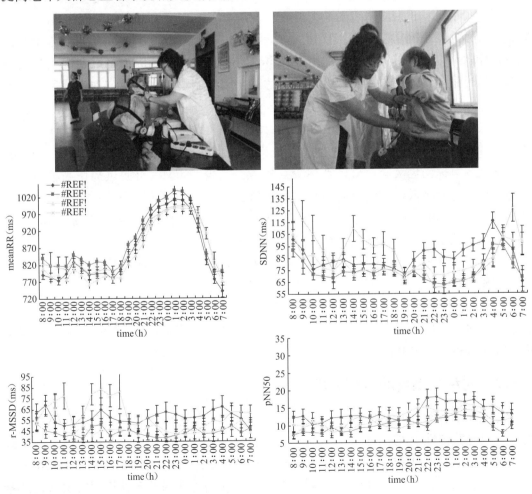

图 2.4-7　老年人心功能检测

2.5　对免疫系统的危害

2.5.1　对免疫系统的毒性作用

长时间暴露于细颗粒物，其本身粘附的有毒成分在与肺部互相作用过程中产生的各种生物因子均会对肺部的正常防御机制产生影响，从而导致肺部炎症扩大，清除能力以及抵抗能力下降，使肺部容易受到损伤和感染；另外由于细颗粒物可以通过各种途径进入血液循环系统，从而对全身免疫系统产生潜在影响。

免疫系统对细颗粒物的反应具有两面性：一方面对细颗粒物具有清除作用，另一方面也是机体受损的原因。细颗粒物对非特异性免疫系统和特异性免疫系统均有一定影响。免疫系统的损伤可以使机体对感染和伤害的抵抗能力减弱，正常的免疫反应下降，甚至不能对恶性转化细胞进行有效识别，并失去对肺部肿瘤进行免疫监视的能力。流行病学资料显示长期吸入颗粒物与肺癌的发病率和死亡率上升有关，而肺癌的发生、发展与机体免疫系统功能状态密切相关。Timblin 发现用低浓度 PM$_{2.5}$染毒肺泡上皮细胞后，伴随细胞增生的同时，原癌基因 c-jun、junB、fra-1、和 fra-2 以及凋亡相关基因的表达也升高，这些原癌基因的过度表达将导致细胞增生过度，同时造成细胞恶性转化[61]。

空气中的细颗粒物进入肺内后，遇到的第一道防线是黏膜系统。有研究表明 PM$_{2.5}$急性染毒可致大鼠支气管黏膜增厚、出血、水肿，单核细胞和中性粒细胞浸润，巨噬细胞内有棕褐色炭墨，机体产生炎症反应。这表明 PM$_{2.5}$可通过损伤黏膜组织的正常结构，进而降低机体免疫能力[62]。作为肺部防御的一道重要屏障，肺泡巨噬细胞（alveolar macrophages，AM）在其发挥功能的同时也受到伤害。将整个颗粒物吞噬，在颗粒物的刺激下肺泡巨噬细胞释放出一系列细胞因子和前炎症因子，如肿瘤坏死因子（TNF-α）、核转录因子（NF-kB），而前炎症因子又进一步刺激肺上皮细胞、成纤维母细胞、内皮细胞等，使其分泌粘附分子及细胞因子（如 IL-8，IL-6，MIP-2，MCP-1），这些黏附因子及细胞因子聚集多种炎症细胞（如中性粒细胞、巨噬细胞、单核细胞、多形核白细胞等），从而导致炎症发生，当肺部炎症反应持续时，肺部其他疾病的发生率也会明显升高。

2.5.2　对免疫系统的致病机理

免疫作用有两种形式，即非特异性免疫（也称自然免疫或先天性免疫）和特异性免疫（也称获得性免疫）。非特异性免疫是非特异性针对广泛的外源性物质，而且在暴露于这些物质前很少被增强，其免疫作用的提高是通过包括补体、自然杀伤细胞（NK）、粘膜屏障以及多核和单核吞噬细胞的独特作用等在内的多种机制实现的。特异性免疫是高度特异的，并且随着外源性物质的不断暴露而增高。

1. 非特异性免疫反应（unacquired immunity）

自然性杀伤细胞（NK）是一种不依赖抗原刺激和致敏，也不需要抗体参与就能杀伤肿瘤细胞和病毒感染细胞的淋巴细胞，主要发挥免疫监视和抗肿瘤作用，NK 细胞活性可有效地反映机体的免疫功能。细颗粒物进入机体后，NK 细胞是清除颗粒物的重要细胞，颗粒物对 NK 细胞的功能与活性也有一定影响。大鼠在低剂量颗粒物暴露的情况下，其 NK 细胞的活性对照组高，但高剂量组活性反而下降，有可能是颗粒物通过直接或间接作用抑制了 NK 细胞的功能。

肺泡巨噬细胞（alveolarmegalophage，AM）是肺部清除颗粒物的另一种重要细胞，它除了具有吞噬作用，活化后还可以分泌各种细胞因子，并且有免疫调节功能及抗原提呈作用，接触不同来源的颗粒物后都能引起 AM 吞噬功能的增强，同时增加各种免疫分子的分泌活性，并通过分泌 TNF-α、IL-6 等生物活性产物来吸引更多的炎症细胞向颗粒物引起的炎症部位聚集，并对抗原进行处理，实现抗原提呈的功能。因此从某种程度来说，AM 是肺部炎症反应的启动者，活性可以作为评价肺部免疫反应的重要指标。

颗粒物可以直接损伤或通过间接作用如改变 AM 生存的肺部微环境来抑制 AM 的功能。一定范围内 AM 的吞噬功能随着颗粒物浓度的升高而增强。但如果继续暴露于更高浓度的颗粒物时，颗粒物不断沉积，肺部的负荷也随之上升，注入肺泡腔的 AM 反而减少，当达到一定负荷阈值时，AM 的功能严重受损，即使是在暴露停止后巨噬细胞的功能也不能完全恢复。如人巨噬细胞的吞噬、吸附能力随着染毒的炭黑颗粒物剂量的升高而下降，说明高浓度颗粒物会损伤 AM 的各种功能。除了功能的改变，AM 的形态也将受到影响，如各种来源的颗粒物与 AM 作用后，都可以导致其细胞骨架的损伤，表现为妨碍吞噬小体的转运，细胞骨架僵硬以及吞噬功能下降，进而影响细胞的功能，导致肺部防御能力下降。

颗粒物造成的这些细胞功能损伤将导致呼吸道局部免疫力下降，如 Zelikoff 研究颗粒物对 Fischer 小鼠肺部免疫力影响，对试验组动物先进行大气颗粒物染毒，然后再暴露于肺炎链球菌，对照组则直接暴露于肺炎链球菌。结果表明，事先暴露于颗粒物的动物肺泡灌洗液中 AM 和多核白细胞数目明显增多，且增加速度和持续时间较对照组明显。另外在停止细菌暴露后，试验组的细胞因子水平下降速度缓慢，这些结果表明颗粒物加重肺部的炎症负担，并在一定程度上损伤了肺部的免疫力。

2. 特异性免疫反应（acquired immunity）

颗粒物可以进入肺外器官，因此长期暴露于颗粒物对系统免疫将产生潜在的影响。肺部的免疫损伤与系统免疫损伤密不可分，两者互相促进互相作用。

（1）体液免疫（humaoral immunity）　体液免疫是由 B 细胞识别抗原而产生抗体的过程，抗体生成细胞试验是反映体液免疫功能的重要指标之一。任何外来化学物质引起抗原处理、抗原提呈、淋巴因子的合成与释放、细胞增殖与分化的变化都会影响脾脏抗体生成细胞的产生。试验表明当颗粒物单独与机体作用时，对体液免疫有一定影响。对暴露于呼吸性煤飞灰的大鼠进行 B 细胞溶血空斑实验发现，其周围淋巴结中的抗体形成细胞（AFC）相对于对照组明显降低，抗体生成细胞变化是一个非常敏感的指标。其主要原因一方面是颗粒物中的有毒成分明显抑制抗体生成细胞分泌抗体的能力，从而抑制了体液免疫功能。另一方面由于颗粒物抑制了巨噬细胞的抗原提呈作用，因此 B 细胞的数量虽然有可能升高，但其抗体生成能力反而下降。

(2) 细胞免疫（cell immunity）　T 淋巴细胞是体内重要的免疫活性细胞，在抗感染、抗肿瘤、免疫监视等方面起重要作用。T 细胞分 Th 细胞和 Tc 细胞，其中 Th 细胞又可分为 Th1 细胞和 Th2 两类，Th1 引起的是细胞免疫反应，分泌的抗体主要是 IgG；Th2 引起的是体液免疫反应，分泌的抗体是 IgE。暴露于呼吸性煤飞灰的大鼠，在高浓度时 T 淋巴细胞亚群比例显著改变，导致 T 细胞功能紊乱。颗粒物可以减少 T 淋巴细胞数量、抑制其免疫功能，表现为淋巴细胞转化功能、IL-2 活性、T 淋巴细胞亚群等指标的改变，一些毒性较大的颗粒物如油烟颗粒物、煤尘颗粒物等还可影响脾脏的 T 淋巴细胞增殖功能。

颗粒物可直接损伤免疫细胞的结构和功能，影响免疫分子的合成、释放和生物活性，或通过干扰神经内分泌网络等间接作用，使免疫系统对抗原产生不适当的应答，如过高或过低的应答或者对自身抗原产生应答。应答过高表现为超敏反应（hypersensitivity）；应答过低可产生免疫抑制（immunosuppression）；对自身抗原应答表现为自身免疫（autoimmunnity）。大气颗粒物中的有害成分主要可以引起超敏反应和免疫抑制。

1）超敏反应　呼吸系统过敏性疾病的发生与多种因素如免疫系统紊乱、遗传因素、全身因素以及环境因素有关。城市空气污染是导致呼吸系统疾病（主要包括支气管炎、哮喘、肺心病和肺癌等）的主要危险因素，慢性支气管炎和哮喘的患病率随着空气污染的严重程度提高而大幅度提高，调查发现在相对清洁地区的患病率分别为 5.0% 和 2.9%，而污染严重地区的患病率分别为 32.7% 和 16.7%。调查发现遗传基因在过去几十年间基本没有发生巨变，因此环境因素的改变可能比遗传因素对哮喘发病率的增加具有更加重要的影响。流行病学的研究表明空气颗粒的暴露将增加哮喘、鼻炎、气道高反应等呼吸道过敏性疾病的发生。颗粒物的单纯暴露可能会直接影响免疫系统的功能，但是当周围环境存在各种过敏原的时候，颗粒物将与过敏原互相作用，从而导致过敏性疾病的发生，这是颗粒物免疫毒性的另一个重要表现。

细颗粒物更容易携带过敏原进入呼吸道深部并容易在肺组织中沉积，因此细颗粒物较其他颗粒物更容易引起过敏性疾病。如研究表明粒径小于 $0.5\mu m$ 的颗粒物可以引起肺组织分泌高水平的 Th2 等细胞因子，而大于此粒径的颗粒物则引起的是 Th1 类细胞分子的分泌，Th2 细胞分泌的细胞因子主要在抗体形成及变态反应过程中起作用，Th1 细胞分泌的细胞因子则是调节炎症反应以及各种免疫功能。对不同成分的炭黑颗粒物、硅颗粒物、大气颗粒物的研究表明，它们都能起佐剂作用，引起 IgE 分泌增加，说明颗粒物本身的尘粒核心是引起变态反应的主要因素，而其他化学组成的作用则为次要因素，但值得注意的是，不同成分的颗粒物引起的免疫反应类型有所不同。

Th2 亚群 T 细胞分泌的细胞因子对 IgE 同型转换和趋化嗜酸性粒细胞是必需的，它分泌的细胞因子可以活化 B 细胞，并进一步引起体液免疫，但是无致敏原存在而单独暴露于 DEP 的个体，引起的免疫反应并没有表现出特异的 Th1 类或 Th2 类细胞免疫，由此说明过敏原的存在决定了 Th2 细胞反应的方向，而 DEP 扩大这个反应。有学者对颗粒物在健康人群产生的过敏反应进行了研究，研究者把样本随机分为两组，一组只吸入豚草，另一组吸入相同浓度的豚草和 DEP，分析两组的鼻腔灌洗液发现，虽然两组中总 IgE 分泌水平无差别，但 DEP＋豚草组产生的豚草特异性 IgE 明显比单独吸入豚草组高，且抗体形成细胞数也明显增加。因此这在一定程度上说明颗粒物与过敏性疾病有关，它在疾病过程中起着重要的佐剂作用，通过吸引嗜酸性粒细胞细胞的大量注入，增加 Th2 类细胞因子的分泌，提高机体对过敏原的易感性来促进过敏性疾病的发生和发展。颗粒物还可以增加过敏原的免疫活性，充当过敏原的转运体，把过敏原运送到呼吸系统深部，增加过敏原的作用范围。另外颗粒物还可以破坏上皮细胞的屏障功能，使呼吸道上皮的渗透性增加，从而引起各种免疫细胞如中性粒细胞、巨噬细胞大量流入肺泡腔及释放各种细胞因子，最终导致过敏性疾病以及肺部损伤的发生。

颗粒物与呼吸系统过敏性疾病的关系至少包括：颗粒物可以作为过敏原的载体，把过敏原向呼吸系统的深处转运；颗粒物可以对超敏反应起辅助作用并可充当过敏原的佐剂，提高机体对过敏原的反应程度；颗粒物破坏机体的呼吸系统上皮防护屏障，进而使过敏原更容易渗透通过上皮组织；颗粒物还可以引起肺部的炎症反应并改变肺部的微环境来增加机体对过敏原的反应；颗粒物可以直接作用于免疫细胞，也可以通过诱导形成肺部炎症环境从而诱导呼吸系统过敏性系统的发生。

2）免疫抑制　外源性化学物免疫抑制的结果是宿主抵抗力降低，主要表现为抗感染能力降低和肿瘤易感性增加。父母吸烟的学龄前儿童因患呼吸道感染性疾病而缺课的比例明显高于父母不吸烟的儿童，可能是因为被动吸烟影响儿童呼吸道的抗感染力和免疫功能所致。又比如室内烹调油烟污染与女性肺癌之间也存在一定的关系。

随着研究的深入，人们对外源性化学物免疫抑制机制也有了进一步的认识。如大气颗粒物中含有的某些成分可以作用于核转录因子（NF-κB）或活化 T 细胞核因子（NF-AT）引起免疫抑制。颗粒物还可以通过氧化应激反应、破坏细胞内钙稳态、抑制 cAMP 等机制影响淋巴细胞的正常功能，引起免疫抑制。另外，不同粒径的颗粒物对细胞免疫的抑制作用是不同的。用流式细胞仪测定颗粒物对小鼠 T 淋巴细胞亚群影响，结果显示粗颗粒物提取液对小鼠 T 淋巴细胞亚群无影响（$P>0.05$），而细颗粒物提取液有影响（$P<0.05$），表明大气中细颗粒物可影响免疫功能，且抑制作用随剂量的增加而增强[63]。

2.5.3　引发的免疫系统疾病

细颗粒物参与过敏性鼻炎、特应性皮炎、支气管哮喘等多种过敏性疾病发生发展。颗粒物在过敏性疾病发病过程中起着重要的佐剂作用，通过吸引嗜酸性细胞的大量流入，增加 TH2 类细胞因子的分泌，提高机体对过敏原的易感性来促进过敏性疾病的发生与发展[64]。颗粒物还可以增加过敏原的免疫活性，充当过敏原的转运体，把过敏原运送到呼吸系统深部，增加过敏原的作用范围。另外颗粒物还可以破坏上皮细胞的屏障功能，使呼吸道上皮的渗透性增加，从而并引起各种免疫细胞如中性粒细胞，巨噬细胞的大量流入肺泡腔及释放各种细胞因子，最终导致过敏性疾病以及肺部损伤的发生[65]。PM$_{2.5}$促进 Th2 型细胞偏向反应的同时，也发现了颗粒物对 Th1 型免疫反应的抑制[66]，表明颗粒物同时对免疫系统具有抑制的作用，可能降低机体对病原微生物的免疫反应，导致感染性疾病的发生率增加。

机体的适应性免疫系统可将突破了固有免疫系统屏障的病原体杀灭，从而维持机体健康。高浓度的 PM$_{2.5}$暴露会损伤免疫系统，增加人群呼吸系统和心血管系统疾病患病率。PM$_{2.5}$浓度的升高可以使总死亡率和心血管呼吸系统死亡率明显增加[67]。体内外实验显示接触可吸入颗粒物后，上皮细胞内发现有细胞因子 IL-1B、IL-8、IL-6、TNF-α 等的高表达[68]。这些细胞因子除了作用于炎性细胞，还可使肝脏释放前凝聚因子，前凝聚因子可使血管白细胞移动改变，从而导致血液流动性降低，这可能与颗粒物引起心血管疾病发生和死亡增加等有关[69]。

尽管遗传是导致过敏性疾病的主要原因，但是遗传无法解释不同人群之间巨大的患病率差异，更不能解释目前发病率显著上升现象的原因。越来越多的研究者认为，随着工业化社会的进展，近几十年人类的生活环境发生了很大变化，这种变化使得易感人群如老年人和儿童的免疫系统受到诸如全球大气、水、土壤污染和食品、生活日用品、生活环境等化学制剂的刺激，可提高机体对过敏原的易感性，而这些因素在十几年前并不存在或剂量很少[70]。

尽管生活环境对于过敏性和呼吸道疾病影响的确切因素和作用机理还不是很清楚，但是越来越多的学者和研究认为环境因素（包括室内颗粒物、过敏原、细菌微生物、化学成分等）可能是致病并导致患病率急剧升高的主要原因[71]。另一方面，ESAAC 针对室外大气污染开展了国际多城市研究，发现虽然大气污染会加重过敏病人的哮喘症状，但单纯的大气污染无法解释哮喘、过敏性疾病在不同地域之间的患病率差异。例如中国城市的大气污染比较严重（如颗粒物、SO$_2$ 等），哮喘患病率却偏低；而像新西兰这样室外空气污染水平较低的地区却有着较高的哮喘患病率。因此，国内外专家将研究的重点由室外环境转向室内环境，与哮喘和过敏性疾病相关的室内环境因素越来越受到重视。

目前已有的研究表明，家庭成员中存在吸烟现象及儿童出生时父母吸烟与儿童的喘息症状（过去 12 个月或过去任何时候）均呈显著正相关。母亲怀孕期父母吸烟与儿童过去任何时候出现喘息症状显著正相关，儿童出生时父母吸烟与儿童的哮喘症状显著正相关[72]。

2.6　对神经系统的危害

2.6.1　对神经系统的毒性作用

PM$_{2.5}$暴露与神经系统损害之间的关系日益成为科学家们关注的热点，虽然这方面研究还不及心肺系统广泛和深入，但已有结果显示 PM$_{2.5}$引起的脑功能损害可能与神经炎症及神经元损伤、丢失有关[73]。

PM$_{2.5}$对神经系统的损害作用可能通过以下两条途径：（1）PM$_{2.5}$直接进入中枢神经系统引起损害，其机制可能是超细颗粒引起大脑组织产生氧化应激，诱导脑部炎症反应，从而增加了神经变性疾病的易感性；（2）PM$_{2.5}$引起的系统炎症反应导致的间接损害。在氧化应激及炎症因子的作用下，一些具有内分泌功能的神经末梢细胞会释放出某些神经递质，改变神经转导通路的正常功能。

2.6.2 对神经系统的致病机理

研究表明，颗粒物导致中枢神经损伤的可能途径有以下三种：（1）进入机体的颗粒物引发组织炎症反应，如吸入颗粒物大量沉积于肺泡组织引起肺部炎症，大量炎症因子进入血循环并引起系统炎症反应，进而引起脑部炎症反应导致功能损伤；（2）细小的颗粒物可通过血脑屏障转运到中枢神经系统内，激活小胶质细胞，导致自由基、炎症因子等神经毒性分子大量表达，导致神经损伤；（3）颗粒物通过嗅神经通路在感觉神经内转运时，会损伤神经元的正常功能，直接导致脑边缘系统毒性效应[74]。

主要关注的机制是颗粒物的氧化应激和炎症反应途径[75]。当颗粒物暴露于生物体时，会导致过量 ROS 生成，打破机体的氧化系统和抗氧化系统平衡，导致氧化应激的产生，引起生物体氧化损伤。与其他脏器组织相比，大脑对氧化应激反应损伤更敏感，这是由其特殊的生理结构特性所决定的。

当中枢神经系统开始产生氧化应激损伤后，生物体抗氧化能力水平上升，抗氧化剂谷胱甘肽（GSH）和抗氧化酶广泛参与清除活性氧等自由基，转录因子 Nrf-2 活化促使Ⅱ期酶（phase Ⅱ enzymes）大量表达。随着氧化应激水平的上升，机体的保护作用逐渐被炎症反应和细胞毒作用所替代，大量的前炎症基因表达活跃，如 AP-1、NF-κB，MAPK 激酶信号转导通路活化，炎症因子和趋化因子大量表达分泌，引起炎症反应发生。炎症因子的持续作用可使线粒体结构与功能紊乱，凋亡信号通路被激活，细胞发生程序性死亡。

首先，脑组织是以氧化分解为主获取能量的，故脑耗氧量很大，约占全身总耗氧量的 20%～30%。其次，脑内含有丰富的不饱和脂肪酸、核酸和蛋白质，易受氧自由基攻击而发生脂质过氧化和氧化损伤。并且，脑组织内抗氧化酶如过氧化氢酶、谷胱甘肽过氧化酶含量较低，当氧自由基产生较多时，脑内抗氧化防御系统根本无法将其完全清除。空气中的颗粒物因其特殊的物理化学特性，具有很高的表面活性，易发生氧化还原反应，从而导致大量的自由基产生而发生氧化应激，这就使得具有氧化应激敏感性的脑组织容易成为空气中的颗粒物的毒性效应靶器官。

动物实验较人群研究更为广泛地探讨了颗粒物对神经系统的影响，其中以 PM$_{2.5}$引起的神经炎症及神经退行性疾病的表现最为明显。Calderón-Garcidueñas 等[76]研究了空气污染对狗的脑组织的病理改变，发现生活在重污染城市内的狗，鼻咽部和呼吸道黏膜首先发生损伤，脑血管内皮细胞、胶质细胞、神经元都发生不同程度的氧化损伤，嗅球海马区观察到大量 AP 位点，脑组织发生明显病理变化，淀粉样前体蛋白

APP 和 β-淀粉样蛋白的表达量增多，出现神经退行性病变，血脑屏障发生损伤。

Campbell 等[77]每日给 BALB/c 雄性小鼠鼻腔滴注卵清蛋白以提高动物对损伤的敏感性，将小鼠呼吸暴露于颗粒浓度含量较高的大气环境中（颗粒直径小于 2.5μm 或 180nm）4h/天，每周 5 天，2 周后检测发现小鼠脑组织中 IL-1α 和 TNF-α、NF-κB 表达水平明显上升。说明大气颗粒暴露能引发神经组织炎症反应，从而导致神经疾病发生。对生活在高污染城市内的居民进行尸检，同样在人脑组织中观察到类似的病理变化。

Veronesi 等[78]将 C25BL/6 正常健康小鼠和 ApoE 基因缺陷小鼠呼吸暴露于正常大气环境和颗粒浓度含量较高的大气环境（concentrated ambient particles，CAPs）中，发现 C25BL/6 小鼠 CAPs 暴露组与大气暴露组表达酪氨酸羟化酶（TH）和神经胶质纤维酸性蛋白（GFAP）水平无差异，而 ApoE 基因缺陷小鼠 CAPs 暴露组黑质部位 TH 水平明显下降，GFAP 水平明显升高。这是由于 ApoE 基因缺陷小鼠相对 C25BL/6 小鼠，在大气颗粒物的刺激作用下，能引起大脑产生高水平的氧化应激反应，从而促使多巴胺神经元发生变性。该研究证明氧化应激是大气纳米颗粒物引起脑部损伤导致神经变性疾病的机制之一。

Kleinman 等[79]将 C25BL/6 雄性 ApoE 基因缺陷小鼠分别呼吸暴露于正常大气环境、高水平 CAPs（CAP15，114.2μg/m^3）和低水平 CAPs（CAP4，30.4μg/m^3）大气环境后，发现小鼠脑组织内核转录因子 NFκB 和 AP-1 表达水平随大气颗粒物浓度升高而增高，并且 GFAP 表达水平上升，说明大气颗粒物可促使脑部炎症反应的发生，并诱导脑内小胶质细胞活化。

为了阐述其机制，有学者研究了 MAPK 信号转导通路，显示颗粒物暴露后小鼠脑内 ERK-1、IkB、P38 活化水平无明显改变，而 JNK 活化水平明显升高，说明大气颗粒物通过激活 JNK 相关的 MAP 激酶信号转导通路，从而使核转录因子 NF-κB 和 AP-1 表达升高，引起脑部炎症反应。从现有的研究报道显示，颗粒物的神经毒性效应机制主要表现为纳米颗粒或颗粒物刺激神经组织产生活性氧，引起氧化应激，并激活 MAPK 信号转导通路，使大量的前炎症因子表达，诱导炎症反应，从而发挥组织损伤作用。

Lockman 等[80]将纳米颗粒经左侧颈动脉以 10mL/min 泵入 Fischer-344 雄性大鼠，检测发现纳米颗粒可跨越血脑屏障进入大脑，并不损伤血脑屏障完整性。对 BALB/c 雌性小鼠尾静脉注射^{111}In 标记的硫胺或 PEG 包被的纳米材料（直径 67nm），检测发现其脑组织中含有大量^{111}In 放射性存在，说明硫胺或 PEG 包被的纳米颗粒可转运到大脑，且进入脑组织的量无明显差异。将 Fischer344 雌性大鼠呼吸暴露于 133μg Ag/m^3（颗粒浓度 3×106/cm^3，颗粒直径 15nm）6h 后，ICP-MS 测试发现鼻腔（尤其是鼻腔后部）有大量的 Ag 颗粒蓄积，嗅球及大脑内也检测到少量的 Ag，说明 Ag 纳米颗粒经嗅神经发生了转运。

研究表明，纳米氧化锌可穿过血脑屏障引起小鼠脑内氧化应激和免疫炎症应答，学习记忆能力和被动回避能力均出现减退，但对自主活动能力影响不明显。进一步对脑部研究发现，小鼠海马神经细胞数量减少，形态结构产生变化，提示这可能是导致小鼠学习记忆行为发生改变的原因之一[81]。图 2.6-1 为小鼠学习记忆行为学检测仪器。

a.Morris水迷宫　　　　　　　　b.八臂迷宫　　　　　　　　c.穿梭箱

图 2.6-1　小鼠学习记忆行为学检测仪器

2.6.3　引发的神经系统疾病

研究表明，大气污染环境中的颗粒物可刺激脑神经组织产生活性氧，引起氧化应激，并激活 MAPK 信号转导通路，使大量的前炎症因子表达，诱使脑部发生炎症反应和淀粉样病变，引起神经功能紊乱。随着疾病的进一步恶化，可促使神经元斑形成和发生神经纤维缠结，最终导致阿尔茨海默病、帕金森等退行性疾病的发生。而超细颗粒广泛沉积于肺泡引起严重的炎症反应，及颗粒经鼻黏膜转运导致嗅球损伤，也在大气污染引发脑损伤方面发挥重要作用。

长期空气污染暴露引起人脑中超细颗粒物的沉积，在人脑嗅球旁神经元发现了颗粒物，在额叶到三叉神经节血管的管内红细胞中发现了小于 100nm 的颗粒物，为颗粒物入脑提供了直接证据[82]。波士顿大学医学院的研究者对 900 多名弗兰明汉心脏研究中心的参与者进行研究发现了个体大脑结构变小及隐秘脑梗塞的发病原因，证明与长时间暴露于环境细颗粒物有关。空气中的 $PM_{2.5}$ 仅增加 $2\mu g/m^3$，就会使得个体患中风的风险增加 46%，并且损伤中老年个体的认知功能。很有可能使得个体患隐秘脑梗塞以及大脑容量减少，这种效应相当于大约一年的大脑衰老情况[83]。

2.7　对生殖系统的危害

2.7.1　对生殖系统的毒性作用

颗粒物生殖毒性作用机制可以分为两个方面，首先，$PM_{2.5}$ 中的活性成分由母体呼吸道吸入，并吸收入血液，高浓度的生物活性化合物多环芳烃和其含氮衍生物等毒性物质会干扰母体的一些正常的生理代谢过程，从而影响胎儿的营养与发育；另外，毒物还可能直接通过胎盘对胎儿起作用，毒物的作用时期很可能是在妊娠早期，尤其是怀孕第一个月。

2.7.2　对生殖系统的致病机理

有研究比较了纳米炭黑（CB）、氧化锌（ZnO）及 CB/ZnO 复合颗粒吸入染毒受孕前/后大鼠，探讨纳米颗粒对大鼠妊娠结局、胎鼠及仔鼠生长发育状况影响[84,85]。研究发现：①受孕大鼠在妊娠早期吸入纳米颗粒后，出现明显的肺组织损伤和胎盘病变且妊娠率显著下降；子宫内胚胎的发育受到了显著影响，如出现了单胎，吸收胎，活胎体重、身长减少等结果。②妊娠前吸入 CB/Zn 复合纳米颗粒可使孕鼠妊娠率降低，出现吸收胎，其胎仔体质量、体长、尾长显著增加。③纳米颗粒可以造成雄性大鼠精子功能障碍，并且影响精子的发生和成熟。④纳米颗粒还可以引起断乳后仔鼠肺系数的显著降低；仔鼠的脑系数、胸腺系数、肺系数和肾脏系数均显著减少；子代行为反应减弱，短期记忆降低，纳米颗粒染毒组的子代脑中神经递质含量有很大变化，尤其是肾上腺素、5-羟色胺（5-HT）以及氨基酸类神经递质。图 2.7-1～图 2.7-3 为纳米颗粒对生殖系统的影响。

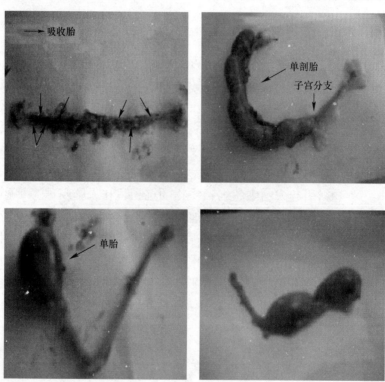

图 2.7-1　纳米颗粒吸入染毒受孕大鼠后对大鼠妊娠结果的影响

2.7.3　引发的生殖系统疾病

1. 对生殖系统的影响

许多研究发现，空气中 PM 污染与人类生殖功能的改变显著相关，并且其浓度的变化与早产儿、新生儿死亡率的上升、低出生体重、宫内发育迟缓及先天功能缺陷的发生率具有显著统计学相关性。颗粒物多数载有一些具有潜在毒性的元素，如铅、镉、镍、锰、钒、溴、锌和苯并（a）芘等多环芳烃（PAHs），而这些小颗粒易沉积于肺泡区，并

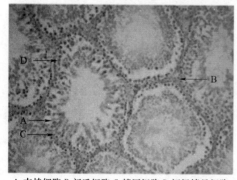

A-支持细胞 B-间质细胞 C-精原细胞 D-初级精母细胞

图 2.7-2　染毒后大鼠睾丸组织
形态学检查（4×40）

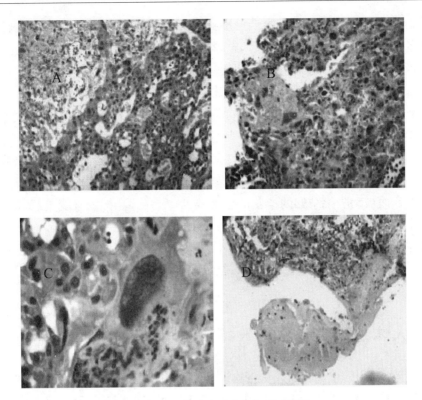

图 2.7-3 妊娠大鼠胎盘组织病理变化

进入血液循环，从而对生殖系统产生巨大影响。最新研究指出，空气中颗粒物对生殖系统的影响不仅表现为造成胎儿出生时形态畸形，而且会导致一些细微的功能缺陷，从而影响其子代的一生。

2. 对胎儿和产后早期发育影响

Dejmek 等[86]对波希米亚北部的一组孕妇进行研究发现，对于高浓度的 $PM_{2.5}$ 暴露（$>37\mu g/m^3$），孕妇出现宫内发育迟缓的机率为 2.11（1.20～3.70），说明高浓度的细颗粒物污染可能会影响胚胎的发育。

Vinikoor-Imle 等[87]为了确定在单因素污染和同时污染模型中产妇怀孕期间接触细颗粒物（$PM_{2.5}$）和臭氧增加风险相关的胎龄婴儿低出生体重和小胎龄有关。增加接触纳米颗粒（NPs）引发了外界对人类和动物的健康和安全关注，特别是对成长的机体，这可能增加对纳米毒性的敏感性，实验动物研究发现，9 天和 15 天的怀孕小鼠鼻内滴入炭黑纳米颗粒（CB-NP）（95μg/kg body weight），流式检测新出生 1 天 3 天和 5 天的乳鼠的胸腺和脾脏免疫细胞表面分子，实时荧光定量 PCR 检测脾和胸腺免疫细胞的基因表达发现，在妊娠中期和后期呼吸道接触 CB-NP 可能有过敏或炎症影响男性后代，并可能提示关于纳米颗粒潜在的免疫毒性[88]。

室内颗粒物暴露中，香烟烟雾对胎儿和产后早期发育的影响尤为严重。人群流行病学调查发现妇女孕期烟气暴露与生育力下降、流产、新生儿低体重、新生儿猝死综合征高度相关。女性孕期吸烟，可影响胚胎、胎儿的正常生长发育，引起习惯性流产、早产、或胎儿畸形等。孕期母亲吸烟可影响婴儿智力，出现大脑麻痹、癫痫、多动症等情况的概率增高。研究发现，香烟烟气暴露可影响胚胎标志物 Oct4 的表达量，增加细胞凋亡，使胚胎异常率增高。香烟烟气暴露对胚胎重量、顶臀长度和大脑重量均有显著影响。对围产期或新生儿期肺部的结构、功能和发育情况有影响。

烟气暴露对胎儿早期发育也具有影响。新生儿低体重和烟气暴露高度相关。研究发现孕期母亲吸烟可增加婴儿发生婴儿猝死综合征（Sudden infant death syndrome，SIDS）的危险度，并与孕母的吸烟量呈剂量—效应关系。据 Kramer 估计，孕期每天吸 1 包烟会导致新生儿体重平均减少 5％。主动吸烟孕妇若每日吸烟量为 5～20 支，新生儿体重平均减少 250g，而被动吸烟孕妇的产儿体重将减少 35～90g。推测可能是尼古丁对脑神经的毒害以及一氧化碳在血液中浓度过高，使胎儿缺氧，致使脑发育障碍而引起的。孕妇主动吸烟会改变胎儿大脑对呼吸的控制，影响胎儿心率，可导致大脑对呼吸循环系统的控制失常，使胎儿出生后对缺氧不敏感，从而可能诱发新生儿猝死综合征。

2.8　对人体的致突变性、致癌性

颗粒物上所吸附的重金属和挥发性及半挥发性有机物很多具有致癌性和致突变性，其中多环芳烃类（PAHs）和硝基衍生物是一类可吸收的高活性基因毒性化合物，还包括 Pb、Mn、Cr、Cd、Ni 等金属，见图 2.8-1 和图 2.8-2。颗粒物粒径越小，其致突变能力越强。

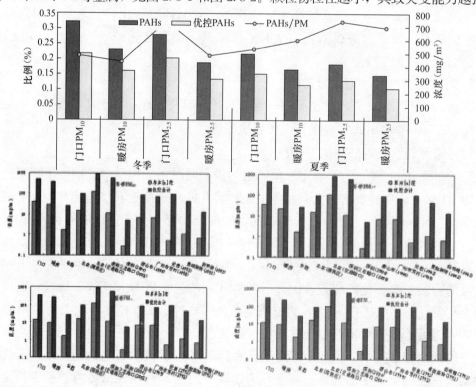

图 2.8-1　大气颗粒物中 PAHs

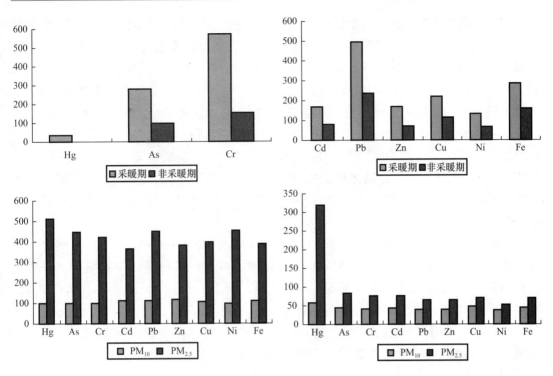

图 2.8-2 大气颗粒物中重金属富集水平

2.8.1 致突变性

长期接触颗粒物可引起生物体细胞遗传物质发生改变，具有一定的致突变作用，可以在染色体、DNA、基因等遗传物质的不同水平进行检测，包括诱发染色体结构变化、DNA 损伤、基因突变等。

颗粒物在染色体水平的遗传毒性主要指导致染色体畸变，即染色体结构异常，这是由于染色体或染色单体断裂时，断端不发生重接或不在原处重接造成的。研究证实外周血淋巴细胞姐妹染色单体交换频率（Sister Chromatic Exchange，SCE）和微核率（Micronucleus，MN）是检测染色体畸变敏感指标。微核是细胞有丝分裂后期遗留在细胞质中的个别染色体或无着丝点染色体断片形成的核形小体。微核率能够间接反映染色体受到的损伤畸变的发生率，从而反映遗传毒性。

Anwar 等[89]对开罗市 28 名交警的研究发现其外周血淋巴细胞 SCE 率显著高于对照组（警察教员）；外勤警 SCE 率、MN 率明显高于内勤警（$P<0.05$），并且在外勤警中，工龄越长，SCE 率越高，不同工龄段 SCE 率差别有显著性。说明长期暴露交通废气污染可引起染色体损伤。采用小鼠骨髓嗜多染细胞（PCE）及体外培养的中国仓鼠卵巢（CHO）细胞，对柴油机排放的 $PM_{2.5}$ 不同有机组分进行的体内及体外微核试验表明，各组微核率随剂量（浓度）的增加而增加，用 TSP 提取液给小鼠进行腹腔注射，结果表明 5mg/kg 提取物对雄鼠生殖细胞无明显诱变性，10mg/kg 以上可诱发精子畸形率显著高于阴性对照，25mg/kg 以上提取物可使精原细胞和初级精母细胞染色体畸变率明显升高，早期精细胞微核率增加。

细颗粒物对细胞 DNA 的损伤常采用 SOS 显色、姊妹染色单体交换（SCE）、程序外 DNA 合成（UDS）等试验进行检测。近年来，单细胞凝胶电泳（也称彗星实验，SCGE）实验也常被用来检测 DNA 的损伤。以 10～40mg/L 不同剂量的煤烟颗粒提取物，对体外培养的大鼠肺 II 型细胞进行染毒，采用 SCGE 和溴化乙锭荧光法（EPA）检测，结果表明，随着染毒剂量的增加，DNA 交联和断裂作用也增强，并存在剂量—反应关系。初步证明煤烟颗粒能够造成肺 II 型的 DNA 损伤，且 DNA 双链交联的形成和单链的断裂是其导致 DNA 损伤的两种重要形式，8-羟基脱氧鸟嘌呤（8-OHdG）的生成是 DNA 氧化损伤中最普遍的受损形式，可作为细颗粒物引起 DNA 损伤的生物标志物。柴油机排放的 PM$_{2.5}$具有 DNA 损伤作用，可引起小鼠肺细胞 DNA 产生 8-OHdG。

有研究表明粒径越小的大气颗粒物可以造成的 DNA 损伤越强[90]。采集北京市五环内城郊主要交通干线的交通源大气颗粒物，对大鼠进行滴注染毒后用 SCGE 实验检测颗粒物对大鼠肺组织细胞的 DNA 损伤，见图 2.8-3。结果表明，彗星实验的拖尾长度、Oliver 尾距和头部 DNA 含量各实验组与对照组相比，损伤程度显著（$P<0.05$）；相同采集地点 PM$_{2.5}$组与 PM$_{10}$组相比较，损伤程度显著（$P<0.05$）。表明所采集颗粒物对肺组织细胞均产生明显 DNA 损伤，且 PM$_{2.5}$对细胞 DNA 损伤效应强于 PM$_{10}$。

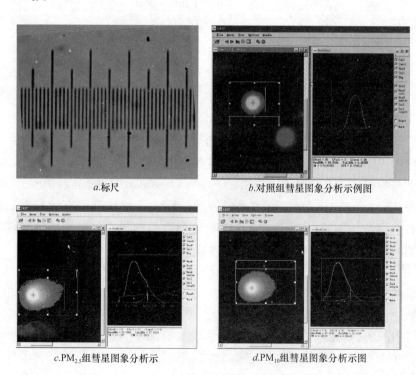

a.标尺　　　　　　　　　　*b*.对照组彗星图象分析示例图

c.PM$_{2.5}$组彗星图象分析示　　　　　*d*.PM$_{10}$组彗星图象分析示图

图 2.8-3　颗粒物对大鼠肺组织细胞的 DNA 损伤

基因是具有特定遗传能力的 DNA 片段。国内外大量研究表明，颗粒物的有机提取物有致突变性，且以移码突变为主。使用不同细胞的实验表明，颗粒物的有机提取物可引起细胞的染色体畸变、姐妹染色单体交换以及微核率的升高、诱发程序外 DNA 合成。采用 Ames 试验对颗粒物有机提取致突变研究甚多，方法不断改进。一些研究通过观察细颗粒物对大鼠肺细胞内次黄嘌呤、鸟嘌呤磷酸核糖基转移酶（HPRT）基因诱发突变的能力，来检测细颗粒物的诱变强度。Hprt 基因正常位于细胞的 X 染色体上。细胞在合成 DNA 时，除可利用自身合成的嘌呤，也可利用由 HPRT 催化的外源性嘌呤或核苷酸降解的嘌呤。若在正常细胞中，加入外源性嘌呤类似物，由于 HPRT 在催化，会产生有毒代谢产物，对细胞有致死作用。而在 hprt 基因突变的细胞中，由于 HPRT 功能发生改变，不能与外源性嘌呤类似物反应，因而不会产生毒性代谢产物，细胞可以继续生长，通过观察细胞的变化可检测 hprt 是否发生突变。如在一项亚慢性毒性试验中发现，将大鼠暴露于颗粒物，可引起肺泡上皮细胞的 hprt 基因发生突变。

2.8.2 致癌性

颗粒物内含有各种直接致突变物和间接致突变物，除了含有多环芳烃外还有较多的有毒金属，这些物质可以损害遗传物质和干扰细胞正常分裂，同时破坏机体的免疫监视而引起癌症；另外，长期吸入颗粒物与肺癌的发病率和死亡率的上升有关。美国纽约大学药学院对 1982～1998 年间所得到的 50 万例数据进行分析，在控制了烟酒、性别、年龄等个人因素后，研究表明长期生活在污染空气下，空气的可吸入颗粒物每增加 $10\mu g/m^3$，人群肺癌致死的危险就增加 8%。

颗粒物的化学组分或长期吸入颗粒物直接损害遗传物质而导致癌基因激活、抑癌基因失活、遗传物质改变，进一步可能导致肺癌。分子生物学研究表明肿瘤的发生与相关癌基因的激活和抑活时，才能导致细胞的恶性转化。利用柴油机排放的 $PM_{2.5}$ 对雌性 SPF F344 大鼠进行长期吸入染毒和气管滴入染毒，在大鼠肺肿瘤细胞中检测出 K-ras 癌基因发生点突变，其中第 12 密码子上的碱基由 GGT 转变为 TGT，第 13 密码子上的碱基由 GGC 转变为 TGC，这些突变能激活 K-ras 癌基因，而在同龄无染毒大鼠肺组织没有检测出 K-ras 癌基因的突变。K-ras 癌基因属于 ras 癌基因家族，已经证实 ras 的点突变可以致癌，因而长期接触细颗粒物引起 K-ras 癌基因的突变，可能是其致癌的一种机制。有学者用免疫组化方法，在暴露于含有细颗粒物的空气污染物的人鼻子上皮细胞中检测出 P53 蛋白。P53 蛋白是 P53 基因突变的表达产物，说明长期暴露于空气污染物要引起 P35 基因突变。

细胞间隙连接通信（GJIC）是细胞间通信的重要方式，是细胞间许多小分子物质交换的通道，在细胞增殖、增生和转化控制中发挥着重要调节作用。GJIC 丧失时，可能使开始癌变的细胞摆脱其周围正常细胞的控制获得自主性生长。有细胞实验以北京市城区采集的 PM_{10} 和 $PM_{2.5}$ 采用划痕燃料标记示踪法（SLDT）测定人肺成纤维细胞（human lung fibroblasts，HLF）GJIC 的水平，发现两种颗粒物染毒 24h 后均表现出细胞 GJIC 的抑制作用，相同浓度的 $PM_{2.5}$ 对 GJIC 的抑制作用大于 PM10，见表 2.8-1。

不同浓度的 PM₁₀和 PM₂.₅对 HLF 的 GJIC 的影响^[91]　　　表 2.8-1

分组	浓度（μg/mL）	距离（μm）
阴性对照	0	94.40±10.76
PM₁₀	25	82.98±9.64*
	50	52.04±12.13*
	100	39.95±13.96*
	200	30.24±7.69*
PM₂.₅	25	69.47±8.43*
	50	48.05±5.85*
	100	35.25±4.62*
	200	24.46±4.20*
TPA	0.1	20.78±4.50*

注：* 与阴性对照相比（Compared with negative control），$P>0.05$

2.9　对人体的氧化损伤

颗粒物中的成分，如金属元素、半醌、超细颗粒物等可对细胞直接进行氧化性损伤，也可通过催化氧化空气中的氧气或其他成分而产生活性氧（ROS）或自由基，这一机制可能是颗粒物导致肺损伤的主要原因^[92]。

颗粒物含有大量的有毒重金属和多环芳烃类物质，可引起组织细胞的脂质过氧化反应，使体内氧化和抗氧化系统失去平衡。一方面使脂质过氧化酶（LPO）含量增高，另一方面使体内的抗氧化系统耗竭。如机体防御体系中总抗氧化能力（T-AOC）的降低，T-AOC 的作用主要是维护内环境活性氧的动态平衡，清除含量过高的活性氧，使机体处于氧化还原相对稳定的状态，其含量的下降表示抗氧化系统的耗竭程度，造成这种现象的原因可能是颗粒物进入呼吸系统内造成细胞膜结构和功能完整性的破坏，使体内氧化和抗氧化系统失去平衡。

谷胱甘肽过氧化物酶（GSH-Px）含量下降和 LPO/GSH-Px 含量升高也可以说明上述问题。有研究表明颗粒物可以导致大鼠肺组织中丙二醛（MDA）含量增高，赵毓梅等研究也发现细颗粒物可使肺灌洗液中成分发生改变，具体表现为：中性白细胞增高、乳酸脱氢酶（LDH）、酸性磷酸酶（ACP）、碱性磷酸酶（AKP）和唾液酸（NA）等的变化^[93]。

这些研究表明颗粒物能诱发大鼠肺组织细胞膜脂质过氧化反应，从而有可能造成细胞膜结构和功能完整性的破坏，导致细胞正常生长和调控机制的紊乱，进而引起呼吸系统、免疫系统等系统功能的紊乱。

氧化性损伤还可导致 DNA 损伤，引起细胞发生反应产生蛋白质^[94]。导致氧化性损伤和细胞破坏的 ROS 或自由基，如羟基很可能是通过 PM₁₀相关的过渡金属元素产生，颗粒物表面稳定的自由基还能在其他类型的颗粒物与细胞作用时起重要作用。越来越多的研究表明，过渡性金属元素可催化氧化生物分子，因此，与这些过渡金属相关的毒性至少导致组织的氧化性损伤。近来的研究表明，如铁、铜、镉、铬、铅、镍和钒均表现出产生活性氧的能力，可导致脂质过氧化反应、ROS 的损伤、巯基的损耗和钙的动态平衡变化[95]。

颗粒物可刺激机体产生活性氧化成分，机体在清除颗粒物的过程中也可产生活性氧和活性氮产物，继而激活靶细胞的氧化反应信号通路，最终引起肺部各种生物效应[96]。$PM_{2.5}$ 及其附着的成分可通过多种反应生成自由基，氧化细胞膜上丰富的多不饱和脂肪酸，导致细胞膜上脂质过氧化反应增强，降低细胞膜流动性，改变细胞膜特性，使膜通透性发生改变，引起细胞膜损伤[97]。并且 $PM_{2.5}$ 沉积在终末细支气管和肺泡，其可溶性成分或 $PM_{2.5}$ 本身通过肺换气进入血液循环[98]，作为强有力的氧化剂可能直接通过影响脂质或蛋白，或者间接通过激活细胞内氧化途径[99]，使得细胞本身及邻近细胞的损伤，细胞因子分泌紊乱，进而引起免疫系统功能的紊乱。

2.10 未来发展

颗粒物已经影响了人类健康，增加了呼吸、心血管、消化等系统疾病的发病率和严重程度。但是，人们对颗粒物的致病机理还有待深入研究。

2.10.1 实验动物资源建设

需要根据研究需要，制作不同的颗粒物致病动物模型。国家要重视实验动物和动物模型资源的建设和共享，尤其是常用的小鼠、大鼠、兔、小型猪等实验动物资源。这些动物遗传背景明确，均一性好，生理、代谢、给药和剂型比较接近人类，可以模拟颗粒物致病过程，还可以模拟颗粒物防护产品的性能评价。以大鼠为例：大鼠体型较小，繁殖快，成本低，遗传学较为一致，对实验条件反应较为近似，常被誉为精密的生物研究工具，并具有多个品种、品系，可供不同实验选用。国外有 300 多种常规品系资源，基因工程大鼠发展迅速，可供选择不同遗传背景的大鼠。

1. 颗粒物毒性评价模型：利用各种组学技术，建立高通量筛选模型，评价颗粒物的毒性，特别是多靶标、高通量、高内涵地科学认识颗粒物。

2. 交互遗传（Collaborative Cross，CC）大鼠：人类疾病多属群体性多基因疾病。CC 大鼠将包括数百种基因型不同的大鼠系，它们来自于多个原始种系。CC 小鼠已经构建，并成功评价了埃博拉疫苗。我国可以构建 CC 大鼠，体现不同大鼠亚种的遗传学变异，其单核苷酸多态性是传统大鼠的四倍，对于研究人类复杂疾病具有重要意义。

3. 基因工程大鼠：大鼠基因敲除技术被评为科学杂志 2010 年度的十大科技进展之一，这是因为大鼠在神经系统疾病、脑和认知科学、代谢系统疾病和药物评价方面具有小鼠不可比拟的优势。利用基因工程技术，可以根据科研需要构建不同基因的大鼠模型。

4. 人源化大鼠模型：根据颗粒物作用受体靶点，制作对颗粒物靶点敏感的人源化大鼠模型。可以较好地模拟人体反应。

5. Cas9 大鼠模型：CRISPR-Cas9 基因组编辑系统是当前可用来在基因组中生成致病基因改变的最方便方法之一。简化 CRISPR-Cas9 系统体内基因组编辑，建立新型"Cas9 大鼠"模型，编辑各种细胞类型中的多个基因。

2.10.2　环境治理

国家环境保护"十三五"规划基本思路初步提出了"十三五"期间关于空气质量保护奋斗目标，主要包括两个阶段性目标。首先，到 2020 年，主要污染物排放总量显著减少，空气环境质量总体改善。其次，到 2030 年，全国城市环境空气质量基本达标。加大环境保护力度，以解决空气污染（大气污染和室内空气污染）等损害群众健康的突出环境问题为重点，加强综合治理，明显改善室内室外的环境质量。由于人类活动 80% 是在室内，而且对人体健康的影响的室内颗粒物浓度与室内建筑和外界空气颗粒物有关，因此我们需要做的是在改善室内颗粒物污染等环境质量过程的同时对因环境污染已经产生的人类疾病进行预防和治疗。

国内外的研究大多是室内外颗粒物或空气中有毒重金属等引起的呼吸系统、心血管系统、免疫系统和神经系统等疾病的发病率和死亡率显著升高的原因，以及对产生疾病的病理过程进行研究。然而对如何在发生疾病之前预防疾病（通过有计划有意识地控制室内室外空气质量、提高在污染的环境中自我保护意识以及增强人体身体素质），和对已发生疾病如何治疗与改善是我们进一步研究的目标。

参考文献

[1]　Wainman T，Zhang J，Weschler C J，et al. Ozone and limonene in indoor air：a source of submicron particle exposure [J]. Environmental Health Perspectives，2001，108（12）：1139-1145.

[2]　Yakovleva E，Hopke P K. Receptor modeling assessment of particle total exposure assessment methodology data [J]. Environmental Science & Technology，1999，33（20）：3645-3652.

[3]　闫伟奇，张潇尹，郎凤玲等. 北京地区大气细颗粒物的个体暴露水平 [J]. 中国环境科学，2014（3）：774-779.

[4]　Zhu X，Ma F，Hui L，et al. Evaluation and comparison of measurement methods for personal exposure to fine particles in beijing，china. [J]. Bulletin of Environmental Contamination & Toxicology，2010，84（1）：29-33.

[5]　Xuan D，Qian K，Ge W，et al. Characterization of personal exposure concentration of fine particles for adults and children exposed to high ambient concentrations in Beijing，China [J]. Journal of Environmental Sciences，2010，22（11）：1757-1764.

[6]　白志鹏，贾纯荣，王宗爽等. 人体对室内外空气污染物的暴露量与潜在剂量的关系 [J]. 环境与健康杂志，2004，19（6）：425-428.

[7]　吴鹏章，张晓山，牟玉静. 室内外空气污染暴露评价 [J]. 上海环境科学，2003（8）：573-579.

[8]　王媛，黄薇，汪彤等. 患心血管病老年人夏季 PM$_{2.5}$ 和 CO 的暴露特征及评价 [J]. 中国环境科学，

2009，29（9）：1005-1008.

[9] Organization W H. Who air quality guidelines for particulate matter, ozone, nitrogen dioxide and sulfur dioxide: summary of risk assessment [J]. Geneva World Health Organization, 2006.

[10] 刘洁岭，蒋文举. PM$_{2.5}$的研究现状及防控对策 [J]. 广州化工，2012（23）：22-24.

[11] Günter O R，Zachary S，Viorel A，et al. Extrapulmonary translocation of ultrafine carbon particles following whole-body inhalation exposure of rats. [J]. Journal of Toxicology & Environmental Health Part A，2002，65（20）：1531-1543.

[12] 吴忠标. 室内空气污染及净化技术 [M]. 北京：化学工业出版社，2005.

[13] 周中平. 室内污染检测与控制 [M]. 北京：化学工业出版社，2002.

[14] 刘泽常，王志强，李敏等. 大气可吸入颗粒物研究进展 [J]. 山东科技大学学报：自然科学版，2004，23（4）：97-100.

[15] Diociaiuti M，Balduzzi M，Berardis B D，et al. The two PM$_{2.5}$（fine）and PM$_{2.5-10}$（coarse）fractions：evidence of different biological activity [J]. Environmental Research，2001，86（3）：254-262.

[16] Pozzi R，Berardis B D，Paoletti L，et al. Winter urban air particles from Rome（Italy）：Effects on the monocytic – macrophagic RAW 264. 7 cell line [J]. Environmental Research，2005，99（3）：344-54.

[17] Wellenius G A，Schwartz J，Mittleman M A. Particulate air pollution and hospital admissions for congestive heart failure in seven united states cities. [J]. American Journal of Cardiology，2006，97（3）：404-408.

[18] 曲晴. 《2006年中国环境状况公报》公布 [J]. 环境教育，2007（6）：42-43.

[19] Annette P. Particulate matter and heart disease：evidence from epidemiological studies. [J]. Toxicology & Applied Pharmacology，2005，207（2）：477-82.

[20] Meng Q Y，Turpin B J，Korn L，et al. Influence of ambient（outdoor）sources on residential indoor and personal PM$_{2.5}$ concentrations：analyses of riopa data. [J]. Journal of Exposure Analysis & Environmental Epidemiology，2005，15（1）：17-28.

[21] Ezzati M，Kammen D M. Indoor air pollution from biomass combustion and acute respitaory infections in kenya：an exposure-response study [J]. Lancet，2001，358（9282）：619-624.

[22] Iii C A P，Burnett R T，Thun M J，et al. Lung cancer，cardiopulmonar mortality，and long term exposure to fine particulate air pollution [J]. Jama the Journal of the American Medical Association，2002，287：1132-1141.

[23] 钱孝琳，阚海东，宋伟民等. 大气细颗粒物污染与居民每日死亡关系的Meta分析 [J]. 环境与健康杂志，2005，22（4）：246-248.

[24] 戴海夏，宋伟民，高翔等. 上海市A城区大气PM$_{10}$、PM$_{2.5}$污染与居民日死亡数的相关分析 [J]. 卫生研究，2004，33（3）：293-297.

[25] 刘红丽，李昌禧，李莉等. 室内可吸入颗粒物粒径分布检测方法的研究 [J]. 武汉理工大学学报：交通科学与工程版，2008，32（5）：884-887.

[26] 夏萍萍，郭新彪，邓芙蓉等. 气管滴注大气细颗粒物对大鼠的急性毒性 [J]. 环境与健康杂志，2008，25（1）：4-6.

[27] 贾玉巧，赵晓红，郭新彪. 大气颗粒物PM$_{10}$和PM$_{2.5}$对人肺成纤维细胞及其炎性因子分泌的影响 [J]. 环境与健康杂志，2011，28（3）：206-208.

[28] Lei T，Wei Z，Qing L Z，et al. Impact of traffic emissions on local air quality and the potential tox-

icity of traffic-related particulates in beijing, china [J]. Biomedical & Environmental Sciences, 2012, 25 (6): 663-671.

[29]　Brown D M, Stone V, Findlay P, et al. Increased inflammation and intracellular calcium caused by ultrafine carbon black is independent of transition metals or other soluble components. [J]. Occupational & Environmental Medicine, 2000, 57 (10): 685-691.

[30]　蔡珊. 巨噬细胞炎症蛋白与呼吸系统疾病 [J]. 国际呼吸杂志, 2004, 22 (4): 175-177.

[31]　Laden F, Schwartz J, Speizer F E, et al. Reduction in fine particulate air pollution and mortality: extended follow-up of the harvard six cities study [J]. American Journal of Respiratory & Critical Care Medicine, 2006, 173 (6): 667-672.

[32]　Iii C A P, Burnett R T, Thun M J, et al. Lung cancer, cardiopulmonar mortality, and long term exposure to fine particulate air pollution [J]. Jama the Journal of the American Medical Association, 2002, 287: 1132-1141.

[33]　Abbey D E, Nishino N, Mcdonnell W F, et al. Long-term inhalable particles and other air pollutants related to mortality in nonsmokers [J]. American Journal of Respiratory & Critical Care Medicine, 1999, 159 (2): 373-382.

[34]　Mcdonnell W F, Nishino-Ishikawa N, Petersen F F, et al. Relationships of mortality with the fine and coarse fractions of long-term ambient PM₁₀ concentrations in nonsmokers. [J]. Journal of Exposure Analysis & Environmental Epidemiology, 2000, 10 (5): 427-436.

[35]　Trenga C A, Sullivan J H, Schildcrout J S, et al. Effect of particulate air pollution on lung function in adult and pediatric subjects in a seattle panel study. [J]. Chest, 2006, 129 (6): 1614-1622.

[36]　Annunziata F, Massimo S, Giovanna C, et al. Short-term effects of air pollution in a cohort of patients with chronic obstructive pulmonary disease. [J]. Epidemiology, 2012, 23 (6): 861-869.

[37]　Lai H K, Tsang H, Wong C M. Meta-analysis of adverse health effects due to air pollution in chinese populations [J]. Bmc Public Health, 2013, 13 (15): 297.

[38]　Stieb D M, Szyszkowicz M, Rowe B H, et al. Air pollution and emergency department visits for cardiac and respiratory conditions: a multi-city time-series analysis [J]. Environmental Health, 2009, 8 (13): 25.

[39]　Gehring U, Wijga A H, Brauer M, et al. Traffic-related air pollution and the development of asthma and allergies during the first 8 years of life. [J]. American Journal of Respiratory & Critical Care Medicine, 2010, 181 (6): 596-603.

[40]　Zelikoff J T, Lung Chi C, Cohen M D, et al. Effects of inhaled ambient particulate matter on pulmonary antimicrobial immune defense. [J]. Inhalation Toxicology, 2003, 15 (2): 131-50.

[41]　Barnett A G, Williams G J, Neller A H, et al. Air pollution and child respiratory health: a case-crossover study in australia and new zealand. [J]. American Journal of Respiratory & Critical Care Medicine, 2005, 171 (11): 1272-1278.

[42]　Cheng W W, Lin Z Q, Ceng Q, et al. Single-wall carbon nanotubes induce oxidative stress in rat aortic endothelial cells. [J]. Toxicology Mechanisms & Methods, 2012, 22 (4): 268-276.

[43]　Lin Z Q, Liu L H, Xi Z G, et al. Single-walled carbon nanotubes promote rat vascular adventitial fibroblasts to transform into myofibroblasts by SM₂₂-α expression [J]. International Journal of Nanomedicine, 2012, 7: 4199-4206.

[44]　Lin Z, Xi Z, Chao F, et al. Expression of ICAM-1 and VCAM-1 in aortic endothelial cells of rats

after exposure to Single-Walled Carbon Nanotubes [C] // International Symposium on Ambient Air Particulate Matter: Techniques and Policies for Pollution Prevention and Control. 2007.

[45] Tian L, Lin Z Q, Lin B C, et al. Single Wall Carbtion Nanotube Induced Inflammatition in Cruor-Fibrinolysis System [J]. 生物医学与环境科学（英文版）, 2013, 26 (5): 338-345.

[46] Laporte S, Mismetti P. Epidemiology of thrombotic risk factors: the difficulty in using clinical trials to develop a risk assessment model [J]. Critical Care Medicine, 2010, 38 (S2): 10-17.

[47] Mceachron T A, Pawlinski R, Richards K L, et al. Protease-activated receptors mediate crosstalk between coagulation and fibrinolysis [J]. Blood, 2010, 116 (23): 5037-5044.

[48] Chatterjee M S, Denney W S, Jing H, et al. Systems biology of coagulation initiation: kinetics of thrombin generation in resting and activated human blood [J]. Plos Computational Biology, 2010, 6 (9): 655-664.

[49] Penrod N M, Poku K A, Vaughan D E, et al. Epistatic interactions in genetic regulation of t-pa and pai-1 levels in a ghanaian population [J]. Plos One, 2011, 6 (1): 79-89.

[50] Flick M J, Xinli D, Witte D P, et al. Leukocyte engagement of fibrin (ogen) via the integrin receptor alphaMbeta2/Mac-1 is critical for host inflammatory response in vivo [J]. Journal of Clinical Investigation, 2004, 113 (11): 1596-1606.

[51] Milji ć P, Heylen E, Willemse J, et al. Thrombin activatable fibrinolysis inhibitor (TAFI): a molecular link between coagulation and fibrinolysis. [J]. Srpski Arhiv Za Celokupno Lekarstvo, 2010, 138 (Suppl 1): 74-78.

[52] Saksela O, Rifkin D B. Cell-associated plasminogen activation: regulation and physiological functions. [J]. Annual Review of Cell Biology, 1978, 47 (3Pt1): 935-940.

[53] Aftab A, Siah K T H, Tan S E, et al. Real-time monitoring of blood flow changes during intravenous thrombolysis for acute middle cerebral artery occlusion. [J]. Annals of the Academy of Medicine Singapore, 2009, 38 (12): 1104-1105.

[54] Bentley J P, Asselbergs F W, Coffey C S, et al. Cardiovascular risk associated with interactions among polymorphisms in genes from the renin-angiotensin, bradykinin, and fibrinolytic systems [J]. Plos One, 2010, 5 (9): e12757.

[55] Huber K. Plasminogen activator inhibitor type-1 (part one): basic mechanisms, regulation, and role for thromboembolic disease [J]. Journal of Thrombosis & Thrombolysis, 2001, 11 (3): 183-193.

[56] Zanobetti A, Franklin M, Koutrakis P, et al. Fine particulate air pollution and its components in association with cause-specific emergency admissions [J]. Environmental Health, 2009, 8 (6): 3829-3843.

[57] Antonella Z, Marina Jacobson C, Stone P H, et al. Ambient pollution and blood pressure in cardiac rehabilitation patients [J]. Circulation, 2004, 110 (15): 2184-2189.

[58] Wu S, Deng F, Liu Y, et al. Temperature, traffic-related air pollution, and heart rate variability in a panel of healthy adults. [J]. Environmental Research, 2013, 120 (1): 82-89.

[59] Hampel R, Peters A, Beelen R, et al. Long-term effects of elemental composition of particulate matter on inflammatory blood markers in european cohorts [J]. Environment International, 2015, 82: 76-84.

[60] Nemmar A, Holme J A, Rosas I, et al. Recent advances in particulate matter and nanoparticle toxicology: a review of the in vivo and in vitro studies [J]. Biomed Research International, 2013,

2013（4）：465-469.

[61] Timblin C R，Shukla A，Berlanger I，et al. Ultrafine airborne particles cause increases in protooncogene expression and proliferation in alveolar epithelial cells. [J]. Toxicology & Applied Pharmacology，2002，179（2）：98-104.

[62] 曲红梅，牛静萍，魁发瑞等. 大气中 PM2.5 致大鼠呼吸道急性损伤作用 [J]. 中国公共卫生，2006，22（5）：598-599.

[63] 马亚萍，杨建军，窦岩. 用流式细胞术测定大气颗粒物提取液对小鼠 T 淋巴细胞亚群的影响 [J]. 山西医科大学学报，2001，32（1）：21-22.

[64] Gilmour M I，Selgrade M J K，Lambert A L. Enhanced allergic sensitization in animals exposed to particulate air pollution [J]. Inhalation Toxicology，2000，volume 12：373-380.

[65] Van Z M，Granum B. Adjuvant activity of particulate pollutants in different mouse models [J]. Toxicology，2000，152（1-3）：69-77.

[66] Haar C D，Kool M，Hassing I，et al. Lung dendritic cells are stimulated by ultrafine particles and play a key role in particle adjuvant activity [J]. Journal of Allergy & Clinical Immunology，2008，121（5）：1246-1254.

[67] Lipsett M J，Ostro B D，Reynolds P，et al. Long-term exposure to air pollution and cardiorespiratory disease in the california teachers study cohort [J]. American Journal of Respiratory & Critical Care Medicine，2011，184（7）：828-835.

[68] Finkelstein J N，Johnston C，Barrett T，et al. Particulate-cell interactions and pulmonary cytokine expression [J]. Environmental Health Perspectives，1997，105：1179-1182.

[69] Seaton A，Macnee W，Donaldson K，et al. Particulate air pollution and acute health effects [J]. Lancet，1995，345（8943）：176-178.

[70] Zhang Y，Mo J，Weschler C J. Reducing health risks from indoor exposures in rapidly developing urban china [J]. Environmental Health Perspectives，2013，121（7）：751-755.

[71] 王娟. 重庆地区住宅环境对人体健康影响的研究 [D]. 重庆大学，2011.

[72] 刘炜，黄晨，胡宇等. 室内环境烟草烟雾与学龄前儿童呼吸道症状的关联性 [J]. 科学通报，2013（25）：2535-2541.

[73] Calderón-Garcidueñas L，Engle R，Mora-Tiscareño A，et al. Exposure to severe urban air pollution influences cognitive outcomes，brain volume and systemic inflammation in clinically healthy children [J]. Brain & Cognition，2011，77（3）：345-355.

[74] 王云，丰伟悦，赵宇亮等. 纳米颗粒物的中枢神经毒性效应 [J]. 中国科学化学，2009（2）：106-120.

[75] Andre N，Tian X，Lutz M D，et al. Toxic potential of materials at the nanolevel [J]. Science，2006，311（5761）：622-627.

[76] Calderón-Garcidueñas L，Azzarelli B，Acuna H，et al. Air pollution and brain damage [J]. Toxicologic Pathology，2002，30（3）：373-389.

[77] Campbell A，Oldham M，Becaria A，et al. Particulate matter in polluted air may increase biomarkers of inflammation in mouse brain [J]. Neurotoxicology，2005，26（1）：133-140.

[78] Veronesi B，Makwana O，Pooler M，et al. Effects of subchronic exposures to concentrated ambient particles：vii. Degeneration of dopaminergic neurons in apo e / mice [J]. Inhalation Toxicology，2005，17（17）：235-241.

[79] Kleinman M T，Araujo J A，Nel A，et al. Inhaled ultrafine particulate matter affects cns inflamma-

tory processes and may act via map kinase signaling pathways [J]. Toxicology Letters，2008，178 (2)：127-130.

[80] Lockman P R，Oyewumi M O，Koziara J M，et al. Brain uptake of thiamine-coated nanoparticles. [J]. Journal of Controlled Release Official Journal of the Controlled Release Society，2003，93 (3)：271-282.

[81] 田蕾，刘晓华，刘焕亮等. 纳米氧化锌对不同年龄小鼠海马的神经毒性效应和对学习记忆功能的影响 [C]. 中国毒理学会第四届中青年学者科技论坛论文集，2014.

[82] Calderón-Garcidueñas L，Solt A C，Henríquez-Roldán C，et al. Long-term air pollution exposure is associated with neuroinflammation，an altered innate immune response，disruption of the blood-brain barrier，ultrafine particulate deposition，and accumulation of amyloid beta-42 and alpha-synuclein in children and young adults [J]. Toxicologic Pathology，2008，36 (2)：289-310.

[83] Wilker E H，Preis S R，Beiser A S，et al. Long-term exposure to fine particulate matter，residential proximity to major roads and measures of brain structure [J]. Stroke，2015，46 (5)：1161-1166.

[84] 张华山，杨丹凤，杨辉等. 纳米颗粒物对大鼠妊娠结局及其子代近期记忆的影响 [J]. 卫生研究，2009，37 (6)：654-656.

[85] 林本成，袭著革，张英鸽等. 微纳尺度 SiO_2 对雄性大鼠生殖功能损伤的实验研究 [J]. 生态毒理学报，2007，2 (2)：195-201.

[86] Dejmek J，Selevan S G，Benes I，et al. Fetal growth and maternal exposure to particulate matter during pregnancy. [J]. Environmental Health Perspectives，1999，107 (6)：475-480.

[87] Vinikoor-Imler L C，Davis J A，Meyer R E，et al. Associations between prenatal exposure to air pollution，small for gestational age，and term low birthweight in a state-wide birth cohort. [J]. Environmental Research，2014，132：132-139.

[88] El-Sayed Y S，Ryuhei S，Atsuto O，et al. Carbon black nanoparticle exposure during middle and late fetal development induces immune activation in male offspring mice [J]. Toxicology，2015，327：53-61.

[89] Anwar W A，Kamal A A M. Cytogenetic effects in a group of traffic policemen in cairo [J]. Mutation Research/fundamental & Molecular Mechanisms of Mutagenesis，1988，208 (3-4)：225-231.

[90] Zhang W，Lei T，Lin Z Q，et al. Pulmonary toxicity study in rats with pm10 and PM2.5：differential responses related to scale and composition [J]. Atmospheric Environment，2011，45 (4)：1034-1041.

[91] 赵晓红，贾玉巧，郭新彪. 北京市大气 PM_{10} 和 $PM_{2.5}$ 对人肺成纤维细胞间隙连接通讯及连接蛋白的影响 [J]. 环境与职业医学，2008，24 (6)：584-587.

[92] Tao F，Gonzalez-Flecha B，Kobzik L. Reactive oxygen species in pulmonary inflammation by ambient particulates [J]. Free Radical Biology & Medicine，2003，35 (4)：327-340.

[93] 曲凡. 大气颗粒物的肺毒性效应及对肺表面活性蛋白 C 作用的初步研究 [D]. 中国科学院研究生院，2009.

[94] Hughes M F. Arsenic toxicity and potential mechanisms of action [J]. Toxicology Letters，2002，133 (1)：1-16.

[95] Stohs S J，Bagchi D. Oxidative mechanisms in the toxicity of metal ions [J]. Free Radical Biology & Medicine，1995，18 (2)：321-336.

[96] Susana M，Eugenio F A，Veronica D，et al. Low doses of urban air particles from buenos aires

promote oxidative stress and apoptosis in mice lungs [J]. Inhalation Toxicology，2010，22 (13)：1064-1071.

[97] Martin L D，Krunkosky T M，Dye J A，et al. The role of reactive oxygen and nitrogen species in the response of airway epithelium to particulates. [J]. Environmental Health Perspectives，1997，105：1301-1307.

[98] 夏萍萍，郭新彪，邓芙蓉等. 气管滴注大气细颗粒物对大鼠的急性毒性 [J]. 环境与健康杂志，2008，25 (1)：4-6.

[99] Kaur S，Rana S，Singh H P，et al. Citronellol disrupts membrane integrity by inducing free radical generation. [J]. Zeitschrift Für Naturforschung C Journal of Biosciences，2011，66 (5-6)：260-266.

第3章 PM$_{2.5}$的基本性质及动力学特征

大气悬浮颗粒物是悬浮在大气中的各种固态和液态的颗粒状物质的总称，其粒径范围在 0.1~200μm 之间。各种颗粒状的物质均匀地分散在空气中构成的一个相对稳定且庞大的悬浮体系，即是气溶胶体系，因此大气颗粒物也称为大气气溶胶。

本章的理论基础——气溶胶力学是属于研究颗粒物在气体中的受力与运动特性的专门学科[1]。本章将简单阐述气溶胶力学及相关学科的基本理论，包括气体中的颗粒物基本物理性质和动力学特征（如运动、沉降、扩散和凝聚等），为后续章节关于PM$_{2.5}$控制机理与去除方法的介绍奠定基础理论指导。

3.1 PM$_{2.5}$与大气气溶胶体系

气溶胶主要是由含碳化合物（如煤灰及其有机物）、可溶性离子（如硫酸盐、硝酸盐以及铵离子）和几乎不溶的无机物（如元素氧化物）等组成，其来源与形成过程各不相同，成分不一。气溶胶有天然和人为两种来源，其中天然气溶胶按其来源可分为一次气溶胶（以微粒形式直接从发生源进入大气）和二次气溶胶（在大气中由一次污染物转化生成）两种。它们可以来自被风扬起的细灰和微尘、海水溅沫蒸发而成的盐粒、火山爆发的散落物以及森林燃烧的烟尘等天然源，也可以来自化石和非化石燃料的燃烧、交通运输以及各种工业排放的烟尘等人为源。一般说来，直径小于 1μm 的颗粒物大都是由气体到微粒的成核、凝结、凝聚等过程所生成；而较大的粒子，则是由固体和液体的破裂等机械过程所形成。它们在结构上可以是均相的，也可以是多相的。已生成的气溶胶在大气中仍然有可能再次发生化学反应或物理变化[2]。

大气与悬浮其中的颗粒物共同组成的系统也称作大气气溶胶体系，自然界中的雾、烟、霾、微尘和烟雾等都是因天然或人为原因造成的大气气溶胶现象。城市大气气溶胶易受污染影响使其成分变化较大，而非城市大气气溶胶成分则相对稳定，主要与该地区的土壤成分有关。

研究气溶胶体系及颗粒物特性有重要价值，几十年来学者们研究气溶胶科学的重心也不断发生变化，主要经历为 20 世纪 50 年代前对于总悬浮颗粒物（TSP）的研究、60~90 年代转向对可吸入颗粒物（PM$_{10}$）的研究、90 年代后期对二次颗粒物（气溶胶粒子存在期间会从一种态向另一种态转换）问题的研究[3]、以及 21 世纪以来对PM$_{2.5}$乃至超细颗粒物（PM$_{0.1}$）的研究，并且伴随研究过程中关于气溶胶的相关理论、采样、分析与测试技术也得到不断的提高和改进。

同大多种类气溶胶相同，大气气溶胶来源也可以分为两大类：自然源和人为源。自然源主要由火山喷发、海水溅沫、地面扬尘、生物体燃烧等；人为源则主要是指人类生产生活所造成的，如燃料的使用、工厂工业排放以及交通排放等。大气对流层中的气溶胶粒子主要来自污染源的直接排放及一些气态前体物质（如二氧化硫、氮氧化物、碳氢化合物等）通过气—粒转化所生成[4]；大气平流层中的气溶胶粒子主要来自火山爆发时生成的火山灰和二氧化硫气体注入平流层转化而成。正因如此，大气对流层气溶胶一般具有颗粒物浓度高、粒子尺度范围宽、空间分布复杂和随时间变化较快等特点；而大气平流层的气溶胶粒子浓度则衰减较为缓慢，一般要经过好几年时间扩散与沉降。

大气气溶胶主要有三个属性：物理属性、化学属性及光学属性。物理属性主要有气溶胶的粒径、粒子的形状和颗粒粒子谱分布（包括尺度谱和质量谱）和运动受力等，目前许多大气气溶胶数学模型研究都是针对其物理属性进行的，这也是本章重点介绍的内容；化学属性主要表现为气溶胶粒子化学元素的丰度（或浓度）以及气溶胶粒子在大气中发生的各种化学变化过程，本章不作重点讨论，对该部分有兴趣的读者可查阅文献[5]；光学属性主要是指气溶胶粒子消光、散射光与吸收光的性能[6]，本章略作概述。

3.2 基本物理性质

3.2.1 密度

由于颗粒物表面不光滑、内部存有空隙，因此其表面和内部都会吸附着一定量空气。设法将吸附在颗粒物表面与内部的空气排出后测得的颗粒物自身密度称为真密度，以 ρ_p 表示。呈堆积状态存在的颗粒物，将包括颗粒之间气体空间在内的密度称为堆积密度，以 ρ_b 表示。若空隙率为 ε，则真密度和堆积密度存在如下关系：

$$\rho_b = (1-\varepsilon)\rho_p \tag{3.2-1}$$

式中，ρ_p——颗粒物真密度，kg/m³；

ρ_b——颗粒物堆积密度，kg/m³；

ε——颗粒物间空隙率，无量纲。

颗粒物真密度用于研究粒子运动行为等方面，堆积密度用于确定储存仓或灰斗的容积等方面。常见的工业颗粒物真密度和堆积密度列于表 3.2-1 中。

常见工业颗粒物的真密度和堆积密度（单位：kg/m³） 表 3.2-1

颗粒物名称	真密度 ρ_p	堆积密度 ρ_b
滑石粉	2750	590~710
烟尘	2150	1200
炭黑	1850	40

续表

颗粒物名称	真密度 ρ_p	堆积密度 ρ_b
硅沙粉（0.5～72μm）	2630	260
烟灰（0.7～56μm）	2200	70
水泥（0.7～91μm）	3120	1500
氧化铜（0.9～42μm）	6400	640
锅炉炭末	2100	600

3.2.2　安息角和滑动角

颗粒物自漏斗连续落到水平板上堆积而成圆锥体母体线同水平面的夹角定义为颗粒物的安息角；光滑平板倾斜时颗粒物堆开始滑移的角度定义为颗粒物的倾斜角，如图 3.2-1 所示。影响安息角与滑动角的主要因素有颗粒物粒径、含水率、形状、表面光洁度、黏性等。通常滑动角比安息角略大，一般颗粒物（或灰尘）的安息角为 35°～55°，滑动角为 40°～55°。

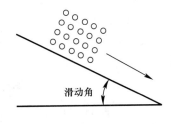

图 3.2-1　安息角与滑动角

3.2.3　润湿性

定义颗粒物与液体附着的难易程度为颗粒物的润湿性，其大小取决于液体分子对固体表面作用力强弱。表面张力愈小的液体，它对固体颗粒物就愈容易润湿。例如酒精、煤油的表面张力比水较小，则其对颗粒的润湿比水更好。

根据颗粒物能被水润湿的程度，一般分为亲水性粒子和疏水性粒子。颗粒物的润湿性可以用液体对试管中粒子的润湿速度来表征。通常，取润湿时间为 20min，测出此时间的润湿高度 L_{20}（mm），即可得到润湿速度 v_{20}（mm·min^{-1}）[7]：

$$v_{20} = \frac{L_{20}}{20} \qquad (3.2-2)$$

按润湿速度作为评定颗粒物润湿性的指标，可将颗粒物分为 4 类，见表 3.2-2。

水对粉尘的润湿性　　　　　　　表 3.2-2

颗粒物类型	I	II	III	IV
润湿性	绝对憎水	憎水	中等亲水	强亲水
v_{20}	<0.5	0.5～2.5	2.5～8.0	>8.0
举例	石蜡、沥青	石墨、煤、硫	玻璃微珠、石英	锅炉飞灰、钙

3.2.4 磨损性

固体颗粒物的磨损性是气溶胶粒子在流动过程中器壁或管壁对其的磨损程度。器壁或管壁对颗粒物的磨损是一个较为复杂的现象，颗粒物对刚性壁表现为碰撞磨损，对塑性壁表现为切削磨损。在颗粒物净化或输运中，经常遇到的是对塑性材料的磨损，其磨损率与颗粒物入射角、入射速度、硬度、粒径、球形度和浓度等因素有关，过程如图 3.2-2 所示。

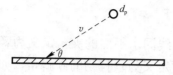

图 3.2-2 固体颗粒对塑性壁的磨损

有学者曾在 $\rho_p = 40 \sim 590 \text{kg/m}^3$ 的粉尘硬度范围内对 7 种不同塑性材料做了大量研究试验，得出磨损率的经验计算公式[8]：

$$E = kMd_p^{1.5} v_i^{2.3}(1.04 - \varphi)(0.448\cos^2\theta + 1)$$

$$(3.2-3)$$

式中，E——磨损率，μm/100h；

k——比例系数，对于 235 钢（A3 钢），$k=1.5$；

d_p——颗粒物直径，mm；

v_i——入射速度，m/s；

φ——球形度；

M——向被磨损材料冲击的颗粒物通量，kg/(m² · s)。若已知含尘质量浓度 c（kg/m³），则 M 可由下式计算：

$$M = vc\sin\theta$$

$$(3.2-4)$$

3.2.5 带电性

气溶胶粒子通常都带有电荷，其原因是由于颗粒物的碰撞、摩擦、放射性照射、电晕放电等而带电的。表 3.2-3 列出了常见的颗粒物常温下相对介电常数（表征介质材料的介电性质或极化性质的物理参数，也作为衡量材料贮电能力的指标）。

常温下常见的颗粒物相对介电常数[9]　　　　　　　　表 3.2-3

颗粒物名称	相对介电常数	颗粒物名称	相对介电常数
锌粉	12	滑石粉	5~10
硅砂	4	飘尘	3~8
水泥	5~10	白砂糖	3
氧化铝粉	6~9	淀粉	5~7
重质碳酸钙	8	硫磺粉末	3~5
玻璃球	5~8	合成树脂粉	2~8

颗粒物的导电性与金属的导电性类似，也用电阻率表示。但颗粒物不仅靠颗粒本体内的电子或离子产生体积导电，还可以通过颗粒表面吸附的水分和化学膜发生表面导电。对于电阻率较高的颗粒物，温度较低时（100℃以下）主要发生表面导电；温度较高时（约200℃以上）主要发生体积导电。因此，颗粒物的电阻率与测定时的条件

有关，如气体温度、湿度和成分，以及颗粒物粒径、成分和堆积的松散度等。颗粒物的电阻率仅是一种可以互相比较的表观电阻率，通常称为比电阻。表 3.2-4 列出了工业粉尘颗粒的比电阻范围。

工业粉尘颗粒的比电阻 ($\Omega \cdot cm$)[10]　　　　　　　　表 3.2-4

工业粉尘来源	比电阻	工业粉尘来源	比电阻
细煤粉锅炉	1011 (100℃)	重油锅炉	104～106
烧结炉	1010～1012	转炉	108～1011
电炉	109～1012	化铁炉	106～1012
水泥（窑、干燥机）	1011～1018	骨料干燥器	1011～1012
黑液回收锅炉	109	铜精炼	108～1011
锌精炼	约 1013	铝精炼	1011～1014
垃圾焚烧	108～1010	炭	<104

3.2.6 自燃性与爆炸性

当物料被研磨成粉尘时，总表面积增加，表面能增大，其化学活性特别是氧化产热能力得到提高，因此在一定条件下会转化为燃烧状态。

各种粉尘的自燃温度相差很大，根据不同的自燃温度可将可燃性粉尘分为两类：第一类粉尘的自燃温度高于环境温度，只能加热引起自燃；第二类粉尘的自燃温度低于环境温度，甚至在不加热时都可能自燃。粉尘造成火灾的危险性最大，因为在封闭空间内可燃性悬浮粉尘的燃烧会导致爆炸。引起可燃性粉尘爆炸必须具备两个条件：一是可燃性粉尘的浓度在爆炸限内；二是存在能量足够且具有一定温度的火源。能引起爆炸的最低浓度称为爆炸下限，最高浓度称为爆炸上限。可燃混合物的浓度低于爆炸下限或高于爆炸上限时，均无爆炸危险。爆炸下限对防爆更有意义。表 3.2-5 列出了某些尘粒爆炸浓度的下限。

部分粉尘的爆炸浓度下限（单位：g/m^3）[11]　　　　　　表 3.2-5

粉尘名称	爆炸下限	粉尘名称	爆炸下限	粉尘名称	爆炸下限
铝粉末	58	玉栗粉	12.6	硫磺	2.3
豌豆粉	25.2	亚麻皮屑	16.7	硫矿粉	13.9
木屑	65	硫的磨碎粉末	10.1	页岩粉	58
渣饼	20.2	奶粉	7.6	烟草末	68
樟脑	10.1	面粉	30.2	泥炭粉	10.1
煤末	114	萘	2.5	棉花	25.2
松香	5	燕麦	30.2	茶叶末	32.8
饲料粉末	7.6	麦糠	10.1	一级硬橡胶尘末	7.6
咖啡	42.8	沥青	15	谷仓尘末	227
染料	270	甜菜糖	8.9	电焊尘	30

3.2.7 光学性质

大气中气溶胶粒子可对可见光的产生散射作用，使大气透明度大为降低，造成空气污染现象，特别是在城市中这种污染最强烈。气溶胶粒子对光的散射是测定气溶胶粒子的浓度、大小的主要方法之一。概括地说，单个颗粒物对光的散射与其粒径、折射指数、颗粒物形状与入射光的波长有关。空间中任何一点的辐射强度是由光源和汇聚点的位置、气溶胶的空间分布、粒径分布和组成决定的。光线射到气溶胶粒子上以后，有两个不同过程发生：颗粒物接收到的能量可被颗粒物以相同的波长再辐射，再辐射过程可发生在所有方向上，但不同方向上有不同的强度，这个过程称为散射。另一方面，辐射到颗粒物上面的辐射能可变为其他形式的能，如热能、化学能或不同波长的辐射，这个过程称作吸收。在可见光范围内，光的衰减对黑烟来讲吸收更占优势，而对水滴散射更占优势。实际中，常利用光强衰减特性来测定烟尘的浓度。图 3.2-3 为一种较常见的烟尘浓度测定系统（ICMS）。其工作原理是：红外光通过烟流时，光强发生变化，光敏传感器的光电流将随之变化，通过放大器将这个较弱的电流增强并变为计算机中 A/D 卡接口所能接受的±5V 范围内的电压，如果烟气的浓度变化与电压值的变化是线性相关的，其电压值就可表示浓度的大小。

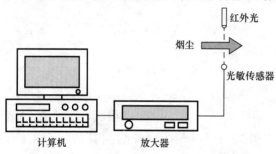

图 3.2-3　红外光烟尘浓度测定系统

气溶胶粒子对于光线的反射和吸收不仅会影响城市大气能见度，也对气候变化有重要作用。不同化学组分的颗粒物对光的反射、吸收具有不同的特征。因而开展关于气溶胶光学性质及其化学组分的相关性研究，对于更好地了解城市大气污染特征及不同类型气溶胶的辐射效应具有非常重要的意义。目前多采用多元线性回归算法对气溶胶粒子中不同化学组分（例如水溶性离子、有机碳、元素碳等）对颗粒物总体消光情况的贡献值进行计算。我国学者[12]对厦门地区的气溶胶消光性质及其化学组分研究结果表明，对于 PM₂.₅消光系数而言有机碳成分、硫酸铵和氨氮及碳元素的平均贡献分别为 39.5%、31.4%和 15.3%；对我国珠江三角洲区域 PM₂.₅消光系数的研究也得到了类似的结论[13]，硫酸铵、颗粒物有机成分、氨氮和碳元素对颗粒物消光系数的贡献分别为 32%、28%、20%和 8%，其中颗粒物的有机成分及硫酸铵为主要的贡献者。

3.2.8　粒径分布

1. 粒径的表示方法

工业过程中产生的固体颗粒物通常是非球形的。对于不规则颗粒物的形状可概括为三大类：块状、板状、针状。实际中，大多数颗粒物属于第一类。对于不规则颗粒物，为评价其对球形的偏离程度，采用球形度 φ 的概念。

球形度指同样体积的球形颗粒物表面积与颗粒物实际表面积之比（$\varphi<1$）。不规则颗粒物的大小可用等效径，又称当量径表示。表 3.2-6 列出了一些主要等效径的表示方法。

颗粒物等效粒径的名称、定义及公式[14]　　　　　　　表 3.2-6

符号	名称	定义	公式
d_F	弗雷特直径	在同一方向上与颗粒物投影外形相切的一对平行直径之间的距离	—
d_M	马丁直径	在同一方向上将颗粒投影面积二等分的直线长度	—
d_{max}	最大直径	不考虑方向的颗粒投影外形的最大直线长度	—
d_{min}	最小直径	不考虑方向的颗粒投影外形的最小直线长度	—
d_A	投影面积直径	与置于稳定位置的颗粒投影面积相等的圆的直径	$d_A=(4A_p/\pi)^{1/2}$
d_s	表面面积直径	与颗粒的外表面积相等的圆球的直径	$d_s=(4A_p/\pi)^{1/2}$
d_v	体积直径	与颗粒体积相等的圆球的直径	$d_v=(S/\pi)^{1/2}$
d_{sv}	表面积体积直径	颗粒的外表面积与体积之比相等的圆球的直径	$d_{sv}=d_v^3/d_s^2$
d_c	周长直径	与颗粒投影外形周长相等的圆的直径	$d_c=L/\pi$
d_R	展开直径	通过颗粒重心的平均弦长	$E(d_c)=\dfrac{1}{\pi}\int_0^{2\pi}d_Rd\theta_R$
d_{ap}	筛分直径	颗粒能通过的最小方筛孔的宽度	—
d_d	阻力直径	在黏度相同的流体中,在相同的运动速率下与颗粒具有相同运动阻力的圆球的直径	$F_D=\dfrac{C_DA_p\rho fu^2}{2}$
d_f	自由沉降直径	在密度与黏度相同的流体中,与颗粒具有相同密度和相同自由沉降速率的圆球的直径	—
d_{st}	斯托克斯直径	在层流区($Re<0.2$)颗粒的自由沉降直径	$d_{st}=\left[\dfrac{18\mu u}{(\rho_p-\rho_f)gC}\right]^{\frac{1}{2}}$
d_p	空气动力学直径	在空气中颗粒运动处于层流区,与颗粒的自由沉降速率相同的单位密度(1000kg/m^3)的圆球的直径	$d_p=d_{st}(C\rho_p)^{1/2}$

注:若非特别说明,本书所有公式中颗粒物直径(或粒径)均为空气动力学直径,以 d_p 表示,单位为 m。

2. 频率分布

气溶胶粒子是由各种不同粒径的颗粒物组成的集合体,显然,单纯用"平均"粒径来表征这一集合体是不够的。粒径分布又称分散度,是指在不同粒径范围内颗粒所含数量或质量分数,通常使用的是质量累积分布。掌握粒径分布对选择净化设备、评价净化性能、颗粒物群的扩散与凝聚行为以及对环境造成的污染影响等方面具有重要的意义。粒径分布的表示方法有表格法、图形法和函数法[15]。

图 3.2-4 为粒径 d_p 在 $0\sim30\mu m$ 范围内颗粒物数量的统计,数量频率分布 f_i 和质量频率分布 g_i 分别定义为:

$$f_i=\frac{n_i}{\sum n_i} \tag{3.2-5}$$

$$g_i=\frac{n_id_{pi}^3}{\sum n_id_{pi}^3} \tag{3.2-6}$$

式中,n_i——第 i 区间里观测到的颗粒物数目,个;

d_{pi}——第 i 区间里粉尘粒径,μm。

3. 密度分布

数量密度分布 p 和质量密度分布 q 分别定义为式(3.2-7)与式(3.2-8):

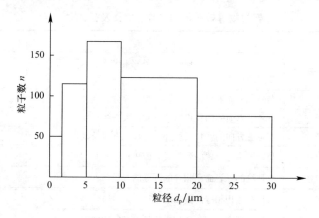

图 3.2-4　颗粒物分布直方图

$$p = \frac{f_i}{\Delta d_\text{p}} = \frac{dF}{dd_\text{p}} \qquad (3.2\text{-}7)$$

$$q = \frac{g_i}{\Delta d_\text{p}} = \frac{dG}{dd_\text{p}} \qquad (3.2\text{-}8)$$

式中，F——数量筛下累积分布；

　　　G——质量筛下累积分布。

4. 累积分布

数量筛下累积分布 F 和质量筛下累积分布 G 分别定义为式（3.2-9）与式（3.2-10）：

$$F = \sum_{i=1}^{i} f_i = \int_0^{d_\text{p}} p\,dd_\text{p} \qquad (3.2\text{-}9)$$

$$G = \sum_{i=1}^{i} g_i = \int_0^{d_\text{p}} q\,dd_\text{p} \qquad (3.2\text{-}10)$$

由定义可知，筛下累积分布是指小于某一粒径 d_p 的所有颗粒物的质量（或数量）占总质量（或数量）分数，累积分布为 50% 的地方称为中位径 d_{p50}。

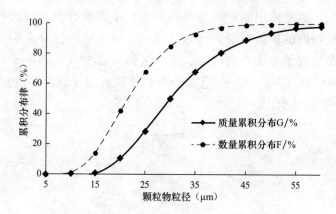

图 3.2-5　数量累积分布和质量累积分布举例

如果颗粒物粒径分布服从对数正态分布规律，则其累积分布曲线在对数概率坐标纸上呈一条直线。

5. 分布函数

尽管粒径分布可以用表格和图形表示，然而，在某些场合下用函数形式表示，对于数学分析要方便得多。根据实际测定，大多数烟尘数量随粒径呈对数正态分布。其质量密度分布函数 q 的对数正态分布为：

$$q = \frac{1}{d_p \ln\sigma_g \sqrt{2\pi}} \exp\left[-\frac{(\ln d_p - \ln d_g)^2}{2(\ln\sigma_g)^2}\right] \tag{3.2-11}$$

式中，d_g——几何平均值，可用中位径 d_{p50} 近似代替，m；

σ_g——几何标准偏差，由下式确定：

$$\sigma_g = \frac{d_p(G = 84.1\%)}{d_{p50}} = \frac{d_{p50}}{d_p(G = 15.9\%)} \tag{3.2-12}$$

3.3 粒子动力学特性简介

3.3.1 不同粒径的分类原则

不同粒径的颗粒物所服从的空气动力学规律是不同的，为了讨论在不同粒径范围内气溶胶粒子的空气动力学性能，在气溶胶力学研究方面，根据颗粒物粒径大小分为4个区，其分类见表 3.3-1[16]。

不同粒径范围定义的气溶胶力学分类方法　　　　　　　　　　　　表 3.3-1

名称	粒径范围			
	自由分子区	过渡区	滑动区	连续区
Kn	>10	10～0.3	<0.3	<0.1
$d_p/\mu m$	<0.01	0.01～0.4	>0.4	>1.3

其中采用克努森数 Kn 作为分类依据的计算方法为：

$$Kn = 2\lambda/d_p \tag{3.3-1}$$

式中，λ——气体分子平均自由程，m。

由分子动力理论，气体分子平均自由程计算方法为[17]：

$$\lambda = \frac{\mu}{0.499\rho_a} \sqrt{\frac{\pi M}{8RT}} \tag{3.3-2}$$

式中，M——气体分子的摩尔质量，kg；

R——气体常数，J/(kg·K)；

T——热力学绝对温度，K；

μ——流体动力黏度，Pa·s；

ρ_a——气体密度，kg/m³。

3.3.2 粒子的运动

1. 气体对颗粒物的阻力

作用于气溶胶粒子上的力通常有重力、离心力、静电力以及介质的阻力等。在气固分离过程中，运动着的颗粒物所受到的介质阻力始终存在，该阻力的确定对分析颗粒物运动行为是必要的。气体对球形颗粒物的阻力可用通式（3.3-3）表示：

$$f = C_s \frac{\pi d_p^2}{4} \cdot \frac{\rho_a v^2}{2}$$

（3.3-3）

式中，f——气体对球形颗粒物的阻力，N；

　　　v——颗粒物与气体的相对运动速度，m/s；

　　C_s——阻力系数。

式（3.3-3）只要知道阻力系数 C_s，则可计算气体对球形颗粒物的阻力。根据因次解析结果证明阻力系数 C_s 仅与雷诺数 Re 有关，可用式（3.3-4）表示：

$$Re = \frac{\rho_a d_p v}{\mu}$$

（3.3-4）

二者关联关系如图 3.3-1 所示。根据 Re 的大小可近似分 3 个区段来考虑[18]。

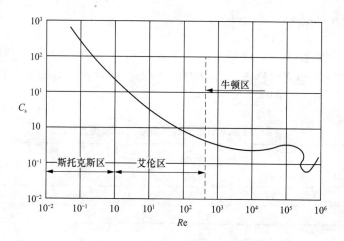

图 3.3-1　球形颗粒物的阻力系数和雷诺数

图中，斯托克斯（Stokes）区有 $Re \leqslant 1$，$C_s = 24/Re$，代入式（3.3-3）可得斯托克斯阻力公式：

$$f = 3\pi\mu d_p v$$

（3.3-5）

艾伦（Allen）区有 $1 < Re \leqslant 500$，$C_s = 10.6/Re$；牛顿（Newton）区有 $500 < Re \leqslant 2 \times 10^5$，$C_s = 0.44$。

当颗粒物小于 1μm 时，其大小已接近分子平均自由程（标准状态下 $\lambda = 0.667\mu m$），会发生滑动现象，导致实际阻力低于前面公式的计算值，因此需要对斯托克斯阻力公式加以修正：

$$f = 3\pi\mu d_p v / C_u$$

（3.3-6）

式中，C_u 为库宁汉滑移修正系数，计算方法为：

$$C_u = 1 + \frac{2\lambda}{d_p}\left[1.257 + 0.4\exp\left(-1.1\frac{d_p}{2\lambda}\right)\right] = 1 + Kn[1.257 + 0.4\exp(-1.1/Kn)]$$

（3.3-7）

由于固体颗粒物一般都不是球形的，其阻力特征趋向于最大阻力面的位置。当颗粒物运动速度相等时，非球形颗粒物的阻力大于球形颗粒物的阻力。当雷诺数 $Re<1$ 时，非球形颗粒物的阻力可用颗粒物动力形状系数 K 加以修正，即：

$$f = 3\pi\mu d_p v K / C_u \tag{3.3-8}$$

式中，颗粒物动力形状系数 K 等于颗粒物的体积直径 d_v 与斯托克斯 d_{st} 直径之比的平方，即：

$$K = (d_v/d_{st})^2 \tag{3.3-9}$$

2. 重力作用下颗粒物运动[19]

如果忽略浮力，重力作用下颗粒物的运动方程可表示为：

$$\frac{\pi}{6}d_p^3\rho_p\frac{dv}{dt} = \frac{\pi}{6}d_p^3\rho_p g - f \tag{3.3-10}$$

经过一段时间后，阻力最终会等于重力，颗粒物保持匀速运动，此时的速度称为最终沉降速度。将式（3.3-3）代入上式，得最终沉降速度 v_t：

$$v_t = \sqrt{\frac{4\rho_p g d_p}{3 C_s}} \tag{3.3-11}$$

将不同阻力区范围阻力系数代入式（3.3-11）可得到不同的阻力区内颗粒物的最终沉降速度。如在斯托克斯区，颗粒物的沉降速度为：

$$v_s = \frac{\rho_p d_p^2}{18\mu}g = \tau g \tag{3.3-12}$$

式中，$\tau = \dfrac{\rho_p d_p^2}{18\mu}$ 为张弛时间，应以表征颗粒物从初始运动状态到稳定状态所经历的时间，单位为 s。式（3.3-12）也将在本章 3.6 节中应用。

对于不稳定运动，假设颗粒物向下初始速度为 v_{0y}，解微分方程（3.3-10），可得斯托克斯区颗粒物经过时间 t 后在垂直方向的速度 v_y 为：

$$v_y = v_t + (v_{0y} - v_t)e^{-t/\tau} \tag{3.3-13}$$

在仅有气体介质阻力作用下，或考虑以初始速度 v_{0x} 运动的颗粒物水平射出时，在水平方向上速度 v_x 随时间变化为：

$$v_x = v_{0x}e^{-t/\tau} \tag{3.3-14}$$

由式（3.3-14）积分可得颗粒物的运动距离 x：

$$x = \tau v_{0x}(1 - e^{-t/\tau}) \tag{3.3-15}$$

颗粒物速度衰减为零的运动距离称为停止距离，由式（3.3-15）易得颗粒物的停止距离 x_s：

$$x_s = \tau v_0 \tag{3.3-16}$$

3. 离心力作用下颗粒物运动[19]

悬浮颗粒物以半径为 r 做圆周运动时（图 3.3-2），其离心力 F_c 可表示为：

$$F_c = \frac{\pi}{6}\rho_p d_p^3 \frac{u_c^2}{r} \tag{3.3-17}$$

式中，u_c——旋转气流的切向速度，m/s，如图 3.3-2 所示。

如果把颗粒物运动看作稳态，并采用斯托克斯流体阻力公式，可得离心沉降速度 ω_s 为：

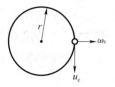

$$\omega_s = \tau \frac{u_c^2}{r} \tag{3.3-18}$$

图 3.3-2 颗粒物的圆周运动

4. 电场力作用下带电颗粒物运动

带电量为 q 的颗粒物在场强为 E 的均匀恒电场中所受的力为：

$$F_e = qE \tag{3.3-19}$$

式中，F_e——颗粒物受电场力，N；

q——颗粒物荷电量，C；

E——电场强度，V/m。

如果把颗粒物看作稳态运动，并采用斯托克斯流体阻力公式，即可得颗粒物在电场力作用下的运动速度，又称驱进速度 w_e，计算公式为[20]：

$$w_e = qE/3\pi\mu d_p \tag{3.3-20}$$

如果研究带电量为 q 的颗粒物在交变电场中振动特性，可采用牛顿运动方程讨论颗粒物运动速度规律，假设在场强为 $E = E_0\sin\omega t$ 的交变电场中，带电尘粒所受电场力为：

$$F_e = qE_0\sin\omega t = F_0\sin\omega t \tag{3.3-21}$$

式中，E_0——峰值场强，V/m；

ω——角频率，rad/s；

F_0——峰值电场力，N；

在交变电场中，悬浮颗粒物所受阻力仍服从斯托克斯公式，则颗粒物的运动方程为：

$$\frac{dv}{dt} + \frac{v}{t} - \frac{F_0}{m}\sin\omega t = 0 \tag{3.3-22}$$

微分方程（3.3-22）满足初始条件 $t=0$，$v=0$ 的解为：

$$v = \frac{\tau F_0}{m\sqrt{1+\tau^2\omega^2}}[\sin(\omega t - \varphi) + \exp(-t/\tau)\sin\varphi] \tag{3.3-23}$$

$$\sin\varphi = \frac{\tau\omega}{\sqrt{1+\tau^2\omega^2}}, \quad \cos\varphi = \frac{1}{\sqrt{1+\tau^2\omega^2}} \tag{3.3-24}$$

式中，φ 为交变电流初相位。

式（3.3-23）中右边 $\exp(-t/\tau)\sin\varphi$ 随时间增加很快衰减为零，在稳定状态下，颗粒物的振动速度 v_e 变为：

$$v_e = \frac{\tau qE_0}{m}\cos\varphi\sin(\omega t - \varphi) \tag{3.3-25}$$

由式（3.3-24）得 $\tan\varphi = \omega\tau = 2\pi\tau/T$。对于大颗粒物，外加电场频率越高、$\tau/T$ 很大时，$\tan\varphi \to \infty$，$\varphi \to \pi/2$，颗粒物在电场力方向上几乎静止不动；对于小尘粒，τ/T 很小时，$\tan\varphi \to 0$，于是尘粒的振动速度式（3.3-25）可按下式计算：

$$v_e = \frac{\tau qE_0}{m}\sin\omega t \tag{3.3-26}$$

在交变电场中测量颗粒物的振幅可以方便地确定颗粒物的带电量。另外，利用交变电场力可有效地提高带电颗粒物群的凝聚速率。

5. 颗粒物热泳现象

颗粒物在具有温度梯度的气体中，由于较高温部分的气体分子要比较低温部分的气体分子以更高的动能与颗粒物相碰撞，颗粒物将从高温部分向低温部分移动，这种现象称为热泳现象[21]；作用在颗粒物上的力称为热流力。有研究者根据热流力和流体阻力的平衡关系提出了相应的速度计算式[22]：

$$v_T = -3\frac{\mu}{\rho T} \cdot \frac{C_k + C_t Kn + 3.2 C_m Kn(C_k + C_t Kn - 1)}{1 + 2C_k + 2C_t Kn} \cdot \frac{grad T}{1 + 2C_m Kn} \quad (3.3\text{-}27)$$

式中，C_k——气体与颗粒物的传热系数比，无量纲；

$\quad\quad C_t$——热滑动系数，无量纲，$C_t = 3.32$；

$\quad\quad C_m$——运动滑动系数，无量纲，$C_m = 1.13$。

6. 空气压力梯度力作用下颗粒物运动

空气压力梯度力 F_p 是指在压力分布不均匀的空间内颗粒物表面处在不同压力下而产生的压力。建筑围护结构缝隙两侧压差 ΔP（以下简称为压差）是产生渗透风的主要原因，也是渗透风由室外进入室内的动力，其计算公式为[23]：

$$F_p = V_p\frac{dP_p}{di} = \frac{1}{6}\pi d_p^3\frac{\partial P_p}{\partial x} = \frac{1}{6}\pi d_p^3\rho_a\frac{du_a}{dt} \quad (3.3\text{-}28)$$

式中，V_p——颗粒物体积，m^3；

$\quad\quad P_p$——颗粒物受到的压力，Pa；

$\quad\quad i$——颗粒物所处空间的压力梯度法线方向。

7. 颗粒物的布朗扩散

颗粒物不受外力影响而以杂乱的方式扩散称之为布朗扩散，粒径小于 $1\mu m$ 的颗粒物，即使在静止的空气介质中也是随机地作不规则运动。粒径愈小，颗粒物的不规则运动愈剧烈。但与空气分子相比，颗粒物的大小和质量均远远高于空气分子，因此颗粒物的不规则运动不完全同于气体分子的布朗运动，而属于类似布朗运动的曲线运动。颗粒物与气体分子之间的随机相互作用引起的布朗力 F_b 可用下式计算[24]：

$$F_b = \xi\sqrt{\frac{216\mu\sigma T}{\pi\rho_a^2 d_p^5 C_c\Delta t}} \times \frac{1}{6}\pi d^3\rho_a = \xi\sqrt{\frac{6\pi\mu\sigma d_p T}{C_c\Delta t}} \quad (3.3\text{-}29)$$

式中，σ——玻尔兹曼常数，$k_B = 1.38 \times 10^{-23} J/K$；

$\quad\quad \xi$——气溶胶微粒的涡扩散率，通常假设与空气的涡粘性 ξ_a 相等（这一假设意味着气溶胶微粒与空气之间不存在滑移速度，这在许多情况下是不正确的。但是对于均匀素流中较大的气溶胶微粒而言，当 ξ 恒定时，ξ 与 ξ_a 相等）。

对于粒径很小的气溶胶微粒在小范围内的传输而言，布朗扩散起主导作用，但对于粒径大于约 $0.1\mu m$ 的颗粒物而言，布朗扩散的作用可以忽略不计。颗粒物在建筑围护结构缝隙中的布朗扩散是颗粒物去除的另一个重要机理。

3.4　扩散理论简介[25-28]

气溶胶粒子的扩散是由于气体分子随机热运动碰撞颗粒物并使其内系统的一部分传送到另一部分的过程,在这一过程中,颗粒物没有特定的运动方向。随机运动的结果使颗粒物总是由较高浓度的区域向较低浓度的区域扩散。

根据扩散理论建立的浓度分布规律数学模型对通风工程、空气净化和空气质量评价等方面都具有十分重要的实用价值,其中吸收壁扩散模型对于颗粒物输运与沉降过程的研究,以及用多孔填料吸收污染物的净化机理研究均具有重要指导意义。

3.4.1　扩散基本定律

根据菲克第一扩散定律,物质 A 向介质 B 中扩散时,任一点处的物质 A 的扩散通量与该位置上 A 的浓度梯度成正比,即:

$$J_A = -D_{AB}\frac{dC_A}{dy} \tag{3.4-1}$$

式中,J_A——物质 A 在 y 方向的质量流量,kg/m^2·s;

C_A——物质 A 的质量浓度,kg/m^3;

D_{AB}——物质 A 在介质 B 中的分子扩散系数,m^2/s。

对于布朗扩散而言,其扩散系数 D 由斯托克斯—爱因斯坦公式给出:

$$D = k_B T C_u / 3\pi\mu d_p \tag{3.4-2}$$

对于各向同性的介质,应用菲克第一扩散定律和质量守恒定律可导出人们所熟悉的扩散方程,即菲克第二扩散定律:

$$\frac{\partial c}{\partial t} = D\left(\frac{\partial^2 c}{\partial x^2} + \frac{\partial^2 c}{\partial y^2} + \frac{\partial^2 c}{\partial z^2}\right) \tag{3.4-3}$$

当在 z 方向上有速度为 u 的介质运动时,流动项通常远大于在该方向上的扩散项,有:

$$\frac{\partial c}{\partial t} = D\left(\frac{\partial^2 c}{\partial y^2} + \frac{\partial^2 c}{\partial z^2}\right) - \frac{\partial(uc)}{\partial x} \tag{3.4-4}$$

对于柱坐标,上式变为:

$$\frac{\partial c}{\partial t} = D\left(\frac{\partial^2 c}{\partial r^2} + \frac{1}{r}\frac{\partial c}{\partial r}\right) - \frac{\partial(uc)}{\partial x} \tag{3.4-5}$$

3.4.2　在静止介质中的扩散

关于分子扩散引起的气溶胶粒子在各类"壁"上沉降问题具有很大的实际意义,这里所说的"壁"是指气溶胶粒子所接触的固体或液体表面,可以认为只要颗粒物与"壁"接触,颗粒物就粘在上面,这时和"壁"相碰撞的颗粒物在瞬间离开了气体空间,于是沿着壁面的颗粒物浓度等于零,应用扩散理论可以解决很多实际问题,以下就颗粒物几种不同扩散形式作简要介绍。

1. 平面源

在 $x=0$ 处存在一平面源的扩散物质，如图 3.4-1 所示。这是一维扩散问题。设扩散系数 D 为常数，式（3.4-3）简化为：

$$\frac{\partial c}{\partial t} = D \frac{\partial^2 c}{\partial x^2} \qquad (3.4\text{-}6)$$

该方程的解为：

$$c = \frac{A}{t^{1/2}} e^{-x^2/4Dt} \qquad (3.4\text{-}7)$$

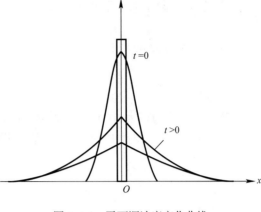

图 3.4-1　平面源浓度变化曲线

该式对 $x=0$ 是对称的，为得到特解，需确定待定系数 A。对 $t>0$，当 $x \to \pm\infty$ 时，浓度趋于零。在单位截面无限长方体中扩散物质的总量 M 为：

$$M = \int_{-\infty}^{\infty} c\,dx = \int_{-\infty}^{\infty} \frac{A}{t^{1/2}} e^{-x^2/4Dt}\,dx = 2AD^{1/2} \int_{-\infty}^{\infty} e^{-x^2/4Dt} d\left(\frac{x}{(4Dt)^{1/2}}\right) = 2A(D\pi)^{1/2}$$

于是，式（3.4-7）可写成：

$$c = \frac{M}{2(\pi Dt)^{1/2}} e^{-x^2/4Dt} \qquad (3.4\text{-}8)$$

如果在 $x=0$ 处有一不渗透边界（可以看做"反射壁"），所有的扩散发生在 x 的正方向，这时：

$$c = \frac{M}{(\pi Dt)^{1/2}} e^{-x^2/4Dt} \qquad (3.4\text{-}9)$$

2. 对垂直"吸收壁"的扩散

在垂直壁 $x=0$ 处与含有静止气溶胶浓度的很大空间相连，此处初始浓度是均匀的，如图 3.4-2 所示。

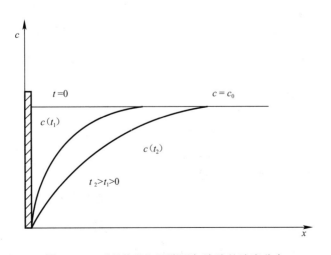

图 3.4-2　"吸收壁"面附近气溶胶的浓度分布

这仍是一维问题，即服从式（3.4-6）。其初始边界条件为：

$$t = 0, x > 0, c = c_0 ; x = 0, t > 0, c = 0 \tag{3.4-10}$$

满足边界条件的解是：

$$c = \frac{2c_0}{\sqrt{4\pi Dt}} \int_0^x e^{-\xi^2} d\xi = \frac{2c_0}{\sqrt{\pi}} \int_0^{x/\sqrt{4Dt}} e^{-\eta^2} d\eta = c_0 \, erf\left[\frac{x}{\sqrt{4Dt}}\right] \tag{3.4-11}$$

式中，erf 为误差函数，可查表求得。

人们更关心在单位时间、单位面积壁上的颗粒物沉降量，由菲克第一定律和式（3.4-11）得：

$$F = -D\left(\frac{\partial c}{\partial x}\right)_{x=0} = -D\frac{\partial}{\partial x}\left[\frac{2c_0}{\sqrt{4\pi Dt}}\int_0^x e^{-\xi^2} d\xi\right] = -c_0\left(\frac{D}{\pi t}\right)^{1/2} \tag{3.4-12}$$

式中负号表示与 x 正方向相反的扩散，于是在时间间隔 $t - t_0$ 内到达单位面积壁面上的颗粒物数量 N 为：

$$N = \int_{t_0}^t F dt = 2c_0\left[\frac{D(t - t_0)}{\pi}\right]^{1/2} \tag{3.4-13}$$

3.4.3　在流动介质中的扩散

1. 定常流气溶胶在"反射壁"管道中的扩散

对于定常流，式（3.4-4）中，$\partial c/\partial t = 0$。假设流动速度 u 均一，式（3.4-4）可简化为：

$$u\frac{\partial c}{\partial t} = D\left(\frac{\partial^2 c}{\partial y^2} + \frac{\partial^2 c}{\partial z^2}\right) \tag{3.4-14}$$

对此微分方程，由高斯公式给出浓度分布的解：

$$c = Kx^{-1}\exp\left[-\frac{u}{4Dx}(y^2 + z^2)\right] \tag{3.4-15}$$

对于点源向无限大空间的扩散，设单位时间释放物质的量（源强）为 M_s，则必有：

$$M_s = \int_{-\infty}^{\infty}\int_{-\infty}^{\infty} uc \, dy dz = \int_{-\infty}^{\infty}\int_{-\infty}^{\infty} uKx^{-1}\exp\left[-\frac{u}{4Dx}(y^2 + z^2)\right]dydz \tag{3.4-16}$$

采用极坐标，令 $r^2 = y^2 + z^2$，于是，上式化为：

$$M_s = uKx^{-1}\int_0^{2\pi}\int_0^{\infty}\exp\left[-\frac{u}{4Dx}r^2\right]rdrd\theta = 4DK\pi \tag{3.4-17}$$

于是，对于点源向无限大空间的扩散，式（3.4-15）可写成：

$$c = \frac{M_s}{4\pi Dx}\exp\left[-\frac{u}{4Dx}(y^2 + z^2)\right] \tag{3.4-18}$$

式（3.4-18）也是烟气在大气中的扩散模式。

2. 定常流气溶胶在"吸收壁"管道中的扩散

对于圆形管道边壁吸收气溶胶粒子的情况，问题要更复杂些。在定常流中，其扩散方程式（3.4-5）得：

$$u\frac{\partial c}{\partial x} = D\left(\frac{\partial^2 c}{\partial r^2} + \frac{1}{r}\frac{\partial c}{\partial r}\right) \tag{3.4-19}$$

在层流情况下，管道流速呈现抛物线分布：

$$u = 2U\left[1 - \left(\frac{r}{a}\right)^2\right] \tag{3.4-20}$$

式中，U——平均速度，m/s；

　　　a——管道半径，m。

作为边界条件，要求气溶胶浓度在进口处均匀、在管壁上的浓度为零，即：

$$x = 0(r < a); c = c_0; r = a; c = 0 \tag{3.4-21}$$

为方便，将方程（3.4-19）写成无量纲形式：

$$\frac{u_1}{2}\frac{\partial c_1}{\partial x_1} = \left(\frac{\partial^2 c_1}{\partial r_1^2} + \frac{1}{r_1}\frac{\partial c_1}{\partial r_1}\right) \tag{3.4-22}$$

式中，$u_1 = u/U = 2(1-r^2)$，$r_1 = r/a$，$c_1 = c/c_0$，$x_1 = (x/a)/(2aU/D) = (x/a)$
Pe，其中，P_e 为贝克莱特征数。边界条件变为：

$$x_1 = 0, c_1 = 1; r_1 = 1, c_1 = 0 \tag{3.4-23}$$

分离变量，设满足上述边界条件的方程（3.4-22）的解为：

$$c_1 = R(r_1)X(x_1) \tag{3.4-24}$$

代入方程（3.4-22），得到两个普通微分方程：

$$X' + \lambda^2 X = 0 \tag{3.4-25}$$

引入微分方程特征值：

$$R'' + \frac{1}{r_1}R' + \lambda^2 R(1 - r_1^2) = 0 \tag{3.4-26}$$

式中，λ^2——分离常数。解得：

$$X = C\exp(-\lambda^2 x_1) \tag{3.4-27}$$

式中，C——积分常数。

边界条件和对称性要求 $R'(0) = R(1) = 0$。在这样的条件下，只有 λ 取某些特定的不连续值 λ_n（称为本征值）时，方程（3.4-26）才有解。每一个 λ_n 值对应于一个新函数 $R_n(r_1)$。方程（3.4-22）的解是相应于每个本征值的解的总和，即：

$$c = \sum_{i=0}^{\infty} C_n R_n(r_1)\exp(-\lambda^2 x_1) \tag{3.4-28}$$

式中，C_n——对应于不同级数项 i 的积分常数；

　　　$R_n(r_1)$——每一个本征值 λ_n 对应的新函数。

实际上，用式（3.4-28）求管中任意点的浓度是困难的，但可通过弗雷德兰德（Friedlander）提出的方法求管中的平均浓度。由定义，令管壁吸收颗粒物的量为：

$$D\left(\frac{\partial c}{\partial r}\right)_{r=a} = k_x \bar{c} \tag{3.4-29}$$

式中，k_x——局部质量转移系数；

　　　$\bar{c}$——流体中颗粒物的混合平均浓度，计算如下：

$$\bar{c} = \frac{2}{a^2 U}\int_0^a unrdr \tag{3.4-30}$$

在长度为 0～x 的管道表面上的平均质量转移系数 $\bar{k}_x$ 为：

$$\bar{k}_x = \frac{1}{x}\int_0^x k_x dx \qquad (3.4\text{-}31)$$

由以上各式得任意断面上的平均浓度 $\bar{c}$ 为：

$$\bar{c} = 8c_0 \sum_{i=0}^{\infty} \frac{G_n}{\lambda_n^2} \exp(-\lambda_n^2 x_1) \qquad (3.4\text{-}32)$$

若假定半径为 a 的圆管中速度均匀分布，则问题大为简化，可给出浓度分布的分析解。对方程（3.4-19）直接用分离变量法，得两常微分方程：

$$X' + \frac{D\lambda^2}{u}X = 0 \qquad (3.4\text{-}33)$$

$$r^2 R'' + rR' + \lambda^2 r^2 R = 0 \qquad (3.4\text{-}34)$$

方程（3.4-33）的解是：

$$X = C\exp\left(-\lambda^2 \frac{D}{u}x\right) \qquad (3.4\text{-}35)$$

式中，C——积分常数。

方程（3.4-34）称为贝塞尔（Bessel）方程，其解为：

$$R = B\left[1 - \frac{1}{2^2}(\lambda r)^2 + \frac{1}{2^2 4^2}(\lambda r)^4 - \cdots\right] = B\sum_{i=0}^{\infty} \frac{(-1)^i}{\left[2^i(i!)\right]^2}(\lambda r)^{2i} \qquad (3.4\text{-}36)$$

式中，B——积分常数。

所以，方程（3.4-19）的一般解为：

$$c = RX = A\left\{\sum_{i=0}^{\infty} \frac{(-1)^i}{\left[2^i(i!)\right]^2}(\lambda r)^{2i}\right\}\exp\left(-\lambda^2 \frac{D}{u}x\right) \qquad (3.4\text{-}37)$$

式中，A——常数，$A = BC$。

根据式（3.4-21）第 2 个边界条件，得待定常数 λ 的值为：

$$\lambda^2 \approx 5.78/a^2 \qquad (3.4\text{-}38)$$

常数 A 的确定，采取如下近似方法。设源强为 M_s，根据式（3.4-21）第 1 个边界条件，有：

$$M_s = \pi a^2 u c_0 = \int_0^a 2\pi u A\left[\sum_{i=0}^{\infty} \frac{(-1)^i}{\left[2^i(i!)\right]^2}(\lambda r)^{2i}\right]r dr \qquad (3.4\text{-}39)$$

取无穷级数的前 3 项求待定常数 A，已有足够的精度。得：

$$A = \frac{c_0}{1 - \frac{\lambda^2 a^2}{4 \times 2} + \frac{\lambda^4 a^4}{4 \times 16 \times 3}} = \frac{c_0}{1 - \frac{5.78}{8} + \frac{5.78^2}{192}} = 2.22c_0 \qquad (3.4\text{-}40)$$

如果设在矩形管中为定常均匀流，其扩散方程为式（3.4-20），需要满足以下 5 个边界条件：

$$x = 0, c = c_0; y = a/2, c = 0; z = b/2, c = 0; y = 0, \partial c/\partial y = 0; z = 0, \partial c/\partial z = 0 \qquad (3.4\text{-}41)$$

其中，a 为矩形管宽，b 为矩形管高。令

$$c = X(x)Y(y)Z(z) \qquad (3.4\text{-}42)$$

代入式（3.4-20），有：

$$\frac{u}{D}\frac{X'}{X}=\frac{Y''}{Y}=\frac{Z''}{Z} \tag{3.4-43}$$

必有以下各式成立：

$$\frac{u}{D}\frac{X'}{X}=-\lambda^2;\frac{Y''}{Y}=-\mu^2;\frac{Z''}{Z}=-(\lambda^2-\mu^2)=-k^2 \tag{3.4-44}$$

式（3.4-43）中各微分方程的解分别为：

$$X\propto\exp(-\lambda^2\frac{D}{u}x);Y\propto\cos\mu y+B\sin\mu y;Z\propto\cos kz+C\sin kz$$

式中 C 为待定常数。将各微分方程的解代入式（3.4-41），有一般解：

$$n=A(\cos\mu y+B\sin\mu y)(\cos kz+C\sin kz)\exp(-\lambda^2\frac{D}{u}x) \tag{3.4-45}$$

由式（3.4-40）第 4 个和第 5 个边界条件得 $B=0$，$C=0$；由第 2 个和第 3 个边界条件得：$\mu=\dfrac{\pi}{a},k=\dfrac{\pi}{b},\lambda^2=\left(\dfrac{\pi}{a}\right)^2+\left(\dfrac{\pi}{b}\right)^2$。于是气溶胶粒子在矩形管中的浓度分布为：

$$c=A\left(\cos\pi\frac{y}{a}\right)\left(\cos\pi\frac{z}{b}\right)\exp\left\{-\frac{D}{u}\left[\left(\frac{\pi}{a}\right)^2+\left(\frac{\pi}{b}\right)^2\right]x\right\} \tag{3.4-46}$$

设源强为 M_s，由第 1 个边界条件：

$$M_s=abuc_0=4\int_0^{a/2}\int_0^{b/2}uA\cos\left(\frac{\pi}{a}y\right)\cos\left(\frac{\pi}{b}z\right)dydz=4\frac{ab}{\pi^2}uA \tag{3.4-47}$$

于是，$A=\dfrac{\pi^2}{4}c_0\approx2.46c_0$。将 A 代入式（3.4-45）得浓度分布的特解。

应当指出，上述所得浓度分布（无论是圆管或是矩形管）在入口处是不精确的，称为"起始段干扰"。只有当离管口较远时，浓度分布才比较准确；离管口愈远，浓度分布愈精确。对于紊流流动，其浓度分布仍可用式（3.4-37）（圆管）或式（3.4-45）（矩形管）表示，只是 D 用 D_T 代替。

3.4.4 在外力作用下的扩散

讨论颗粒物在外力作用下扩散问题的一个特例，同时也作为在矩形管道流动中扩散问题的一种扩展。假定在外力作用下（如电场力）某一粒径的气溶胶粒子具有横向速度 v，分别在垂直于 $y=0$ 的平面向两侧运动，如图 3.4-3 所示。

显然，该问题的扩散方程是：

$$u\frac{\partial c}{\partial x}+v\frac{\partial c}{\partial y}=D\left(\frac{\partial^2 c}{\partial y^2}+\frac{\partial^2 c}{\partial z^2}\right) \tag{3.4-48}$$

由对称性可知该方程满足边界条件：

$$x=0,c=c_0;y=a/2,c=0;z=b/2,c=0;y=0,\partial c/\partial y=0;z=0,\partial c/\partial z=0 \tag{3.4-49}$$

应用分离变量法可得到如下微分方程：

$$\frac{(u/D)X'}{X}=-\lambda^2;\frac{Y''-(v/D)Y'}{Y}=-\mu^2;$$

$$\frac{Z''}{Z} = -(\lambda^2 - \mu^2) = -k^2 \qquad (3.4\text{-}50)$$

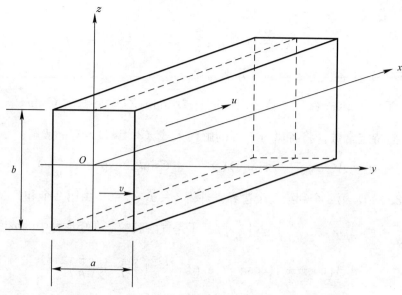

图 3.4-3　外力作用下气溶胶粒子在矩形管中扩散

式（3.4-49）中各微分方程的解分别为：

$$X \propto \exp\left(-\lambda^2 \frac{D}{u} x\right); Y \propto (\cos\beta y + B\sin\beta y)\exp\left(\frac{v}{2D} y\right)$$

$$Z \propto \cos kz + C\sin kz \qquad (3.4\text{-}51)$$

其中

$$\beta = -\frac{1}{2}\sqrt{4\mu^2 - \left(\frac{v}{D}\right)^2} \qquad (3.4\text{-}52)$$

带入式（3.4-49）可得一般解：

$$c = A(\cos\beta y + B\sin\beta y)(\cos kz + C\sin kz)\exp\left(-\lambda^2 \frac{D}{u} x + \frac{v}{2D} y\right) \qquad (3.4\text{-}53)$$

由式（3.4-48）第 3 和第 5 个边界条件得 $C=0$，$k=\frac{\pi}{b}$。由第 2 和第 4 个边界条件得：

$$\cos\frac{a}{2}\beta + B\sin\frac{a}{2}\beta = 0, B\beta + \frac{v}{2D} = 0 \qquad (3.4\text{-}54)$$

联立解方程组 $c = X(x)\ Y(y)\ Z(z)$，得：

$$tg\left(\frac{a}{2}\beta\right) = \frac{2D}{v}\beta \qquad (3.4\text{-}55)$$

由式（3.4-54）可求 β。由式（3.4-51）得常数 μ 为：

$$\mu^2 = \beta^2 + \left(\frac{v}{2D}\right)^2 \qquad (3.4\text{-}56)$$

于是常数 λ 为：

$$\lambda^2 = \mu^2 + k^2 = \beta^2 + \left(\frac{\upsilon}{2D}\right)^2 + \left(\frac{\pi}{b}\right)^2 \tag{3.4-57}$$

将以上各常数代入式（3.4-52），得气溶胶粒子在矩形管中的浓度分布为：

$$u_1 = u/U = 2(1-r^2), r_1 = r/a, c_1 = c/c_0, x_1 = (x/a)/(2aU/D) = (x/a)Pe \tag{3.4-58}$$

式中待定常数 A 可由式（3.4-48）第 1 个边界条件确定。

研究在外力作用下气溶胶粒子的扩散规律具有重要的实际意义，如应用扩散模型研究在除尘设备中颗粒物的收集、在填料塔中有毒有害气体的吸收、吸附的机理与性能；由扩散规律预计需要多长的净化段能够达到排放标准所规定的污染物浓度；计算机模拟以指导工程设计等。

3.5　粒子凝聚简介[25-28]

分散的微细颗粒物通过物理或化学作用互相接触而结合成较大颗粒的过程称为凝并或称凝聚。研究凝并机理对间接收集微细颗粒物具有特别重要的意义。对于气溶胶粒子，根据凝并机理的不同，凝并主要分为热凝并、声凝并及电凝并等。

3.5.1　热凝并

热凝并又称为热扩散凝并，是在没有外力情况下产生的。关于热凝并的研究已经较为成熟，斯莫卢霍夫斯基（Smoluchowski）很早就导出了在静止连续介质中球形尘粒热凝并公式。假设有计数浓度为 c、半径为 r_1 的尘粒向半径为 r_2 的中心颗粒物碰撞，那么单位时间内颗粒物 r_1 的减少量应等于单位时间这两种颗粒物的碰撞次数，斯莫卢霍夫斯基给出：

$$\frac{dc}{dt} = -4\pi r D_1 r_1 \left(\frac{c^2}{2}\right) \tag{3.5-1}$$

式中，D_1——半径 r_1 颗粒物的扩散系数（公式中除以 2 是为了避免重复计算两次碰撞）。

考虑到两种颗粒物相互扩散，因此 D_1 和 r_1 应该用 $D_1 + D_2$ 和 $r_1 + r_2$ 替代。于是，合量的浓度变化率是：

$$\frac{dc}{dt} = -2\pi(r_1 + r_2)(D_1 + D_2)c^2 \tag{3.5-2}$$

对于布朗扩散过程，有：

$$D_{PM} = k_B T/6\pi\mu r \tag{3.5-3}$$

若颗粒物大小接近空气分子自由程 λ 时，式（3.5-3）需乘以库宁汉滑移修正系数 C_u。将式（3.5-3）代入式（3.5-1）中，于是更一般的热凝并方程是：

$$\frac{dc}{dt} = -\frac{K_t}{2}c^2 \tag{3.5-4}$$

这里，K_t 称为热凝并系数。显然有：

$$K_t = \frac{2k_B T}{3\mu}\left[\frac{C_u r_1}{r_1} + \frac{C_u r_2}{r_2}\right](r_1 + r_2) \tag{3.5-5}$$

式（3.5-4）和式（3.5-5）是经典的凝并理论公式。

3.5.2　声凝并

在声场和超声场中，对细小颗粒物的声凝并机理有不同的解释。其中一种认为由于声波引起的振动，使不同大小的颗粒物间被带动的程度不同而产生不同的移动速度。小颗粒物由于质量小将参与大振幅的声波振动，并与难以振动的大颗粒相碰撞而产生凝并。然而这种理论并不完善，有些现象不能得到解释。例如，频率很高时，几乎所有颗粒物都静止不动，但仍有凝并现象。通常认为超声凝并的机理是因下列 3 个方面的原因所造成的。

第一，在声场中不同大小尘粒振动的振幅不同而导致颗粒物间的碰撞；

第二，由于气流和颗粒物间的相对速度在其间造成的流体吸引力；

第三，由于声辐射压的作用，使颗粒物沉降到声驻波的波腹上。

利用声凝并可以大大提高微粒的凝并速率。实验室的声波除尘装置由声波发生器、声凝并箱和分离器组成，含尘气流在凝并箱的滞留时间往往不超过 10s。声凝并虽然适合于各种物料和各种大小的尘粒，曾一度引起除尘界的极大关注，然而为了产生几万赫兹甚至更高频率的声波需耗用大量的电能，约为 $37.3\sim522$W/(m^3·min)$^{-1}$，同时还需要消除噪声污染，因而限制了它的实际应用。图 3.5-1 与图 3.5-2 为颗粒物声凝并过程及系统示意图。

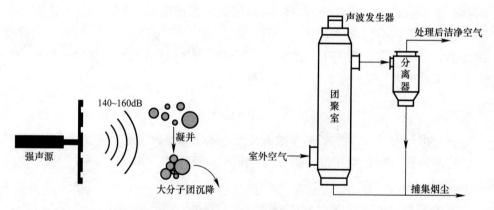

图 3.5-1　颗粒物声凝并过程示意图　　　　图 3.5-2　声凝并去除颗粒物系统示意图

3.5.3　电凝并

电凝并实际上是在静电力作用下的热凝并过程，是通过增加微细颗粒的荷电能力，从而增加颗粒间的凝并效应。电凝并的效果取决于粒子的浓度、粒径，电荷的分布以及外电场的强弱，不同粒子的不同速度和振幅导致了微粒间的碰撞和凝并。电凝并包括带电颗粒物间的库仑凝并和外电场力作用下带电颗粒物间的凝并。

对于库仑凝并，Williams 和 Loyalka 给出了较严格的库仑凝并系数 K_c 计算式：

$$K_c = \frac{z(e^z+1)}{2(e^z-1)}K_t \qquad (3.5\text{-}6)$$

$$z = \frac{q_1 q_2}{2\pi k_B T \varepsilon_0 (d_{p_1} + d_{p_2})} \qquad (3.5\text{-}7)$$

式中，d_{p_1}，d_{p_2}——分别为尘粒1及尘粒2直径，m；

q_1，q_2——分别为粒径为r_1，r_2的尘粒所带的电量，C；

ε_0——真空介电常数，$\varepsilon_0 = 8.85 \times 10^{-12}$C/(V·M)。

对于外电场力作用下带电粒子颗粒物间的凝并又包括同极性荷电粉尘在交变电场中的凝并与异极性荷电粉尘在交变电场中的凝并，其原理不作为本书重点讨论内容，读者可阅读相关文献[29]进行了解。

3.6 建筑围护结构缝隙中的运动与受力

研究表明室内空气$PM_{2.5}$主要来源于大气环境[30-33]，人体健康与大气悬浮颗粒物浓度有明显的正相关性。目前国内外关于颗粒物向室内渗透传输的相关研究总体有四种方法：室内外颗粒物浓度关系实测研究、单个房间的控制试验研究、环境舱穿透试验研究、颗粒物穿透数学模型研究。由于前两种研究方法受测试的环境参数影响较大，导致实验结果相差很大，因此无法获知某些参数对穿透系数的影响且不能明确区分颗粒物的穿透效应和其在室内的沉降效应，不具有普遍性[34-37]；第三种方法，虽然能够很精确地获得某些确定因素的影响情况，但是由于建立在理想缝隙的基础上，不能有效地应用到实际工程中[38,39]。因此，目前学者多采用建立颗粒物在实际缝隙中的穿透数学模型来预测室外大气颗粒物向室内的穿透量。

3.6.1 缝隙内综合受力分析

分析悬浮颗粒物在实际缝隙中的穿透特性，需要分析颗粒物在空气中的受力情况，获得颗粒物在水平与竖直方向上的运动速度。考虑综合重力、惯性拦截和布朗扩散三种沉降机理分析颗粒物在建筑围护结构中穿透效应，分析影响颗粒物穿透效应的各因素（如颗粒物粒径、压差、缝隙几何尺寸和缝隙材料粗糙度等）对穿透系数的影响程度。

悬浮在空气中的颗粒物所受的某种力是否能够忽略很大程度上取决于颗粒的大小以及颗粒的密度。本书研究所涉及的颗粒物粒径在$0.01 \sim 10\mu m$之间，颗粒物的密度为$1000kg/m^3$，空气密度为$1.2kg/m^3$；气流在缝隙中的流动属于层流稳定流，压力梯度为0；且由于缝隙深度较短，可以近似认为缝隙入口与出口气流温度梯度很小。因此颗粒物所受各种作用力的大小量纲可总结如表3.6-1。

悬浮颗粒物受力数量级   表 3.6-1

作用力	重力	拖曳力	热泳力	压力梯度力	附加质量力	布朗力
数量级	10^{-15}	10^{-14}	10^{-17}	0	10^{-19}	10^{-15}

由表 3.6-1 可以看出，悬浮在空气中的颗粒物，其受重力、拖曳力和布朗力的数量级远大于其他各力，为主要受到的作用力。

3.6.2 缝隙内气流运动特征

通过建筑围护结构缝隙的渗透风量主要取决于压差 ΔP（一般小于 10Pa），该压差主要由风压和室内外温差以及风扇驱动气流引起的。建筑围护结构缝隙渗透通风量 Q 和压差 ΔP 之间关系可如式（3.6-1）表示[40]：

$$\Delta P = \frac{12\mu L}{WH^3}Q + \frac{\rho_a(1.5+n)}{2H^2W^2}Q^2 \tag{3.6-1}$$

式中，L——建筑外窗缝隙深度，m；

W——建筑外窗缝隙长度，m；

H——建筑外窗缝隙高度，m；

n——建筑外窗缝隙直角数（$n<3$ 对方程有效），重点考虑直线型隙缝，则 $C_n = 1.5$。

如果围护结构表面隙缝长而细，可认为粘滞阻力起主要作用，Q 与 ΔP 成正比，可只考虑方程式（3.6-1）右边第一项；当隙缝短且高时，可认为与空气密度相关的惯性阻力起主要作用，Q 与 $\Delta P^{0.5}$ 成比例。

设建筑围护结构缝隙渗透通风平均流速为 u_m，可以根据建筑围护结构缝隙渗透通风量 Q 与缝隙尺寸得到：

$$u_m = \frac{Q}{WH} \tag{3.6-2}$$

由式（3.6-1）与式（3.6-2）可以得到 ΔP、u_m 与缝隙尺寸 W、H、L 之间的关系：

$$\Delta P = \frac{12\mu L u_m}{H^2} + \frac{1}{2}\rho_a u^2(1.5+n) \tag{3.6-3}$$

常温下，空气密度 $\rho_a = 1.205\text{kg/m}^3$，动力粘滞系数 $\mu = 18.2 \times 10^{-6}\text{kg/(m}^2 \cdot \text{s)}$，对于水平缝隙 $n=1.5$。将以上数据代入公式（3.6-3），得：

$$\Delta P = 218.4 \times 10^{-6} \cdot H^{-2} \cdot L \cdot u_m + 0.904 \cdot u_m^2 \tag{3.6-4}$$

则颗粒物在缝隙中穿透时的平均气流速度 u_m 可通过求解（3.6-4）得到：

$$u_m = \sqrt{\Delta P + \left(\frac{1.208 \times 10^{-4}}{H^2}L\right)^2} - \frac{1.208 \times 10^{-4}}{H^2}L \tag{3.6-5}$$

建筑围护结构两侧压差一般小于 10Pa。ASHRAE 手册给出门窗隙缝的高度一般为 0.05 至 3mm（2001 年版 Chapter.26），这种情况下建筑围护结构缝隙渗透通风流动状态一般为层流，u_m 取决于 H、L 和 ΔP，而与隙缝构造无关。

3.6.3 缝隙内颗粒物受力与运动

研究表明对颗粒物在缝隙中沉降有重要影响的运动方式主要有重力沉降、布朗扩散与惯性拦截[38,39,41,42]，分别介绍如下：

1. 重力沉降

在稳定的气体介质中，当悬浮颗粒物密度远大于空气密度时，颗粒物受到浮力可以忽略不计。则颗粒物的惯性力等于其所受外力与所受阻力之差，即[16]：

$$m\frac{du}{dt} = F - f \tag{3.6-6}$$

式中，m——颗粒物质量，kg。

当颗粒物雷诺数 $Re \leqslant 1$ 时，根据斯托克斯定律可知球形颗粒物在空气介质中运动时所受到的流体阻力为：

$$f = 3\pi\mu d_p u \tag{3.6-7}$$

由图 3.6-1 可以看出，在静止空气中的颗粒物在竖直方向受到三个力的共同作用，一个是空气分子对颗粒物竖直向上的浮力（由于颗粒物密度远远高于空气密度，该力可以省略），一个是颗粒物自身向下的重力，一个是颗粒物在静止空气中运动时受到的与颗粒物运动方向相反的阻力 f。由式（3.6-6）可以得到颗粒物在静止空气中的运动方程：

$$\frac{\pi}{6}\rho d_p^3 \frac{du}{dt} = \frac{\pi}{6}\rho d_p^3 g - f \tag{3.6-8}$$

当颗粒物受到的阻力与其重力相等时，颗粒物达到最终沉降速度，并以最终沉降速度作匀速直线运动，即 $\frac{du}{dt}=0$。此时公式（3.6-8）左边等于零，在层流范围内可得颗粒物在斯托克斯范围内（层流）最终稳定的重力沉降速度 v_s（即 3.3 节推导式（3.3-12））：

$$v_s = \frac{C_c \rho d_p^2 g}{18\mu} = g \cdot \tau$$

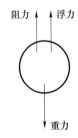

图 3.6-1 静止空气中的颗粒物在竖直方向受力

可以看出，随着颗粒物粒径的减小，其沉降速度迅速减小。对于粒径较大的颗粒物，其表面的气体分子滑流可以忽略，但是对于粒径 $d_p<1\mu m$，尤其是 $d_p<0.1\mu m$ 的颗粒物，其表面的气体分子滑流现象很明显，不可以忽略。

2. 布朗扩散

颗粒物在缝隙中进行布朗扩散时，作用于颗粒物上的扩散力用于颗粒物的渗透压力，对于单位体积中有 n 个悬浮颗粒物，其渗透压力 P_0 由范德霍夫（Van't Hoff）定律得：

$$P_0 = nkT \tag{3.6-9}$$

沿颗粒物的扩散运动方向距离 dy 内，相应的颗粒物浓度变化为 dn，颗粒物由高浓度向低浓度扩散的扩散力 F_{diff} 为：

$$F_{diff} = -\frac{k_B T}{n}\frac{dn}{dx} \tag{3.6-10}$$

结合颗粒物在扩散过程中受到的斯托克斯阻力公式，当颗粒物达到稳定状态扩散时，扩散力与阻力相等，即：

$$-\frac{k_B T}{n}\frac{dn}{dx} = \frac{3\pi\mu d_p v}{C_u} \tag{3.6-11}$$

整理公式（3.6-11），得：

$$nv = -\frac{k_B C_u T}{3\pi\mu d_p}\frac{dn}{dx}$$

(3.6-12)

式中左面的乘积 nv 是单位时间内通过单位面积的颗粒物的量，即式（3.4-1）中的 J_A，所以有[24]：

$$D_{PM} = \frac{k_B C_u T}{3\pi\mu d_p}$$

(3.6-13)

可以看出，颗粒物布朗扩散系数 D_{PM} 与空气的温度呈正比，与颗粒物的粒径成反比。

3. 惯性拦截

惯性拦截作用一般指颗粒物通过建筑围护结构缝隙中的弯折时由于惯性碰撞而沉降的效应，假设建筑围护结构缝隙内有一个 90° 拐角。惯性拦截效率 ε_i 是斯托克斯数（Stk）的函数，关系如图 3.6-2 所示[43]。

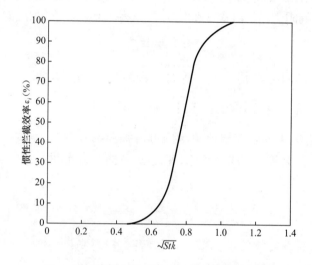

图 3.6-2　惯性拦截效率与斯托克斯数的关系

其中，Stk 数计算方法如式（3.6-14）：

$$Stk = \frac{\rho_p d_p^2 u C_u}{9\mu H}$$

(3.6-14)

3.6.4　颗粒物缝隙穿透特性

1. 光滑内表面缝隙的颗粒物穿透系数

前面已述，颗粒物在建筑围护结构缝隙中的穿透过程主要受重力沉降、布朗扩散和惯性拦截作用，由于能通过惯性拦截沉降的颗粒物也可以通过重力作用来沉降，因此模型中不考虑惯性拦截机理。利用概率论与数理统计原理，在考虑重力沉降和布朗扩散两种沉降机理的条件下，通过颗粒物缝隙的总穿透系数 P 推导结果为[42]：

$$P = (1 - \frac{L C_u g d^2 H^2 \rho_a}{18\mu\sqrt{\Delta P \cdot H^4 + 1.459\times10^{-4} \cdot L^2 - 1.208\times10^{-4}L}}) \cdot \exp(-\frac{0.656 C_u k_B T L}{\pi\mu d_p H^2 u_m})$$

(3.6-15)

由公式可以看出，影响颗粒物穿透系数 P 的因素有：缝隙尺寸（缝隙高度 H 和缝隙深度 L）、压差 ΔP 以及颗粒物粒径 d_p。

图 3.6-3 给出了压差为 4Pa 和 10Pa 时，粒径小于 $10\mu m$ 的颗粒物的穿透系数，由图可以看出，粒径在 $0.1\sim1\mu m$ 范围的颗粒物有较大的穿透系数。对于 $L=4cm$ 的缝隙，当缝隙高度 H 大于 0.25mm 时，$0.1\sim1\mu m$ 粒径范围内的颗粒物穿透系数 $P>0.8$，随着缝隙的增大，颗粒物的穿透系数逐渐增大；当缝隙高度 H 等于 1mm 时，$0.01\sim5\mu m$ 粒径范围内颗粒物的穿透系数 P 大于 0.9。这一数据表明，当缝隙高度 H 小于 0.25mm 时，建筑围护结构能够有效降低由室外进入室内的颗粒物浓度；当缝隙高度 H 大于 1mm 时，建筑围护结构对由室外向室内传输的颗粒物没有明显的拦截作用。对于 $L=9cm$ 的缝隙，当缝隙高度 H 大于 0.5mm 时，$0.1\sim1\mu m$ 粒径范围内的颗粒物的穿透系数 P 大于 0.9。当缝隙高度 H 小于 0.25 时，颗粒物的穿透系数 P 小于 0.9。说明建筑围护结构对由室外向室内传输的颗粒物有一定的拦截作用，随着缝隙深度的增加，拦截效果显著加强。

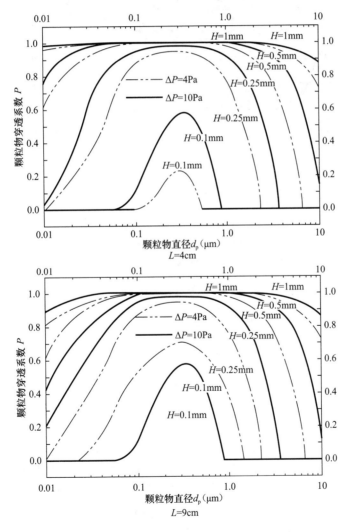

图 3.6-3　颗粒物通过光滑内表面缝隙时的穿透系数

2. 粗糙内表面缝隙的颗粒物穿透系数

实际中，颗粒物通过不同缝隙材料时，由于不同材料表面粗糙度不同，其对颗粒物的穿透系数会产生不同的影响。因此所建立的光滑边界层模型可推广到一般的粗糙缝隙模型。不同粒径的颗粒物其边界层厚度 δ_p 可以用以下公式近似计算：

$$\delta_p \approx z \cdot Pe^{-\frac{1}{3}} Re^{-\frac{1}{6}} \tag{3.6-16}$$

其中，Pe 为佩克莱数，无量纲，用来表征颗粒物对流与扩散的比例，其计算表达式为：

$$Pe = u_m d_p / D_{PM} \tag{3.6-17}$$

图 3.6-4 给出了不同粒径颗粒物的浓度边界层厚度（取 $\Delta P = 4\text{Pa}$，$H = 0.25\text{mm}$，$L = 4\text{cm}$），由图可以看出，随着粒径的减小，颗粒物浓度边界层厚度逐渐增加。建筑围护材料的表面粗糙度一般在几十至几百微米之间，与 $0.1 \sim 1\mu\text{m}$ 粒径范围内的颗粒物浓度边界层厚度相近。

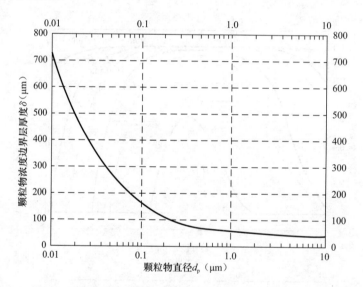

图 3.6-4 不同粒径颗粒物浓度边界层厚度

目前国内外一些学者建立了颗粒物在室内各表面和风管道中的沉降模型，并得到了材料粗糙度对颗粒物沉降的影响机理[43,44]。在此，将其中的某些研究结论引入颗粒物在实际粗糙缝隙中穿透的模型中。

对于较大粒径颗粒物，缝隙内表面的粗糙度能够增强颗粒物的沉降效果，假定颗粒物达到缝隙粗糙度顶点时沉降，则颗粒物在重力作用下的穿透系数公式可修正为：

$$P'_g = 1 - \frac{L \cdot v_s}{[H - 2 \cdot (d_p/2)] \cdot u} = 1 - \frac{L \cdot v_s}{(H - d_p) \cdot u} \tag{3.6-18}$$

对于较小粒径的颗粒物，当颗粒物通过布朗运动达到材料表面粗糙度定点时仍可以继续向下运动。因此，布朗扩散增强了颗粒物的穿透效果，颗粒物在布朗扩散机理下的穿透系数公式为：

$$P'_d = \exp\left(-\frac{1.967 D \cdot L}{[H + 2(k - e - d_p/2)]^2 \cdot u}\right) \tag{3.6-19}$$

其中，k 为缝隙内表面的有效粗糙高度，e 为颗粒物浓度边界层的实际初始位置，文献[44]给出了二者详细关系。重力沉降穿透系数和布朗扩散穿透系数进行修正后得到颗粒物在粗糙内表面缝隙中的穿透系数：

$$P = P_d' \times P_g' \qquad\qquad (3.6\text{-}20)$$

图 3.6-5 给出了大气悬浮颗粒物在不同压差和缝隙深度条件下通过不同内表面粗糙度缝隙时的穿透系数，图中建筑围护结构缝隙内表面粗糙度分为光滑内表面和粗糙度分别为 10、20、30、50 和 $100\mu m$ 等 6 种形式的内表面，缝隙高度为上下表面的粗糙度顶点之间的距离。

对比图 3.6-5a、b、c 和 d 四张图可以看出，缝隙内表面粗糙度对粒径 $d_p < 0.5\mu m$ 的颗粒物有较大影响，其能够明显增加该粒径范围内颗粒物的穿透系数。分析其原因是，由于该粒径范围内的颗粒物以布朗扩散为主要穿透机理，缝隙内粗糙度的存在，增加了缝隙相对于小粒径颗粒物的有效高度，因此有利于小粒径颗粒物的穿透，从而增加了该粒径范围内颗粒物的穿透系数；而对于粒径 $d_p > 0.5\mu m$ 的颗粒物，其主要以重力沉降为主要沉降机理，由于缝隙内表面粗糙度的存在，当颗粒物达到粗糙度最高点时即受到拦截作用，进而沉降到缝隙表面，因此缝隙表面粗糙度的存在减小了缝隙相对于大粒径颗粒物的有效高度，因此不利于大粒径颗粒物的穿透；随着颗粒物粒径的增加，颗粒物的重力沉降效应逐渐增强，当颗粒物粒径与缝隙内表面粗糙度在同一量纲级别以内时，缝隙表面粗糙度对颗粒物的沉降影响变得不再明显。由 d 图可以看出，当缝隙深度 L 较短，压差较大时，缝隙表面粗糙度对整个粒径范围内的颗粒物均有不同程度的影响。

综上所述，缝隙表面粗糙度对不同粒径颗粒物的影响机理不同，相对于小粒径颗粒物，表面粗糙度会增加缝隙的有效高度，相对于大粒径颗粒物，表面粗糙度则会降低缝隙的有效高度。随着缝隙深度的增加和压差的降低，表面粗糙度只对 $d_p < 0.5\mu m$ 粒径范围内颗粒物的穿透系数产生影响。而随着缝隙深度的降低和压差的增加，表面粗糙度对整个粒径范围内颗粒物的穿透系数都有一定影响。

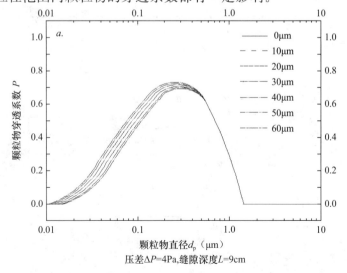

图 3.6-5　颗粒物通过粗糙内表面缝隙时的穿透系数（一）

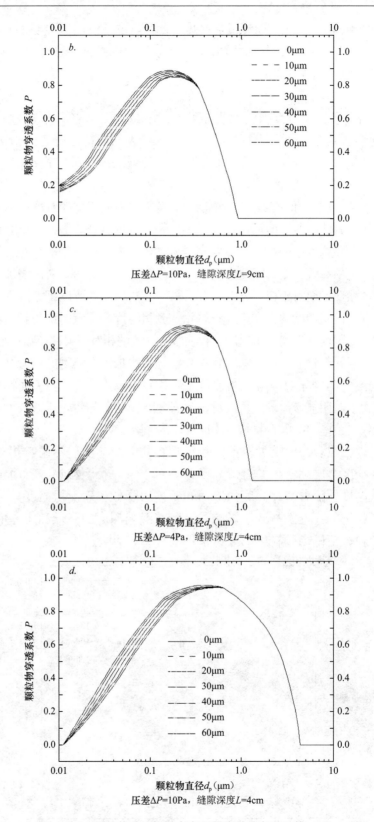

图 3.6-5　颗粒物通过粗糙内表面缝隙时的穿透系数（二）

3.6.5　颗粒物室内沉降特性

颗粒物的室内沉降是影响其室内浓度的又一重要因素[45,46]，目前国内外许多学者针对颗粒物的室内沉降系数做了实验研究，研究包括实验室环境舱实验和实际房间测试两部分，由于实验研究中夹杂了大量的不可控因素，因此很难直接测量出颗粒物的沉降系数。现存实验数据对预测实际房间内颗粒物的沉降系数意义不大，尤其是在表征某个时间段内某一具体粒径的颗粒物在室内表面的沉降系数时，无法从实验数据中获得，直接测试沉降速度数据的缺乏加剧了建立沉降模型的困难程度。

表3.6-2归纳总结了密闭舱内紊流条件下颗粒物沉降系数的预测模型的发展过程，这一系列沉降模型是 Corner 和 Pendlebury[47]在1951年率先提出的，其他人根据不同的实验条件对该模型进行了改进。

颗粒物沉降理论模型一览　　　　　　　　　　　　　　　　　表3.6-2

研究学者	模型表达式	备注
Corner 等 （1951）[47]	$\varepsilon_p = K_e y^2$ $K_e = k^2 \dfrac{dU}{dy}$	最早的颗粒物沉降模型。速度梯度 dU/dy，根据掠过平板的粘滞流体运动微分方程进行计算
Crum J. G 等 （1981）[48]	$\varepsilon_p = K_e y^n$ $K_e = 0.4 \dfrac{dU}{dy}$	指数 n 是任意的。分析任意形状器皿中颗粒物的沉降。速度梯度 dU/dy，在能量耗散率基础上计算
McMurry P. H. 等 （1985）[49]	$\varepsilon_p = K_e y^2$	在 Crump J. G[48] 等的理论基础上考虑了静电吸附。K_e 紊流强度参数，是通过对实验数据进行拟合得到的经验参数
Nazaroff W. W 等 （1989）[50]	$\varepsilon_p = K_e y^2$ $K_e = k^2 \dfrac{dU}{dy}$	考虑了热泳
Shimad M. 等 （1989）[51]	$\varepsilon_p = K_e y^{2.7}$ $K_e = 7.5 \sqrt{\dfrac{2\varepsilon}{15v}}$	考虑了颗粒物惯性
Benes M. 等 （1996）[52]	$\varepsilon_p = K_e \delta^2 \left(\dfrac{y}{\delta} \right)^n$ $\delta = \dfrac{L}{\sqrt{Re}}$ $K_e = k^2 \dfrac{dU}{dy}$	消除了非整数 n 所带来的尺寸问题。δ 是在边界层理论基础上得到的表达式，Re 基于边界层顶端的速度进行计算。速度梯度 dU/dy，利用文献[53]的结果

注：ε_p 为颗粒物紊流扩散系数，K_e 为紊流强度参数，y 为与表面的距离。

参考文献

[1]　EPA announces proposed new air quality standard for smog（ozone）and particulate matter ［S］. Epa, 1997.

[2]　曹军骥. PM$_{2.5}$ 与环境 ［M］. 科学出版社，2014.

[3] 刘毅，王明星，张仁健. 中国气溶胶研究进展 [J]. 气候与环境研究，1999，4（4）：406-414.

[4] 戴丽莉. 大气气溶胶及其研究概况 [J]. 连云港师范高等专科学校学报，2007（1）：88-92.

[5] 李尉卿. 大气气溶胶污染化学基础 [M]. 郑州：黄河水利出版社，2010.

[6] 张小曳. 中国大气气溶胶及其气候效应的研究 [J]. 地球科学进展，2007，22（1）：12-16.

[7] 陈宗淇. 胶体与界面化学 [M]. 北京：高等教育出版社，2001.

[8] Zhu H, Reichard D L, Ozkan H E, et al. A mathematical model to predict the wear rate of nozzles with elliptical orifices [J]. Transactions of the ASAE, 1995, 38（5）：1297-1303.

[9] R D. Handbook on aerosols [M]. America：University Press of the Pacific, 2000.

[10] 黎在时. 静电除尘器 [M]. 北京：冶金工业出版社，1993.

[11] 申丽，张殿印. 工业粉尘及其性质 [J]. 金属世界，1997（6）：10-11.

[12] Zhang F, Xu L, Chen J, et al. Chemical compositions and extinction coefficients of PM$_{2.5}$ in peri-urban of Xiamen, China, during June 2009-May 2010 [J]. Atmospheric Research, 2012, 106：150-158.

[13] Wang X, Ding X, Fu X, et al. Aerosol scattering coefficients and major chemical compositions of fine particles observed at a rural site hit the central Pearl River Delta, South China [J]. Journal of Environmental Sciences-China, 2012, 24（1SI）：72-77.

[14] 向晓东. 现代除尘理论与技术 [M]. 北京：冶金工业出版社，2002.

[15] 向晓东. 气溶胶科学技术基础 [M]. 北京：中国环境科学出版社，2012.

[16] 张国权. 气溶胶力学——除尘净化理论基础 [M]. 北京：科学出版社，1983.

[17] Willeke K. Temperature dependence of particle slip in a gaseous medium [J]. Journal of Aerosol Science, 1976, 7（5）：381-387.

[18] C M. Air pollution control theory [M]. America, New York：Mcgraw Hill, 1976.

[19] E H, E H P. Fine particles in gaseous media [M]. America：Ann. Arbor Science, 1979.

[20] Johnston A M, Vincent J H, Jones A D. Measurements of electric charge for workplace aerosols [J]. Annals of Occupational Hygiene, 1985, 29（2）：271-284.

[21] 周涛，杨瑞昌. 应用微通道热泳脱除可吸入颗粒物的可行性研究 [J]. 环境科学学报，2004（6）：1079-1083.

[22] Talbot L, Cheng R K, Schefer R W, et al. Thermophoresis of particles in a heated boundary layer [J]. Journal of Fluid Mechanics, 1980, 101（101）：737-758.

[23] 刘树森. 口腔散发微生物气溶胶在室内传播和运动规律的研究 [D]. 天津大学，2007.

[24] Hanley J T, Ensor D S, Smith D D, et al. Fractional Aerosol Filtration Efficiency of In-Duct Ventilation Air Cleaners [J]. Indoor Air, 1994, 4（3）：169-178.

[25] 张寅平. 建筑环境传质学 [M]. 北京：中国建筑工业出版社，2006.

[26] 王补宣. 工程传热传质学（上册）[M]. 北京：科学出版社，1982.

[27] 王补宣. 工程传热传质学（下册）[M]. 北京：科学出版社，1998.

[28] Ykc H A. 气溶胶力学 [M]. 北京：科学出版社，1960.

[29] 陈旺生，董伟，郭俊一等. 微细颗粒物电凝并技术研究的新进展 [J]. 工业安全与环保，2008（5）：1-3.

[30] Koutrakis P, Briggs S, Leaderer B P. Source apportionment of indoor aerosols in suffolk and onondaga counties, new-york [J]. Environmental Science & Technology, 1992, 26（3）：521-527.

[31] Harrel S K, Barnes J B, Rivera-Hidalgo F,. Reduction of aerosols produced by ultrasonic scalers. [J]. Journal of Periodontology, 1996, 67（67）：28-32.

[32] Khillare P S, Pandey R, Balachandran S. Characterisation of Indoor PM$_{10}$ in Residential Areas of Delhi [J]. Indoor & Built Environment, 2004, 13 (2): 139-147.

[33] Alan F. Vette, Anne W. Rea, Philip A. Lawless, et al. Characterization of Indoor-Outdoor Aerosol Concentration Relationships during the Fresno PM Exposure Studies [J]. Aerosol Science & Technology, 2001, 34 (1): 118-126.

[34] Chen C, Zhao B. Review of relationship between indoor and outdoor particles: I/O ratio, infiltration factor and penetration factor [J]. Atmospheric Environment, 2011, 45 (2): 275-288.

[35] Thatcher T L, Layton D W, Thatcher T L, et al. Deposition, resuspension, and penetration of particles within a residence [J]. Atmospheric Environment, 1995, 29 (13): 1487-1497.

[36] Tung T C, Chao C Y, Burnett J. A methodology to investigate the particulate penetration coefficient through building shell [J]. Atmospheric Environment, 1999, 33 (6): 881-893.

[37] Thatcher T L, Lunden M M, Revzan K L, et al. A concentration rebound method for measuring particle penetration and deposition in the indoor environment [J]. Aerosol Science and Technology, 2003, 37 (11): 847-864.

[38] Liu D L, Nazaroff W W. Modeling pollutant penetration across building envelopes [J]. Atmospheric Environment, 2001, 35 (26): 4451-4462.

[39] Popescu L, Limam K. Particle penetration research through buildings' cracks [J]. HVAC&R Research, 2012, 18 (3): 312-322.

[40] Baker P H, Sharples S, Ward I C. Air flow through cracks [J]. Building and Environment, 1987, 22 (4): 293-304.

[41] Lee K W, Gieseke J A. Simplified calculation of aerosol penetration through channels and tubes [J]. Atmospheric Environment, 1980, 14 (9): 1089-1094.

[42] 田利伟, 张国强, 于靖华等. 颗粒物在建筑围护结构缝隙中穿透机理的数学模型 [J]. 湖南大学学报 (自然科学版), 2008 (10): 11-15.

[43] Hinds W C. Aerosol technology: properties, behavior, and measurement of airborne particles [M]. New York, Wiley-Interscience, 1982.

[44] Zhao B, Wu J. Modeling particle deposition onto rough walls in ventilation duct [J]. Atmospheric Environment, 2006, 40 (36): 6918-6927.

[45] Riley W J, Mckone T E, Lai A C K, et al. Indoor particulate matter of outdoor origin: importance of size-dependent removal mechanisms. [J]. Environmental Science & Technology, 2002, 36 (2): 200-207.

[46] Nazaroff W W. Indoor particle dynamics [J]. INDOOR AIR, 2004, 147: 175-183.

[47] Corner J, Pendlebury E D. The Coagulation and Deposition of a Stirred Aerosol [J]. Proceedings of the Physical Society, 2002, 64 (8): 129-137.

[48] Crump J G, Seinfeld J H. Turbulent deposition and gravitational sedimentation of an aerosol in a vessel of arbitrary shape [J]. Journal of Aerosol Science, 1981, 12 (5): 405-415.

[49] Air and aerosol infiltration into homes [S]. Ashrae, 1985.

[50] Nazaroff W W, Cass G R. Mass-transport aspects of pollutant removal at indoor surfaces [J]. Environment International, 1989, 15 (s 1-6): 567-584.

[51] Shimada M, Okuyama K, Kousaka Y. Influence of particle inertia on aerosol deposition in a stirred turbulent flow field [J]. Journal of Aerosol Science, 1989, 20 (4): 419-429.

[52] Beneš M, Holub R F. Aerosol wall deposition in enclosures investigated by means of a stagnant lay-

er [J]. Environment International，1996，22（96）：883-889.

[53]　Okuyama K，Kousaka Y，Yamamoto S，et al. Particle loss of aerosols with particle diameters between 6 and 2000 nm in stirred tank [J]. Journal of Colloid & Interface Science，1986，110（1）：214-223.

第4章 室内外 PM$_{2.5}$污染实测与分析

2013～2014 年，我国大部分地区遭遇了史无前例的雾霾袭扰，主要污染地点分布在京津冀地区、中原地区、成渝地区、长三角地区与珠三角地区，其中京津冀地区污染状况最为严重。为了把握京津冀、珠三角地区大气环境 PM$_{2.5}$质量浓度变化特征及其对建筑室内环境的影响规律，本章分别选取了北京、广州地区一栋临街办公建筑为重点研究对象，监测并分析了 2013 年 7 月～2014 年 6 月室内外 PM$_{2.5}$质量浓度，重点研究室外 PM$_{2.5}$质量浓度日、周、月变化规律及其对建筑室内环境的影响；室外气象参数（风速、空气温度、空气相对湿度）变化对建筑室外和室内 PM$_{2.5}$质量浓度水平的影响，以期为有效认识并控制大气环境污染对室内环境的影响研究提供基础数据及方法参考，为雾霾天气时室外空气 PM$_{2.5}$污染对建筑室内环境 PM$_{2.5}$浓度水平贡献率的定量分析、建筑居室合理的开窗通风行为把握，以及为相关公共卫生安全政策的科学制定提供科学依据和数据支撑。

4.1 实测对象及实测方法

4.1.1 实测对象概况

本项目组在北京地区（2013 年 7 月至 2014 年 6 月）及广州地区（2014 年 2 月至 2014 年 7 月、2014 年 12 月至 2015 年 1 月）各选取距街道不超过 10m 的临街办公建筑为监测对象，并对分别对两个建筑第十一层某无人房间室内外 PM$_{2.5}$浓度水平进行实时监测。北京地区办公建筑所选位置为北京东城区东直门某写字楼，该楼总计 25 层，其周围环境如图 4.1-1 所示，实测房间建筑平面图如图 4.1-2 所示。实测房间建筑面积 30m^2，建筑外窗为塑钢平开窗、朝东，实测房间在室人员 1 人、电脑 1 台，为非吸烟房间；周一～周五正常工作，节假日休息，无集中空调通风系统；实测期间建筑外窗关闭。该房间因人员在室时间很短，可近似认为房间内部无发尘负荷。广州地区办公建筑所选位置为广州市天河北路某写字楼，其与周围环境的平面位置关系如图 4.1-3 所示，实测房间建筑平面图如图 4.1-4 所示。该楼总计 28 层，实测房间建筑面积 10m^2，建筑外窗为塑钢平开窗、朝西，实测房间为储物室，平时无人员在内，可视做无室内源。

4.1.2 采样地点选取

北京与广州室内外监测仪器现场布置情况如图 4.1-5 和图 4.1-6 所示。关于道路附

图 4.1-1　北京实测建筑地理位置图

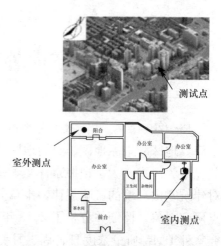

图 4.1-2　北京实测房间建筑平面图

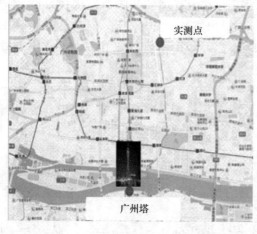

图 4.1-3　广州实测建筑地理位置图

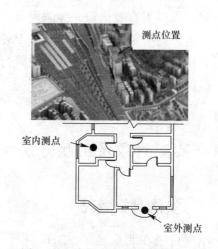

图 4.1-4　广州实测房间建筑平面图

近颗粒物传输、迁移和扩散规律的实测研究结果表明，道路附近 60m 范围内 PM$_{2.5}$质量浓度受高度与朝向变化的影响甚微。因此，结合现场实测条件，考虑将室外 PM$_{2.5}$浓度水平监测采样点布置在该层办公区域临街的且完全暴露于室外环境的敞开式外阳台中心位置，该测点距离外阳台门 0.5m，距离外阳台地面高度为 1.5m。室内 PM$_{2.5}$浓度水平监测采样点布置在距离建筑外窗 0.5m、距地面高度 1.5m 处。

4.1.3　采样仪器

室内外 PM$_{2.5}$质量浓度监测仪器均采用 LD-5C（R）在线式激光粒子监测仪，量程为 0～100mg/m^3，监测灵敏度为 1μg/m^3，测量精度±10％。测试期间每隔 5 分钟自动记录一次数据，并通过无线网络通信方式将实测数据上传到数据服务器。

室外环境大气尘粒径分布测试采用 BCJ-1 型尘埃粒子计数仪进行数浓度监测，采样流量为 2.83L/min，采样六通道分别为 0.3～0.5μm、0.5～0.7μm、0.7～1μm、

| *a*.室内 | *b*.室外 | *a*.室内 | *b*.室外 |

图 4.1-5　北京室内外监测仪器现场实景图　　　图 4.1-6　广州室内外监测仪器现场实景图

$1\sim2\mu m$、$2\sim5\mu m$、$5\mu m$ 以上。

　　室外干球温度、相对湿度、大气压力、风速、风向等室外气象参数，直接采用当地气象站发布的实时数据（每小时更新一次数据）。

4.1.4　数据处理

　　本章分析数据采用小时算术平均值，即将每 5 分钟采集一次、1 个小时 12 组 $PM_{2.5}$ 质量浓度采样数据取其算术平均值作为与室外气象参数采样时间对应的小时均值。为了确保数据的可靠性，剔除实验数据中的坏值，包括测量仪器断电、人员干扰等原因造成未检测数据，以及残差绝对值大于标准偏差 3 倍的数据。

　　$PM_{2.5}$ 污染程度分类按中国环境监测总站分级方法划分等级分为 6 级，即：优为 $0\sim35\mu g/m^3$、良为 $35\sim75\mu g/m^3$、轻度污染为 $75\sim115\mu g/m^3$、中度污染为 $115\sim150\mu g/m^3$、重度污染为 $150\sim250\mu g/m^3$、严重污染为 $250\mu g/m^3$ 以上。为便于分析，将历时一年的监测数据按四个季节划分：3～5 月为春季，6～8 月为夏季；9～11 月为秋季，12～2 月为冬季。

4.2　北京地区办公建筑污染现状及分析

4.2.1　北京办公建筑室内外 $PM_{2.5}$ 质量浓度实测数据分析

1. 季节污染特征

　　根据 2013 年 7 月～2014 年 6 月实测得到的室内外 $PM_{2.5}$ 质量浓度数据，分析北京市办公建筑夏、秋、冬、春各个季节室内外 $PM_{2.5}$ 污染水平现状如下。其中按照污染等级分级标准，分为优、良、轻度污染、中度污染、重度污染、严重污染。

　　图 4.2-1、图 4.2-2 分别为夏季室外、室内 $PM_{2.5}$ 污染水平现状，可看出夏季室外 $PM_{2.5}$ 等级优所占比例最大，为 29%，其次为良，所占比例为 23%，轻度污染天气占比例为 20%，重度污染天气占比例为 17%，严重污染天气占比例为 8%，中度污染天气占比例为 3%。相较于室外，室内空气质量水平较好，等级优（46%）、良（31%）

所占比例达到 77%，污染所占比例为 23%，且多集中在轻度污染上（14%），严重污染为 0。

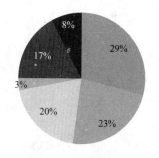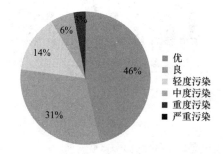

图 4.2-1　夏季室外 $PM_{2.5}$ 污染等级分布　　图 4.2-2　夏季室内 $PM_{2.5}$ 污染等级分布

图 4.2-3、图 4.2-4 分别为秋季室外、室内 $PM_{2.5}$ 污染水平现状，可看出秋季良所占比例最大，为 25%，其次为优等天气，所占比例为 22%，重度污染天气占比例为 20%，严重污染天气占比例为 19%，轻度污染天气占比例为 9%，中度污染天气占比例为 5%。室内空气质量等级优（33%）、良（37%）所占比例达到 70%，污染天气所占比例为 30%，是夏天污染的 1.36 倍，除轻度污染天气为 12%、中度污染天气为 9% 外，重度和严重污染天气也各占 5% 和 4%。相较于夏季，$PM_{2.5}$ 污染程度明显提高。

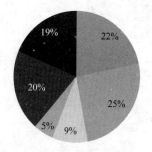

图 4.2-3　秋季室外 $PM_{2.5}$ 污染等级分布　　图 4.2-4　秋季室内 $PM_{2.5}$ 污染等级分布

图 4.2-5、图 4.2-6 分别为冬季室外、室内 $PM_{2.5}$ 污染水平现状，可看出冬季严重污染天气所占比例最大，为 24%，其次为优等天气，所占比例为 20%，等级为良的天气占比例为 19%，重度污染天气占比例为 17%，轻度污染天气占比例为 12%，中度污染天气占比例为 8%。室内空气质量等级优（25%）、良（21%）所占比例只达到46%，污染天气所占比例为 54%，是夏天污染的 2.45 倍，秋天污染的 1.8 倍，且轻度污染天气占比例为 20%、严重污染天气占比例为 14%、重度污染天气占比例为 12%，可以看出轻度污染、重度污染、严重污染均占较大比例。冬季室内外 $PM_{2.5}$ 污染水平明显较夏、秋季更为恶劣。

图 4.2-7、图 4.2-8 分别为春季室外、室内 $PM_{2.5}$ 污染水平现状，可看出春季室外优、良天气所占比例较大，分别为 28%、26%，轻度污染、重度污染和严重污染天气出现的频率相同，为 13%，中度污染天气占比例为 7%。室内空气质量等级优（44%）、良（25%）所占比例达到 69%，污染所占比例为 31%，与夏季污染水平相近。

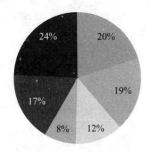
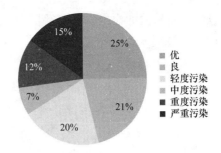

图 4.2-5 冬季室外 PM$_{2.5}$污染等级分布 　　图 4.2-6 冬季室内 PM$_{2.5}$污染等级分布

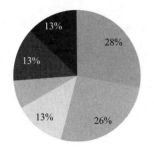
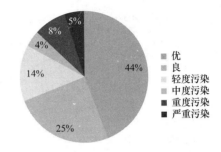

图 4.2-7 春季室外 PM$_{2.5}$污染等级分布 　　图 4.2-8 春季室内 PM$_{2.5}$污染等级分布

四季中室内优、良、轻度污染三个等级比例普遍高于室外比例，中度、重度、严重污染三个等级普遍低于室外比例，实测结果表明：无论是室外还是室内，冬季的超标程度最严重。图 4.2-9 为实测期间室内外 PM$_{2.5}$质量浓度实测数据线性回归分析结果，分析结果表明：即使在建筑外门窗关闭的条件下，室内外 PM$_{2.5}$质量浓度具有强线性相关性，室内外 PM$_{2.5}$质量浓度 I/O 比平均值约为 0.4949，线性回归相关系数 R^2 达到 0.76。也即，实测条件下即使关闭实测对象建筑外门窗，平均约有 50% 的 PM$_{2.5}$ 在建筑外窗缝隙渗透通风作用下通过建筑外窗缝隙进入室内环境。当然，PM$_{2.5}$ 的这种渗透作用也直接受建筑外窗密闭性优劣的影响。

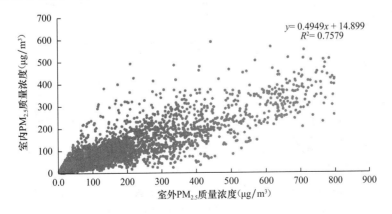

图 4.2-9 室内与室外 PM$_{2.5}$质量浓度线性回归分析

2. 日污染特征

图 4.2-10 为以一天 24 小时为分析单元，对实测期间（2013 年 7 月～2014 年 6 月）

室内外 PM$_{2.5}$质量浓度小时均值变化的分析结果。由图 4.2-10a 可见,夏秋冬三个季节的室外 PM$_{2.5}$质量浓度小时均值均是夜间高白天低,且小时峰值基本都出现在 22:00～次日 2:00 左右(其峰值浓度分别是,夏季 130μg/m^3、秋季 180μg/m^3、冬季 240μg/m^3);所不同的是这三个季节的小时低谷值白天出现的时间有所不同,夏季出现在早晨 8:00 左右,为 80μg/m^3,秋季为出现在下午 16:00 左右,为 120μg/m^3,冬季则出现在下午 13:00 左右,为 150μg/m^3;四个季节中有所例外的是春季,室外 PM$_{2.5}$质量浓度的小时高峰值出现在白天的上午 10:00 左右,为 130μg/m^3,不过小时低谷值同样也出现在下午 17:00 左右,为 75μg/m^3。

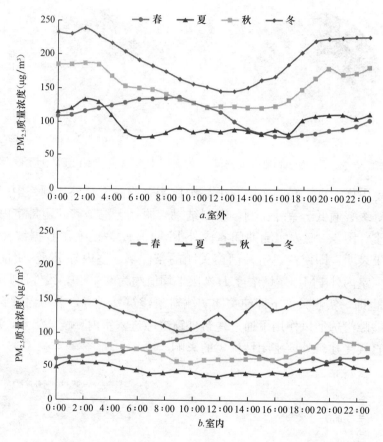

图 4.2-10　室内外 PM$_{2.5}$质量浓度日小时均值变化

　　图 4.2-10b 为室内 PM$_{2.5}$浓度日小时均值变化规律,其变化规律完全类同室外的,春、夏、秋、冬季室内 PM$_{2.5}$质量浓度小时高峰值依次为 90μg/m^3、60μg/m^3、100μg/m^3、150μg/m^3,小时低谷值依次为 50μg/m^3、35μg/m^3、60μg/m^3、100μg/m^3。总体上,在建筑外窗关闭且室内无污染源的条件下,室内 PM$_{2.5}$浓度受室外污染很大的影响作用,使得室内 PM$_{2.5}$浓度日小时均值变化规律类同室外的。

3. 周污染特征

　　图 4.2-11 为以一周 7 日为分析单元,对实测期间(2013 年 7 月～2014 年 6 月)室内外 PM$_{2.5}$质量浓度水平小时均值变化状况的分析。由图 4.2-11 可知,夏、秋、冬三季,

周一～周五室内外 PM$_{2.5}$ 质量浓度呈不断上升趋势，周一出现低谷值，室外 PM$_{2.5}$ 质量浓度小时均值分别为 $60\mu g/m^3$、$80\mu g/m^3$、$130\mu g/m^3$，对应的室内 PM$_{2.5}$ 质量浓度为 $25\mu g/m^3$、$42\mu g/m^3$、$80\mu g/m^3$，室内外 PM$_{2.5}$ 质量浓度并在周五达到较高峰值，室外小时均值分别为 $130\mu g/m^3$、$200\mu g/m^3$、$200\mu g/m^3$，室内为 $60\mu g/m^3$、$105\mu g/m^3$、$120\mu g/m^3$；随后的周六或周日呈下降趋势。

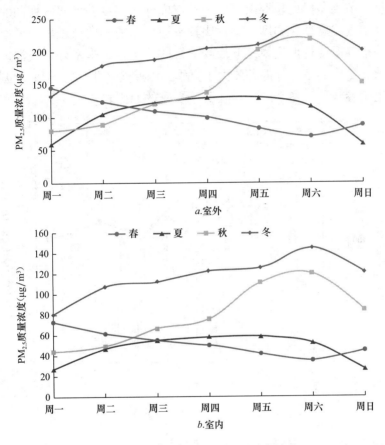

图 4.2-11 室内外 PM$_{2.5}$ 质量浓度周变化

4. 月污染特征

图 4.2-12 为以月为分析单元，2013 年 7 月～2014 年 6 月室内外 PM$_{2.5}$ 质量浓度水平及其 I/O 比值随月份变化的实测结果。由图可知，受冬季供暖、气候干燥等因素的影响，该季节室外 PM$_{2.5}$ 质量浓度平均水平居全年最高，有所例外的是 1 月份的室外 PM$_{2.5}$ 质量浓度相对比较低，这与此时期正值中国的春节、放假时间比较长有关，实测数据分析可得出春节 20 天节假日期间室外 PM$_{2.5}$ 质量浓度平均为 $109\mu g/m^3$，春节节假日前后 10 天室外 PM$_{2.5}$ 质量浓度平均为 $288\mu g/m^3$，可见工作日内工业、机动车等污染排放源对大气污染有较明显的作用；秋季 9～11 月的室外 PM$_{2.5}$ 质量浓度水平仅次于冬季，小时均值约为 $168\mu g/m^3$。

室内 PM$_{2.5}$ 质量浓度水平变化规律与室外 PM$_{2.5}$ 质量浓度变化趋势相同，冬季室内 PM$_{2.5}$ 质量浓度最高，小时均值约为 $134\mu g/m^3$，其次是秋季 $93\mu g/m^3$，春、夏季 PM$_{2.5}$

质量浓度分别为 $69\mu g/m^3$ 和 $49\mu g/m^3$。虽然门窗关闭条件下，室内外 PM$_{2.5}$质量浓度变化趋势类似，存在较好的相关性，但 I/O 比值不同，即室内 PM$_{2.5}$浓度受室外污染的影响程度不同。可看出，春、秋、冬季节 I/O 比值比夏季要高，其中冬季最高，究其原因可能在于易受温差、风速和其他参数影响的房间通风换气次数 a（以下简称换气次数）发生了改变，造成不同季节 I/O 比的差异。当其他条件一定时，影响建筑外门窗渗透风量季节性差异的重要因素之一是室内外的温度差，实测期间北京地区夏季和冬季的室外空气温度变化幅度较小且比较平稳，而夏季向秋季以及冬季向春季过渡过程中，室外空气温度近似呈线性下行或上行的趋势，冬季室外空气温度稳定在较低水平，春、秋、冬季的室内外温差要大于夏季，因此所产生的渗透风量也将大于夏季，可以认为这也是春、秋、冬季的 I/O 比高于夏季的原因之一。

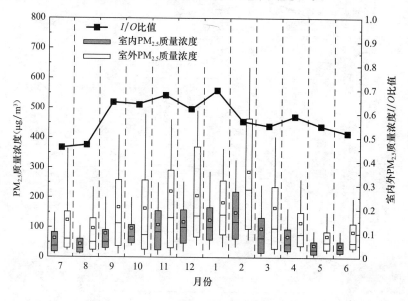

图 4.2-12　各月室内外 PM$_{2.5}$质量浓度水平

4.2.2　北京办公建筑 PM$_{2.5}$污染因素分析

1. 风速的影响

图 4.2-13 为 2013 年 7 月～2014 年 6 月北京监测地点室外风速监测结果，从中可以看出，北京地区四季室外风速主要变化范围为 $1\sim4m/s$。相对而言，秋季的变化幅度要大些、夏季要小些。

图 4.2-14 反映了不同季节室外风速变化对室内外 PM$_{2.5}$质量浓度变化及其 I/O 比的影响。图示结果表明，室内和室外 PM$_{2.5}$质量浓度均与室外风速存在显著的负相关性，且室内外 PM$_{2.5}$质量浓度 I/O 比值与室外风速呈正相关，这与 Chithra[1] 与 Brain[2] 等的结论类似。

以冬季为例，如图 4.2-14d 所示，冬季室外 PM$_{2.5}$质量浓度水平随着室外风速的不断增加而明显下降，I/O 比值随室外空气风速增大而升高。室外空气风速 $<2m/s$（低风速状态）时，室外 PM$_{2.5}$质量浓度均值大于 $250\mu g/m^3$，空气质量处于严重污染状

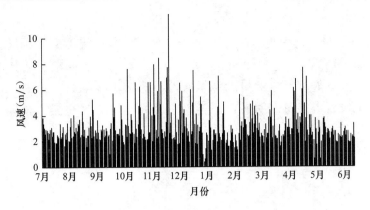

图 4.2-13　室外风速变化

态，此时的室内 $PM_{2.5}$ 质量浓度均值约为 $150\mu g/m^3$，空气质量为重度污染水平，对应的 I/O 比值约为 $0.59\sim0.62$；室外风速为 $2\sim4m/s$ 范围时，室外 $PM_{2.5}$ 质量浓度均值大于 $150\mu g/m^3$，空气质量处于重度污染状态，此时的室内 $PM_{2.5}$ 质量浓度均值约为 $125\mu g/m^3$，对应的 I/O 比值约为 0.65；当室外空气风速 $>4m/s$ 时，室外空气质量明显趋好，大气污染程度明显减弱，室内 $PM_{2.5}$ 质量浓度均值约为 $75\mu g/m^3$、达到优良状态，对应的 I/O 比值约为 0.68；当室外空气风速进一步增大（$5\sim6m/s$）时，室内外 $PM_{2.5}$ 质量浓度均值都降低到 $75\mu g/m^3$ 以下。其他季节也有类似的变化规律，如图 $4.2-14a\sim c$ 所示。

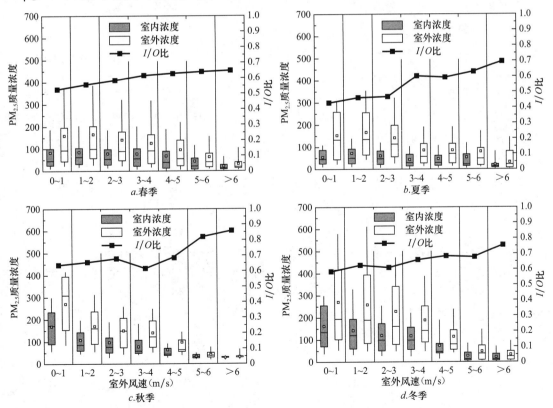

图 4.2-14　室外风速对室内外 $PM_{2.5}$ 质量浓度水平的影响

2. 湿度的影响

由图 4.2-15 可见，北京地区夏季和冬季室外空气湿球温度变化幅度较小且比较平稳，平均含湿量分别为 15.1g/(kg$_{干空气}$) 和 1.7g/(kg$_{干空气}$)；而夏季向秋季以及冬季向春季过渡过程中，室外空气含湿量近似呈线性下行或上行的趋势；另外，室外空气相对湿度的变化虽没有含湿量的明显，但其与室外风速变化具有强负相关性，即室外空气相对湿度较高时，往往室外风速较低；反之亦然。

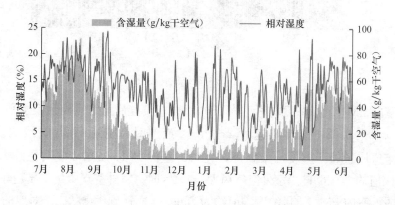

图 4.2-15　室外空气相对湿度及含湿量变化

图 4.2-16 反映了北京地区随着季节变化，室外空气相对湿度变化与室内外 PM$_{2.5}$ 质量浓度及其 I/O 比的关系。由图可见，无论哪个季节，室内外 PM$_{2.5}$ 质量浓度与室外空气相对湿度呈正相关、而室内外 PM$_{2.5}$ 质量浓度的 I/O 比则与室外空气相对湿度呈负相关。即，室外空气越干燥、相对湿度越低，室内外 PM$_{2.5}$ 质量浓度水平越低，I/O 比越大。

以冬季为例，如图 4.2-16d 所示，冬季室外 PM$_{2.5}$ 质量浓度随着室外空气相对湿度的不断增加而明显上升，室外空气相对湿度<40%时，室外 PM$_{2.5}$ 质量浓度均值约为 75μg/m^3，室内 PM$_{2.5}$ 质量浓度均值小于 75μg/m^3，室内空气质量为优良状态，此时的室内外 PM$_{2.5}$ 质量浓度 I/O 比约为 0.7；当室外空气相对湿度在 40%～60%时，室外 PM$_{2.5}$ 质量浓度均值变化范围约为 150～200μg/m^3，室内 PM$_{2.5}$ 质量浓度均值变化范围约为 100～150μg/m^3，为中度或重度污染水平，对应的室内外 PM$_{2.5}$ 质量浓度 I/O 比约为 0.65～0.7；当室外空气相对湿度超过 60%时，室外 PM$_{2.5}$ 质量浓度均值超过 250μg/m^3，此时室内 PM$_{2.5}$ 质量浓度均值达到 150μg/m^3，I/O 比均值变化范围为 0.5～0.6。

另外，由图 4.2-16a～c 可见，春、夏、秋季室外空气相对湿度变化对室内外 PM$_{2.5}$ 质量浓度及其 I/O 比的影响规律同冬季。随着室外空气相对湿度变化，春季，室外 PM$_{2.5}$ 质量浓度均值变化范围约为 25～250μg/m^3，室内 PM$_{2.5}$ 质量浓度均值变化范围为 20～125μg/m^3，对应的 I/O 比变化范围为 0.5～0.65；夏季，室外 PM$_{2.5}$ 质量浓度均值变化范围为 25～200μg/m^3，室内 PM$_{2.5}$ 质量浓度均值变化范围为 15～80μg/m^3，对应的 I/O 比变化范围为 0.38～0.65；秋季室外 PM$_{2.5}$ 质量浓度均值变化范围为 60～300μg/m^3，室内 PM$_{2.5}$ 质量浓度均值变化范围为 50～175μg/m^3，对应的 I/O 比变化范围为 0.5～0.8。

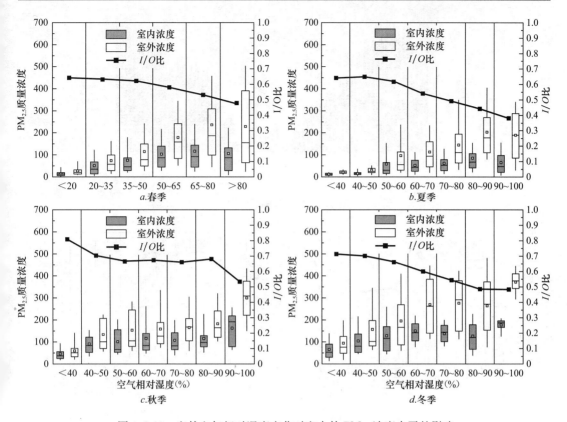

图 4.2-16 室外空气相对湿度变化对室内外 PM$_{2.5}$浓度水平的影响

室内外 PM$_{2.5}$质量浓度与室外空气相对湿度呈正相关，这是因为室外空气相对湿度将会影响大气颗粒物的含湿程度，大气颗粒物含水越多越有利于其发生液相氧化反应，并促使其在含水颗粒物表面发生非均相反应。总之，相对湿度对大气颗粒物的形成具有一定的促进作用，其主要在二次颗粒物形成以及冷凝和碰并引起的增长过程中发挥作用[3-5]。另外，室内外 PM$_{2.5}$质量浓度 I/O 比与室外空气相对湿度呈负相关，这可能是因为相对湿度的变化正好与室外风速呈负相关性有关，也可能由于室内空气相对湿度低于室外，半挥发性颗粒物气溶胶进入低相对湿度的室内将会变得不稳定，易挥发[6]。

3. 温度的影响

图 4.2-17 反映了 2013 年 7 月～2014 年 6 月北京地区春、夏、秋、冬四季室外空气温度随时间变化规律。图 4-23 实测结果表明，室外空气温度随着夏季向秋季的过渡近似呈线性下行的趋势，冬季则达到平稳低谷值，春季温度呈线性上升趋势。夏季室外空气平均温度为 27℃，秋季为 9℃，冬季为 0℃，春季为 15℃。

图 4.2-18 反映了不同季节室外空气温度变化对室内外 PM$_{2.5}$质量浓度水平变化的影响。由图 4.2-18 可见，无论是春季还是冬季，室外空气温度变化对室内外 PM$_{2.5}$质量浓度及其 I/O 比的影响相对室外风速要小得多，夏季和秋季也有同样的规律。这是因为，相对室外风速形成的风压差作用影响要明显大于同一季节期间室内外温度差形成的热压差作用影响。Persily 等[7]的研究也得到了类似的结论，空气渗透率与温差存在较小甚至没有相关性，但是与风速之间有较大的相关性。

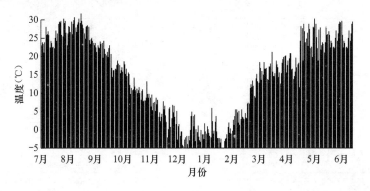

图 4.2-17 室外温度变化

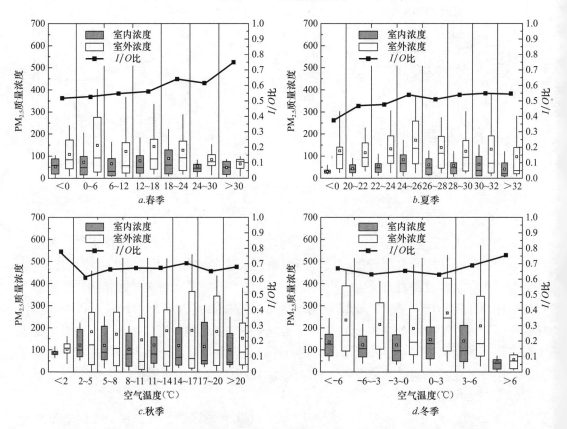

图 4.2-18 室外空气温度变化对室内外 PM$_{2.5}$浓度水平的影响

4. 室外风速与空气相对湿度的综合作用影响

（1）室外 PM$_{2.5}$质量浓度

根据文献[8]的不同时间长度均值分析比较结果说明短期 I/O 平均值的标准差比长期 I/O 平均值的标准差大，短期浓度平均值比长期浓度平均值变化剧烈，为此我们采用 6 小时 I/O 均值分析方法。根据实测结果，一天中持续 6 小时内的室内外 PM$_{2.5}$质量浓度、室外风速与空气相对湿度等参数相对稳定，随时间的变化率比较小。将 1 天按 6 小时间隔分为四个时段，分段时间点分别按 0：00、6：00、12：00、18：00 划分，如此即可得到实测期间对应时段的室内外 PM$_{2.5}$质量浓度、室外风速与相对湿度的小时平均值。按此方法处理实测期间相应数据,可得到图 4.2-19 关于各个季节室外风速和空气相对湿度对室外 $PM_{2.5}$ 质量浓度的综合影响规律。以冬季为例,由图 4.2-19d 冬季可见当室外空气相对湿度较低时(小于 30%),大气空气质量多处于优良状态,不过此时风速的影响作用并不太明显;而当相对湿度大于 50% 时,室外 $PM_{2.5}$ 质量浓度处于较高水平,特别在高湿度、低风速状态下,室外 $PM_{2.5}$ 质量浓度更是高于 $400\mu g/m^3$;随着风速的增大,室外 $PM_{2.5}$ 质量浓度呈下降趋势,尤其是当风速超过 5.5m/s 时,室外 $PM_{2.5}$ 质量浓度处于良状态。

从图 4.2-19a~c 可以看出,其他三个季节室外 $PM_{2.5}$ 质量浓度分布规律与冬季类似,均表现出室外 $PM_{2.5}$ 质量浓度随室外空气相对湿度增加而升高、随室外风速增大而降低的变化趋势。在低风速、高湿度区域,四季的室外 $PM_{2.5}$ 质量浓度都出现了高峰值,但受不同季节排放源、气象条件差异性的影响,冬季 $PM_{2.5}$ 浓度峰值最高(> $550\mu g/m^3$),再是秋季(> $400\mu g/m^3$)、春季(> $250\mu g/m^3$)和夏季(> $150\mu g/m^3$),这结论与 4.2.1 节四季月变化规律相对应。对比优良天气(< $75\mu g/m^3$)分布情况看出,在夏季优良天气出现区域分布较广,占据了一大半左右;在春季和秋季分布图上,优良天气与污染天气基本各占一半左右;而在冬季,优良天气发生频率要远远低于其他季节,大半区域处于污染状况下,只在高风速、低湿度区域才出现优良天气状况。

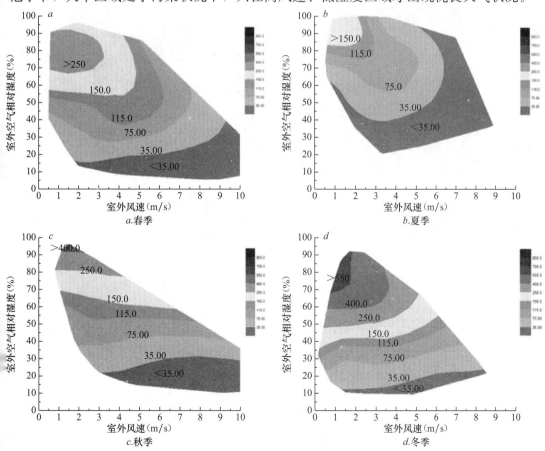

图 4.2-19　室外 $PM_{2.5}$ 质量浓度与风速和相对湿度的关系

总体上看，四季 PM$_{2.5}$质量浓度随室外风速和空气相对湿度分布规律类似，但不同季节 PM$_{2.5}$浓度值差异明显，这说明气象条件在不同季节中对室外 PM$_{2.5}$污染运输扩散的影响相似，均在高湿度、低风速区域出现 PM$_{2.5}$浓度峰值；受季节性排放源或生态环境差异的影响，PM$_{2.5}$浓度值存在较大差异，冬季受供暖与不利的气象扩散条件等因素影响，其 PM$_{2.5}$浓度分布较高，污染严重。

（2）室内 PM$_{2.5}$质量浓度

图 4.2-20 为室内 PM$_{2.5}$质量浓度在不同气象条件下的分布情况。以春天 4.2-20a 为例，室内 PM$_{2.5}$浓度主要分布在 0 和 250$\mu g/m^3$ 之间，与室外风速和相对湿度之间呈现一定变化规律。随着室外风速的增加，空气相对湿度往往呈减小趋势，变化范围缩小，这就解释了室内 PM$_{2.5}$浓度随风速升高表现出下降的趋势。在其他三个季节，室内 PM$_{2.5}$浓度与春天存在差别，夏季室内 PM$_{2.5}$浓度变化范围为 0～115$\mu g/m^3$，秋、冬季分别为 0～250$\mu g/m^3$ 和 0～400$\mu g/m^3$，主要受季节间排放源和气象条件差异性的影响。总体上看，室内 PM$_{2.5}$质量浓度呈现相似规律，即随风速增加而减小，随相对湿度增大而递增。

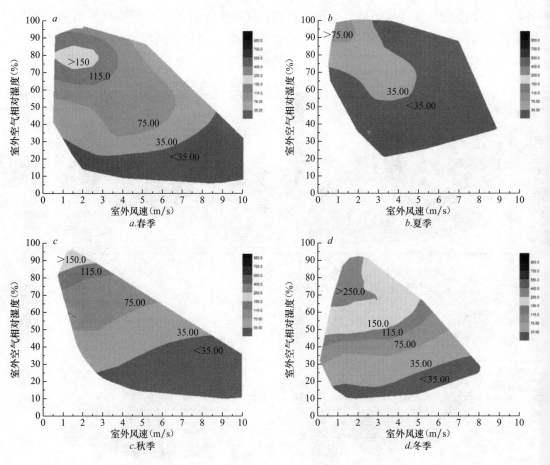

图 4.2-20　室内 PM$_{2.5}$质量浓度与风速和相对湿度的关系

（3）室内外 PM$_{2.5}$质量浓度 I/O 比

图 4.2-21 为室内外 PM$_{2.5}$质量浓度 I/O 比与室外风速、空气相对湿度的关系，以

图 4.2-21d 冬季为例，室内外 PM$_{2.5}$ 浓度 I/O 比主要分布在 $0.4\sim0.8$ 之间，并随室外风速和空气相对湿度的变化呈一定变化规律。当室外空气相对湿度小于 50% 时，I/O 比在 $0.6\sim0.8$ 之间波动；室外空气相对湿度大于 60%，I/O 比主要分布在 $0.4\sim0.55$ 之间，并随室外空气相对湿度增大而减小。随室外风速的增大，空气相对湿度波动范围缩小，向低相对湿度区域靠拢，此时 I/O 比值升高。

从图 4.2-21$a\sim c$ 可以看出，在其他三个季节中室内外 PM$_{2.5}$ 质量浓度 I/O 比值与冬季分布情况有所不同，春季 I/O 比值主要在 $0.4\sim0.8$ 之间，夏季在 $0.2\sim0.65$ 之间，秋季在 $0.4\sim0.8$ 之间变动，这可能与不同季节中空气温度分布等环境条件有关。从图 4.2-21 中看出，I/O 比值基本上随室外空气相对湿度增大而减小，但其随风速的变化规律没有比较统一的结果，但我们可观察到随室外风速的增大，空气相对湿度有减少趋势，而低湿度条件下对应的 I/O 比值较大。由此可知，四季中 I/O 比均表现出随室外空气相对湿度增大而减小、随室外风速的增大而增大的规律。

总体上看，四季室内外 PM$_{2.5}$ 质量浓度 I/O 比值随空气相对湿度分布规律类似，在较高空气相对湿度下，I/O 比较小，随相对湿度减小，I/O 比值升高；在图中虽然不同季节 I/O 比值随风速变化没有较统一的变化规律，实际上随室外风速的增大，空气相对湿度有减小趋势，此时 I/O 比呈上升趋势。

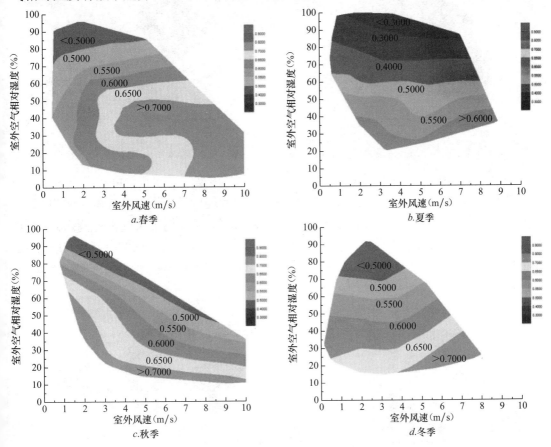

图 4.2-21 室内外 PM$_{2.5}$ 质量浓度 I/O 比与风速和相对湿度的关系

4.3　广州地区办公建筑污染现状及分析

4.3.1　广州办公建筑室内外 PM$_{2.5}$污染现状分析

1. 季节污染特征

根据于 2014 年 2 月～2014 年 7 月和 2014 年 12 月～2015 年 1 月实测得到的室内外 PM$_{2.5}$质量浓度数据，分析广州市办公建筑春、夏、冬季室内外 PM$_{2.5}$污染水平现状如下。其中按照污染等级分级标准，分为优、良、轻度污染、中度污染、重度污染。

图 4.3-1、图 4.3-2 分别为春季室外、室内 PM$_{2.5}$污染水平现状，可看出春季室外 PM$_{2.5}$等级轻度污染所占比例最大，为 29%，其次为良天气，所占比例为 25%，中度污染天气占比例为 20%，严重污染天气占比例为 17%，优等天气和严重污染所占比例均为 3%。相较于室外，室内空气质量水平较好，等级优（21%）、良（41%）所占比例达到 62%，污染所占比例为 38%，且多集中在轻度污染上（24%）。

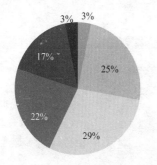
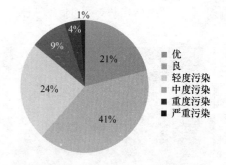

图 4.3-1　春季室外 PM$_{2.5}$污染等级分布　　图 4.3-2　春季室内 PM$_{2.5}$污染等级分布

图 4.3-3、图 4.3-4 分别为夏季室外、室内 PM$_{2.5}$污染水平现状，可看出夏季室外空气等级处于良的天数所占比例最大，为 47%，其次为轻度污染天气，所占比例为 22%，优等天气占比例为 16%，中度污染天气占比例为 10%，重度污染天气占比例为 6%，期间并没有出现严重污染天气。室内空气质量等级优（40%）、良（43%）所占比例达到 83%，污染天气所占比例为 17%。相较于春季，夏季室内外 PM$_{2.5}$污染程度明显降低。

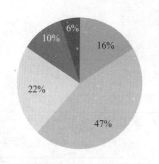
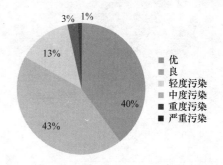

图 4.3-3　秋季室外 PM$_{2.5}$污染等级分布　　图 4.3-4　秋季室内 PM$_{2.5}$污染等级分布

图 4.3-5、图 4.3-6 分别为冬季室外、室内 PM$_{2.5}$ 污染水平现状，可看出冬季室外空气等级处于良的天数所占比例最大，为 40%，其次为轻度污染天气，所占比例为 27%，严重污染 13%，中度污染天气占比例为 11%、优等污染天气占比例为 8%，期间未出现严重污染。室内空气质量等级优（17%）、良（52%）所占比例只达到 69%，污染所占比例为 31%。从季节分布来看，春季室内外 PM$_{2.5}$ 污染最为严重，冬其次，夏季室内外 PM$_{2.5}$ 浓度水平最低。

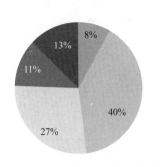

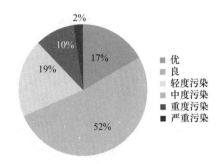

图 4.3-5　冬季室外 PM$_{2.5}$ 污染等级分布　　图 4.3-6　冬季室内 PM$_{2.5}$ 污染等级分布

四季中室内优、良、轻度污染三个等级比例普遍高于室外比例，中度、重度、严重污染三个等级普遍低于室外比例，实测结果表明：无论是室外还是室内，春季的超标程度最严重。图 4.3-7 为实测期间室内外 PM$_{2.5}$ 浓度实测数据线性回归分析结果，分析结果表明：即使在建筑外门窗关闭的条件下，室内外 PM$_{2.5}$ 质量浓度具有强线性相关性，线性回归相关系数 R^2 达到 0.8135。

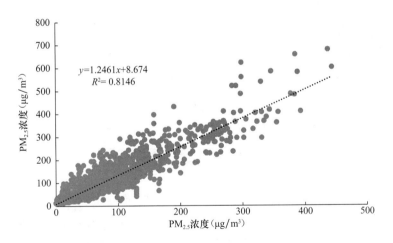

图 4.3-7　室内与室外 PM$_{2.5}$ 质量浓度相关性分析

2. 日污染特征

由图 4.3-8 可以看出，无论是春季还是夏季和冬季，室外 PM$_{2.5}$ 质量浓度小时均值波动较大，夜间普遍高于白天，峰值基本都出现在早晨 8:00 左右，分别为春季 117$\mu g/m^3$、冬季 89$\mu g/m^3$、夏季 81$\mu g/m^3$；春季、夏季的谷值都出现在 17:00 左右，分别 103$\mu g/m^3$ 和 62$\mu g/m^3$，冬季谷值出现在 12:00 左右，为 68$\mu g/m^3$。

春季与夏季室内 PM$_{2.5}$浓度日小时均值变化不大，其小时浓度均值都明显小于相应的室外浓度。室外出现最高值以后，室内 PM$_{2.5}$小时均值会出现小幅度升高，最高值出现在 13：00 点左右。

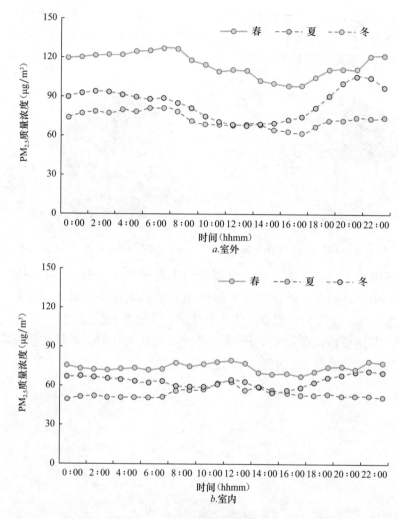

图 4.3-8　室内外 PM$_{2.5}$质量日均值

3. 月污染特征

图 4.3-9 为广州监测期间室内外 PM$_{2.5}$质量浓度随月份的变化结果。实测结果表明，冬季室外 PM$_{2.5}$浓度最高，夏季室外 PM$_{2.5}$浓度最低。室外 PM$_{2.5}$浓度的峰值出现在 3 月，随着夏季的深入室外 PM$_{2.5}$浓度逐渐减低。室内浓度的变化趋势与室内一致，这说明室内 PM$_{2.5}$浓度主要受室外影响。

4.3.2　广州办公建筑室内外 PM$_{2.5}$污染因素分析

1. 风速变化的影响

室外风速变化直接影响建筑外围护结构的风压变化，并导致通过建筑外墙（窗）渗透风量的变化。图 4.3-10 反映了不同季节室外风速变化，室外 PM$_{2.5}$质量浓度及其

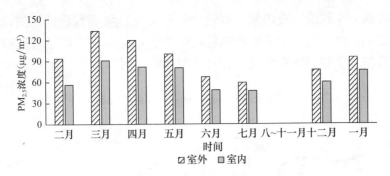

图 4.3-9 各月份室内外 $PM_{2.5}$ 浓度分布

对建筑外窗缝隙渗透通风的影响，其中渗透系数可有参考文献[9]求出。图示结果表明，室内外 $PM_{2.5}$ 质量浓度均与室外风速存在显著的负相关，随着室外风速的增大，室内外 $PM_{2.5}$ 质量浓度都呈下降趋势；特别是当室外趋于风速<1m/s，春季和冬季的室外 $PM_{2.5}$ 质量浓度都为中度污染等级。这是因为长时间的静风或微风会抑制污染物的扩散，使近地面层的污染物成倍增加。

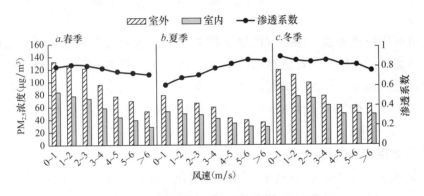

图 4.3-10 风速变化与建筑外窗缝隙渗透特性

另外，室外风速变化对建筑外窗缝隙渗透系数的影响规律也随季节而变化。夏季建筑外窗缝隙渗透系数随风速的增加明显增大，趋于静风状态时（室外风速<1m/s）的渗透系数平均值为 0.61，当室外风速>6m/s 时，渗透系数增大到 0.89；而春季和冬季的渗透系数与风速变化相关性并不明显，其原因有待后续分析。

2. 空气相对湿度变化的影响

图 4.3-11 为反映了春季、夏季和冬季室外相对湿度变化与室外 $PM_{2.5}$ 质量浓度的关系。从中可以看出，空气相对湿度与室内外 $PM_{2.5}$ 质量浓度均呈正相关，但不同季节影响程度不同；春季（图 4.3-11a）相对湿度在 40% 以下时，室外 $PM_{2.5}$ 均值为 $62\mu g/m^3$，随着相对湿度增加，室内外浓度呈上升趋势，当相对湿度超过 90% 时，室外 $PM_{2.5}$ 均值增大到 $142\mu g/m^3$，达到中度污染水平。夏季（图 4.3-11b）相对湿度低于 70% 时，其质量浓度较均匀，在 $75\sim85\mu g/m^3$ 之间波动；当相对湿度大于 70% 时，随着相对湿度的增大，$PM_{2.5}$ 质量浓度呈上升趋势，当相对湿度为 90% 时，室外 $PM_{2.5}$ 质量浓度均值为 $150\mu g/m^3$，远高于其他时刻。同样在冬季也有相似规律，相对湿度是影

响颗粒物浓度的一个较为直观因素，空气中的相对湿度对颗粒物的扩散、迁移、转化产生较大的影响，同时湿度主要影响颗粒物的生长，空气中湿度越大越有利于颗粒物的形成，尤其是二次颗粒物在大气中容易潮解和吸湿增长。

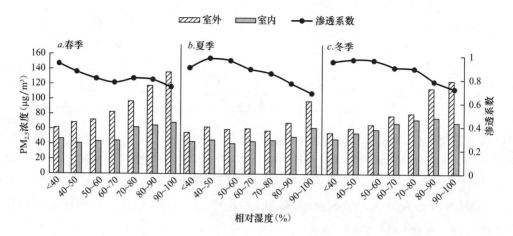

图 4.3-11　相对湿度与建筑外窗缝隙渗透特性

　　我们也发现渗透系数与相对湿度呈负相关，一方面是因为室外空气相对湿度受风速影响，当室外风速较大时，近地面的水汽容易被吹向高空，致使近地面的空气相对湿度明显降低，而室外风速较低时，往往室外空气相对湿度较高；再者相对湿度在颗粒物成核、凝结、挥发等方面的作用也影响颗粒物渗透和室内扩散过程，使得室内PM_{2.5}浓度发生变化。

3. 空气温度变化的影响

　　图 4.3-12 反映了不同季节室外空气温度变化对室内外 PM_{2.5} 的影响规律。从夏季结果可以看出，随着室外空气温度升高，室内外 PM_{2.5} 浓度呈明显下降趋势，究其原因，室外空气温度升高有利于大气垂直对流，加快颗粒物扩散。但春季（图 4.3-12a）和冬季（图 4.3-12c）的变化规律不明确，还有待进一步研究。

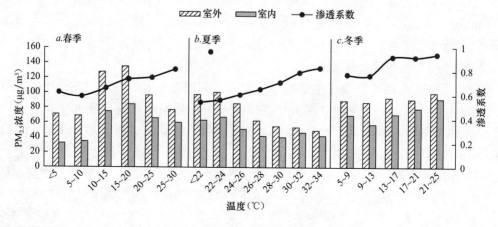

图 4.3-12　室外温度与建筑外窗缝隙渗透特性

无论是春季、夏季和冬季，渗透系数与室外风速呈正相关性，即随着室外温度的增加室外 $PM_{2.5}$ 进入室内的量逐渐增加。以夏季为例，当室外空气温度＜22℃时，其渗透系数均值为 0.6；随着室外空气温度的上升，其主体波动区间及逐渐缩小，渗透系数均值逐渐升高，当室外空气温度为 25～30℃时，其均值为 0.8。春、冬季与夏季的规律相似，其 $PM_{2.5}$ 渗透系数均随着温度升高而呈上升趋势。

4.4 北京与广州实测结果比较

4.4.1 气象参数比较

图 4.4-1 反映了广州与北京室外气象参数月变化规律。北京属于夏热冬冷地区，一年之中各月份温湿度变化较大。从北京气象特征可以看出，室外温度从 2 月份的 0.2℃逐渐上升到 7 月份的 19.0℃。此区间相对湿度随季节变化的波动并不明显，基本都在 40％左右。从图中还可以看出，冬季北京室外温度较低，月均值基本在 0℃左右，但相对湿度达到一年之中的最大值。广州室外温度变化趋势与北京一致，但是广州室外温度波动幅度较小，即使在最寒冷的冬季，广州室外温度月均值也在 12℃左右。

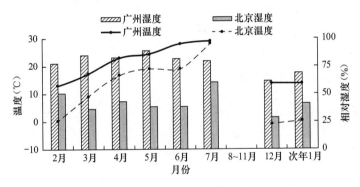

图 4.4-1　北京与广州室外气象参数月分布

本章 4.2.2 节中北京的研究结果与 4.3.2 节中广州研究结果可以看出，关于风速与相对湿度对室外 $PM_{2.5}$ 的影响北京与广州结论一致，都是室外 $PM_{2.5}$ 与风速呈负相关与相对湿度呈正相关。但北京室外 $PM_{2.5}$ 浓度与温度相关性并不明显。图 4.4-2 分别反映了北京及广州室外气象参数的变化特征，从图中可以看出风速与相对湿度对室外 $PM_{2.5}$ 的影响与广州结论一致，都是室外 $PM_{2.5}$ 与风速呈负相关与相对湿度呈正相关。但北京室外 $PM_{2.5}$ 浓度与温度相关性并不明显。从 4.4-2 中可以看出，广州地区温度与风速相关性较高。当室外温度低于 5℃时，室外风速最大，较高的风速可以稀释空气中的颗粒物。随着温度的上升，室外风速逐渐降低。因而，广州室外温度与颗粒物浓度具有一定相关性。而北京地区的温度与风速之间并没有明显的关系。同时，广州低温时较高的相对湿度也可能是差异性的影响因素之一。

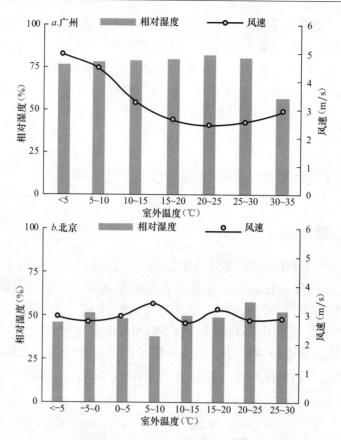

图 4.4-2 北京与广州夏季气象参数之间的关系

4.4.2 室内外污染水平比较

图 4.4-3 为北京某临街建筑室外 PM$_{2.5}$质量浓度与广州实测室外 PM$_{2.5}$质量浓度对比。从图中可以看出，北京实测街道室外 PM$_{2.5}$质量浓度高于广州。两地的室外 PM$_{2.5}$质量浓度变化趋势一致，都是从春季开始室外 PM$_{2.5}$质量浓度开始逐渐降低，而冬季到来以后又开始逐渐升高。北京室外 PM$_{2.5}$最高月份出现在 2 月份，这可能是由于春节期间燃放爆竹和出行所致。

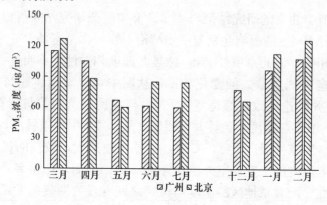

图 4.4-3 北京与广州室外 PM$_{2.5}$质量浓度月分布

I/O 比可以反映室外对室内的影响程度，I/O 越大表示室外对室内的影响越大。图 4.4-4 为广州与北京室实测期间 I/O 比分布情况。从结果可以看出，北京与广州实测期间 I/O 比都不是定值，其波动范围都集中在 0～1。广州门窗的 I/O 比趋势高于北京。北京门窗实测 I/O 比主要集中在 0.4～0.6 之间，而广州 I/O 比主要集中在 0.6～0.9 之间。

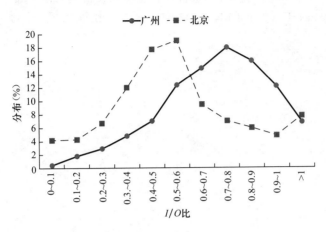

图 4.4-4　北京与广州室内外 I/O 值分布概率图

参考文献

[1]　Chithra V S，Nagendra S M S. Indoor air quality investigations in a naturally ventilated school building located close to an urban roadway in Chennai，India [J]. BUILDING AND ENVIRONMENT，2012，54：159-167.

[2]　Branis M，Rezacova P，Domasova M. The effect of outdoor air and indoor human activity on mass concentrations of PM10，PM2.5，and PM1 in a classroom [J]. ENVIRONMENTAL RESEARCH，2005，99（2）：143-149.

[3]　Monn C，Braendli O，Schaeppi G，et al. PARTICULATE MATTER LESS-THAN-10 MU-M [PM（10）] AND TOTAL SUSPENDED PARTICULATES（TSP）IN URBAN，RURAL AND ALPINE AIR IN SWITZERLAND [J]. ATMOSPHERIC ENVIRONMENT，1995，29（19）：2565-2573.

[4]　Fromme H，Twardella D，Dietrich S，et al. Particulate matter in the indoor air of classrooms - exploratory results from Munich and surrounding area [J]. ATMOSPHERIC ENVIRONMENT，2007，41（4）：854-866.

[5]　Heidt F D，Werner H. MICROCOMPUTER-AIDED MEASUREMENT OF AIR CHANGE RATES [J]. ENERGY AND BUILDINGS，1986，9（4）：313-320.

[6]　Saliba N A，Atallah M，Al-Kadamany G. Levels and indoor-outdoor relationships of PM10 and soluble inorganic ions in Beirut，Lebanon [J]. ATMOSPHERIC RESEARCH，2009，92（1）：131-137.

[7]　Persily A K，Grot R A. AIR INFILTRATION AND BUILDING TIGHTNESS MEASUREMENTS

IN PASSIVE SOLAR RESIDENCES [J]. JOURNAL OF SOLAR ENERGY ENGINEERING-TRANSACTIONS OF THE ASME，1984，106（2）：193-197.

[8]　Gao J，Fang Y，Jiang C，et al. Relationship between Indoor and Outdoor Particulate Matter Concentrations in a Residential Building in Winter of Shanghai [J]. Tumu Jianzhu Yu Huanjing Gong Cheng/journal of Civil，Architectural & Environmental Engineering，2014，36（2）：110-114.

[9]　Bennett D H，Koutrakis P. Determining the infiltration of outdoor particles in the indoor environment using a dynamic model [J]. JOURNAL OF AEROSOL SCIENCE，2006，37（6）：766-785.

第5章 建筑外窗的缝隙通风特征与评价

室外PM$PM_{2.5}$可以通过建筑围护结构渗透进入室内，影响渗透过程的主要因素有房间通风换气次数a（以下简称为换气次数）、围护结构缝隙中颗粒物穿透系数P、室内颗粒物沉降系数k等。当室内无内扰动因素及污染源时，由室外环境条件和建筑围护结构（如外窗、墙体等）特性决定的换气次数和对室外颗粒物阻隔能力成为影响室内空气品质的最重要因素。关闭建筑外窗是目前阻挡$PM_{2.5}$侵入室内的重要被动控制措施，阻隔性能的优劣直接受门窗气密性等级的影响。然而在室外$PM_{2.5}$通过缝隙进入室内的过程中，建筑外窗结构型式、隙缝内表面的粗糙程度以及缝隙的结构特征对$PM_{2.5}$产生的过滤与拦截作用（通常用穿透系数表征）影响不同。

在我国现行建筑节能政策和法规中关键的一条是要求采用密封性能好的建筑外窗（门），特别是北方地区更是要求严格。北京地区新建节能建筑已开始大量采用密闭性比较好的平开窗，现有建筑采用比较多的仍然是密闭性相对较差的推拉窗。本章将重点介绍安装不同气密性建筑外窗的办公建筑房间内$PM_{2.5}$质量浓度水平以及粒径分布特性的实时监测结果，重点比较分析建筑外窗关闭且无室内源条件下，室外$PM_{2.5}$在渗入建筑外窗缝隙过程中的穿透特性及其在传输过程中的沉降特性，并给出了建筑外窗缝隙通风条件下，建筑围护结构缝隙两侧压差ΔP（以下简称为压差）、换气次数a与建筑外窗缝隙结构特征、室外风速、室外空气相对湿度的关联式。

5.1 常见建筑外窗的结构及开启形式

建筑外窗是建筑围护结构中的重要组成部分，窗户的开启形式与结构设计主要考虑使用的方便性和外观效果，并且不同结构特性外窗对房间的热湿性与洁净性密切相关。按照开启方式通常分为平开窗、推拉窗、悬窗、固定窗与复合型外窗等，不同结构及开启形式建筑外窗的可开启面积分列于表5.1-1，本节将简要介绍这几种外窗的特点。

几种常见的建筑外窗可开启面积 表 5.1-1

外窗种类	平开窗	推拉窗	上悬窗	下悬窗	固定窗
可开启面积	90%	45%	75%	45%	0%

1. 平开窗

平开窗为窗扇通过安装在侧面的合页与窗框相连的窗户，其构造简单，开启灵活，制作维修方便，是民用建筑中使用最广泛的窗。常见形式为内平开与外平开，外平开窗是传统开启方式,这种开启方式不占室内空间;内平开窗相比外平开窗更安全、方便清洁,如图 5.1-1 所示。平开窗的优点为具有较好的密封与隔音性能,缺点为开启时占用空间,特别是对于建筑楼层较高的房间使用外开平开窗时有窗扇掉落砸伤路人的危险。

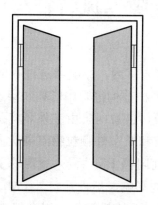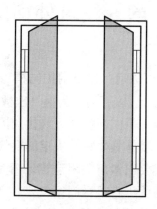

图 5.1-1　平开窗结构示意图(左:外开;右:内开)

2. 推拉窗

推拉窗为窗扇可以沿水平方向左右推拉的建筑外窗,窗扇上装有滑轮,可以在窗框上的轨道上滑行。推拉窗分上下、左右推拉两种,开启时有不占据室内空间的优点,如图 5.1-2 所示。窗扇采用滑轨式开启,操作灵活,整体结构受力状态好、不易损坏,窗体无论在开关状态下均不占用额外的空间。由于推拉窗窗框和窗扇之间间隙难以消除,生产过程中一般加设了密封毛条,但在使用过程中,密封毛条发生磨损,以致空气对流随使用时间逐渐加大,保温隔热性能变差,同时室内空气品质也易受室外影响。

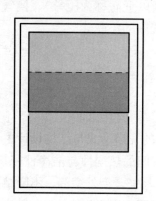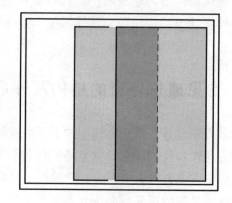

图 5.1-2　推拉窗结构示意图(左:上下推拉;右:左右推拉)

3. 悬窗

悬窗种类较多,主要分为上悬窗、中悬窗和下悬窗及立转窗,如图 5.1-3 所示。上悬窗一般向外开防雨好,多采用作外门和窗上的亮子(俗称腰头窗)。下悬窗向内开,通风较好,不防雨,一般用于内门上的亮子。中悬窗开启时窗扇上部向内,下部向外,对挡雨、通风有利。由于悬窗的结构特殊,因此购置所需的五金材料价格较高,通常使用在公共建筑及高档民用建筑中。

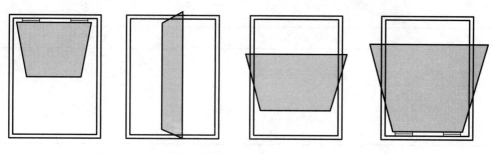

图 5.1-3　悬窗结构示意图（从左至右：下、立、中、上悬窗）

4. 固定窗

固定窗是指固定的、不可以打开的，窗四周经过密封处理的外窗。这种窗很难形成空气的对流，因而具有较好的气密性与水密性。它与平开窗相似，主要热损失为外窗自身的热传导和辐射热传导损失的热量，结构如图 5.1-4 所示。因其具有良好的水密性和气密性，通常用于餐厅大堂、医疗手术、机房等功能建筑中。

除以上几种外窗，一些复合型外窗也不断被开发，以满足不同建筑、不同使用需求和建筑节能的需求。如倾开平开窗，其开启形式为通过五金联动装置实现内倾开，内平开两种功能。折叠窗适合于较大面积的房间，窗户开合时沿轨道滑行，等等。

除此之外，建筑外窗的尺度主要取决于房间的采用通风、构造做法和建筑造型等要求，并要符合现行《建筑模数协调统一标准》GBJ 50002—2013 的规定。一般地，为使窗坚固耐久，平开木窗的窗扇高度通常设置为 800～1200mm，宽度不宜大于 500mm；上下悬窗的窗扇高度为 300～600mm，中悬窗窗扇高不宜大于 1200mm，宽度不宜大于 1000mm；推拉窗高宽均不宜大于 1500mm。

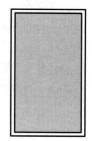

图 5.1-4　固定窗结构示意图

5.2　建筑外窗气密性及相关规范

建筑外窗气密性是指外门窗在正常关闭状态时，阻止空气渗透的能力。我国现行的国家标准《建筑外门窗气密、水密、抗风压性能分级及检测方法》GB/T 7106—2008，对建筑外门窗的气密、水密、抗风压性能分级、检测方法等给出了相应的标准。该标准将建筑外门窗气密性能按 8 级分级，如表 5.2-1 所示。其中，q_1 和 q_2 分别为标准大气压状态下，压差 ΔP 为 10Pa 时的单位开启缝长空气渗透量 q_1 和单位面积空气渗透量 q_2。由表可见，分级级别越高，建筑外门窗气密性能越好。

建筑外门窗气密性能分级　　　　　　　　　　　　　　　　　表 5.2-1

等级	$q_1/[\mathrm{m^3 \cdot (m \cdot h)^{-1}}]$	$q_2/[\mathrm{m^3 \cdot (m^2 \cdot h)^{-1}}]$
1	$4.0 \geqslant q_1 > 3.5$	$12.0 \geqslant q_2 > 10.5$
2	$3.5 \geqslant q_1 > 3.0$	$10.5 \geqslant q_2 > 9.0$

续表

等级	$q_1/[\text{m}^3 \cdot (\text{m} \cdot \text{h})^{-1}]$	$q_2/[\text{m}^3 \cdot (\text{m}^2 \cdot \text{h})^{-1}]$
3	$3.0 \geqslant q_1 > 2.5$	$9.0 \geqslant q_2 > 7.5$
4	$2.5 \geqslant q_1 > 2.0$	$7.5 \geqslant q_2 > 6.0$
5	$2.0 \geqslant q_1 > 1.5$	$6.0 \geqslant q_2 > 4.5$
6	$1.5 \geqslant q_1 > 1.0$	$4.5 \geqslant q_2 > 3.0$
7	$1.0 \geqslant q_1 > 0.5$	$3.0 \geqslant q_2 > 1.5$
8	$q_1 \leqslant 0.5$	$q_2 \leqslant 1.5$

5.3 不同气密性建筑外窗缝隙渗透特征对比

5.3.1 建筑外窗构造概况

本章以北京地区选取的2栋及广州地区选取的1栋办公建筑作为实测对象，并对其实测结果进行对比分析。其中，北京两监测点简称为实测点1和实测点2。关于北京实测点2及广州实测点概况已在本书4.1.1节中进行了介绍。实测点2同实测点1相同，也为临街办公建筑，实测房间无人，无集中空调通风系统，实测期间建筑外窗关闭。两实测房间的地理位置如图5.3-1a，平面位置如图5.3-1b。此外，实测点1建筑外窗为上悬外开窗，实测点2建筑外窗为内开平开窗；实测点1建筑外窗的缝高为0.05mm、总缝深为60mm、总缝长为4.1m、缝隙直角个数1个，气密性等级为6级；实测点2建筑外窗的缝高为0.08mm、总缝深为30mm、总缝长为3.7m、缝隙直角个数1个，气密性等级为4级；广州实测点建筑外窗结构与北京实测点2相同，气密性等级为4级。外窗缝隙高度由日本Super-tech生产的厚薄规测得（测量范围：0.01～1mm；间隔：0.01mm，共19片；精度：±0.002mm）。两建筑外窗均采用了橡胶密封条，其他实测条件如表5.3-1。

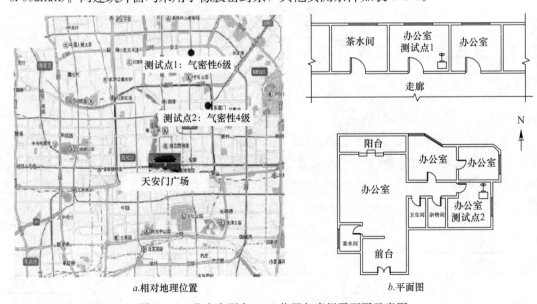

a.相对地理位置　　　　　　　　　　b.平面图

图5.3-1 北京实测点1、2位置与房间平面图示意图

			实测点基本情况			表 5.3-1
编号	房间面积	所处楼层	窗户类型	窗户尺寸（m×m）	窗户个数	外窗气密性等级
北京-1	24m²	16	上悬窗	0.8×1.25	1	6
北京-2	20m²	11	平开窗	0.7×1.15	1	4
广州	10m²	11	平开窗	0.28×1.16	1	4

5.3.2 大气颗粒物粒径分布特性

1. 室外颗粒物粒径分布频率

表 5.3-2 为实测期间室外大气尘粒径平均分布频率。由表 5.3-2 看出，大气尘中粒径<1μm 的粒子数占整体 90% 以上，且 0.3~0.5μm、0.5~0.7μm 与 0.7~1.0μm 粒径下颗粒物分布较为平均，各占总粒径分布的 30% 左右。粒径>1μm 的颗粒物粒子数不足 10%，但这部分颗粒物约占总悬浮颗粒物质量的 98%[1-3]。

	北京地区室外颗粒物粒径分布（>0.3μm）	表 5.3-2
颗粒物粒径（μm）	分布频率（%）	标准差（%）
0.3~0.5	33.8	7.8
0.5~0.7	27.8	2.8
0.7~1.0	31.4	6.1
1.0~2.0	5.3	2.9
2.0~5.0	1.3	0.5
>5.0	0.4	0.3

图 5.3-2 为大气尘粒径分布频率随 $PM_{2.5}$ 质量浓度变化的实测结果。由图可见，大气尘中粒径<1μm 的粒子数占整体 90% 以上，且 0.3~0.5μm、0.5~0.7μm 与 0.7~1.0μm 粒径下颗粒物分布较为平均，各占总粒径分布的 30% 左右。三种典型空气质量条件下空气中粒径>1.0μm 的颗粒物相对频率不足 10%；粒径<1.0μm 的 $PM_{2.5}$，其粒径分布随空气质量条件而变化：室外空气环境质量为优时（0~35μg/m³），颗粒物粒径分布频率随粒径增大而逐级减小，0.3~0.5μm 粒径段粒子数占总粒子比例较高，约 47.6%。当室外空气环境为中、重度污染时（115~250μg/m³），各粒径段分布规律与优良天气相似，所不同的是各粒径段所占比例的差距减小了，并且 0.5~0.7μm 到 0.7~1μm 区间内颗粒物所占比例大致相等，分别为 28.2% 与 27.7%；当室外空气环境为严重污染时（>250μg/m³），各粒径段粒子分布规律发生了逆转，即呈现出逐级增大趋势，0.7~1μm 粒径段粒子数所占比例显著上升，平均值为 48.4%，0.3~0.5μm 粒径段粒子数所占比例明显降低，平均值为 17.5%。综合三种典型空气质量天气的颗粒物分布规律，颗粒物粒径在 0.5~0.7μm 与 1.0μm 以上时各区间分布较为稳定，而随着室外 $PM_{2.5}$ 质量浓度的不断升高，大气尘中粒子 0.7~1.0μm 区间数量随之增大。

2. 室内外 $PM_{2.5}$ 数浓度比较

图 5.3-3 反映了北京实测点 1 建筑外窗对不同粒径室外 $PM_{2.5}$ 阻隔特性。由图可见，建筑外窗对粒径范围为 0.3~0.5μm 的颗粒物的阻隔作用几乎没有，这是因为这

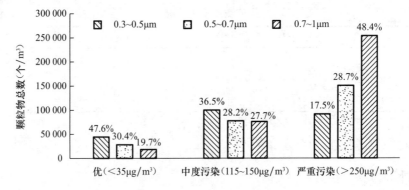

图 5.3-2　室外大气尘粒径分布

个粒径范围的细颗粒物的重力沉降和布朗扩散作用非常有限；对粒径范围为 $0.5\sim$
$0.7\mu m$ 的颗粒物阻隔作用逐渐增强，阻隔效率为 10% 左右，说明随着细颗粒物粒径增
大其重力沉降作用也在随之增大；同理，对 $0.7\sim1.0\mu m$ 粒径范围颗粒物的阻隔效率
接近 50%，对 $1.0\sim2.0\mu m$ 粒径范围颗粒物的阻隔效率达到 70%，而对 $>2\mu m$ 的颗粒
物的阻隔效率更是高达 90%。由此也说明大气环境雾霾污染严重时，通过建筑外窗缝
隙通风渗入室内的颗粒物主要是 $1.0\mu m$ 以下粒径的细颗粒物，建筑外窗对粒径 $>$
$1.0\mu m$ 的细颗粒物具有不同程度的阻隔作用。

　　由于北京实测点 2 建筑外窗的气密性低于北京实测点 1 的，相应的建筑外窗对
$PM_{2.5}$ 的阻隔作用也弱一些，相对于较低气密性等级的实测点 2 建筑外窗，更高气密性
等级的实测点 1 建筑外窗对室外 $PM_{2.5}$ 呈现了较强的阻隔作用，这是因为缝高更窄或
缝深更深，使得颗粒物沉降时间更短或空气通过缝隙所需时间更长，这都造成 $PM_{2.5}$
因重力沉降带来的损失增加。

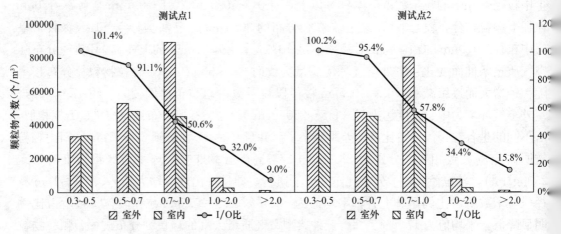

图 5.3-3　北京实测点 1 和 2 室内外颗粒物数浓度分布及其 I/O 比

5.3.3　室内 $PM_{2.5}$ 质量浓度比较

1. 室内 $PM_{2.5}$ 质量浓度变化规律

　　图 5.3-4 为北京实测期间室内 $PM_{2.5}$ 质量浓度小时均值随时间变化规律。首先，北

京地区夏季（7和8月）和秋季（9和10月）室内$PM_{2.5}$质量浓度存在一定差异，进入秋季后、特别是进入10月份，室内$PM_{2.5}$质量浓度有上升趋势，这是由于此期间也是室外$PM_{2.5}$污染逐渐加大时段，而大量研究结果表明室内外$PM_{2.5}$浓度呈强相关性，使得室内污染不断加重。所不同的是，实测点1室内$PM_{2.5}$浓度始终低于实测点2的，实测点1和2室内$PM_{2.5}$平均浓度分别为$34\mu g/m^3$和$45\mu g/m^3$；与中国空气质量标准（24小时日均值$75\mu g/m^3$）比较，实测点1和2室内超标天数分别为10%和16%。

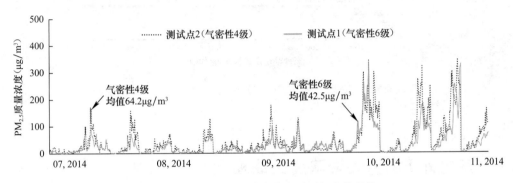

图5.3-4　室内$PM_{2.5}$质量浓度随时间变化规律

2. 室内外$PM_{2.5}$浓度相关性

图5.3-5为北京两实测点室内外$PM_{2.5}$小时均值实测数据线性回归分析结果，可以看出，关闭门窗且无室内源条件下，实测点1和2室内与室外$PM_{2.5}$浓度均呈强相关性，斜率分别为0.4067和0.5505，即在室外$PM_{2.5}$相同污染情况下，实测点1的室外$PM_{2.5}$穿透率平均约为40%，而实测点2的穿透率较实测点1平均高出约15%[4]。

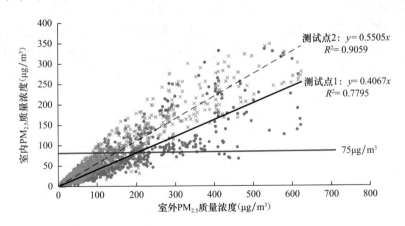

图5.3-5　北京实测点1与实测点2办公建筑室内外$PM_{2.5}$浓度线性回归分析

图5.3-6为北京与广州两实测4级窗户室内外$PM_{2.5}$小时均值实测数据线性回归分析结果，可以看出，在关闭门窗且无室内源条件下，北京与广州两测试点室内与室外$PM_{2.5}$浓度均呈强相关性，斜率分别为0.5505和0.7297，即在室外$PM_{2.5}$相同污染情况下，北京的室外$PM_{2.5}$穿透率平均约为55%，而广州的穿透率较北京平均高出约18%。

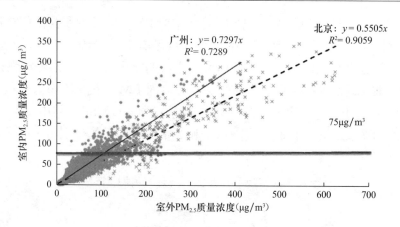

图 5.3-6 北京实测点 2 与广州实测点办公建筑室内外 PM$_{2.5}$ 浓度线性回归分析

5.4 室内外 PM$_{2.5}$ 质量浓度关联模型

5.4.1 影响因素分析

第 4 章通过实测方法初步掌握了办公建筑室内外的 PM$_{2.5}$ 质量浓度水平特征，本节将基于实测数据，采用大数据背景下的数理统计方法建立室内外 PM$_{2.5}$ 质量浓度关联模型。

影响室内外 PM$_{2.5}$ 质量浓度关系的相关因素可以分为：物理因素，包括建筑围护结构和室内污染源；气象因素，包括季节、天气状况等。本章主要以办公建筑室内外 PM$_{2.5}$ 为研究对象，分析室外气象因素（室外风速、室外相对湿度、室外温度）及室内相对湿度和室内温度对室内外 PM$_{2.5}$ 质量浓度的影响作用，本章将实测得到的相关数据进行了双变量相关性统计分析，统计结果如表 5.4-1。

各参数的双变量分析 表 5.4-1

相关参数		室外 PM$_{2.5}$	室内 PM$_{2.5}$	室外温度	室外相对湿度	室外风速	室内相对湿度	室内温度
室外 PM$_{2.5}$	相关性（R）		0.873**	−0.166**	0.485**	−0.314**	0.090**	−0.116**
	显著性（P）		0.000	0.000	0.000	0.000	0.000	0.000
	N		6063	6423	6422	6403	5268	5268
室内 PM$_{2.5}$	相关性（R）	0.873		−0.225**	0.299**	−0.232**	−0.090**	−0.187**
	显著性（P）	0.000		0.000	0.000	0.000	0.000	0.000
	N	6063		5113	5111	5093	4233	4233

注：** 表示在 0.01 水平（双侧）上显著相关。

表 5.4-1 表示了测试期间室内外各参数之间的相关性，室外 PM$_{2.5}$ 质量浓度与室外空气相对湿度呈正相关，相关性系数为 0.485，而与室外风速、空气温度呈负相关，相关性系数分别为 −0.314 和 −0.166，可见最为显著的为空气相对湿度，再者是风

速，空气温度的作用相对较弱。室外 PM$_{2.5}$质量浓度与室外空气相对湿度呈正相关，这是因为室外空气相对湿度将会影响大气颗粒物的含湿程度，大气颗粒物含水越多越有利于其发生液相氧化反应，并促使其在含水颗粒物表面发生非均相反应。总之，相对湿度对大气颗粒物的形成具有一定的促进作用，其主要在二次颗粒物形成过程以及冷凝和碰并引起的增长过程中发挥作用。室外风速对室内外浓度的影响作用在于其对污染物扩散运输有利，大气低层的风向、风速直接影响污染物的传输与扩散过程，通常风速越大越有利于空气中污染物的稀释与扩散；而当大气层长时间处于微风或静风的状态时则不利于污染物的扩散，使近地面层的污染物成倍地增加。虽然大气环境温度是影响二次颗粒物形成的重要因素，但是同一季节温度变化范围较小，颗粒物形成速率相当，颗粒物浓度水平没有较大变化。

室内 PM$_{2.5}$与室外 PM$_{2.5}$之间存在较强相关性，相关系数为 0.873，可见关闭窗户情况下，围护结构缝隙 PM$_{2.5}$渗透作用明显。同时，其与室外风速、相对湿度、温度，还有室内温度存在一定的相关性，原因在于室内 PM$_{2.5}$受室外的影响明显，另一方面室内外温度差形成的热压作用，为室外粒子向室内渗透运动提供动力。

综上所述室内外 PM$_{2.5}$与室外相对湿度、风速呈较强相关性，与室内外温度、室内相对湿度呈较弱相关性。

5.4.2　关联模型建立

根据上述影响因素的分析，影响室内外 PM$_{2.5}$质量浓度 I/O 比的因素主要有建筑外窗缝隙结构特性、室外风速与相对湿度。由于室内外温度、室内相对湿度对室内外 PM$_{2.5}$质量浓度关联性影响过小，因此认为该影响因素可以忽略，得到关系式：

$$I/O = f(a,p,k) = f(缝隙结构特性,U,RH) \tag{5.4-1}$$

当建筑外窗结构特性一定时，将式（5.4-1）写成[5]：

$$I/O_{(i)} = A \cdot \left(\frac{U_i}{\exp ln(U_i)}\right)^B \cdot \left(\frac{RH_i}{\exp ln(RH_i)}\right)^C \tag{5.4-2}$$

式中，$I/O_{(i)}$——室内外 PM$_{2.5}$质量浓度 I/O 比，无量纲；

　　　U_i——室外风速，m/s；

　　　RH_i——室外空气相对湿度，%；

　　　A——建筑外窗缝隙结构特征系数，无量纲；

　　　B——室外风速修正系数，无量纲；

　　　C——室外空气相对湿度修正系数，无量纲。

对式（5.4-2）两边取对数得：

$$ln(I/O_{(i)}) = lnA + Bln\left(\frac{U_i}{\exp ln(U_i)}\right) + Cln\left(\frac{RH_i}{\exp ln(RH_i)}\right) \tag{5.4-3}$$

应用数理统计的方法，并将实测对象连续测量数据（时间通常取几个月，包括室内外 PM$_{2.5}$质量浓度、室外风速、室外空气相对湿度）代入式（5.4-3）进行多元线性回归分析，可得到实测对象室内外 PM$_{2.5}$质量浓度 I/O 比关联模型式。本章采用此方法建立北京及广州测试点的关联模型，并将实测结果与模型计算结果进行对比来验证模型准确性。

将北京地区 2013 年 9 月到 2014 年 8 月实测数据代入式（5.4-3）进行多元回归后得到关联模型：

$$I/O_{(i)} = 0.657 \left(\frac{U_i}{\exp \overline{ln(U_i)}} \right)^{0.104} \cdot \left(\frac{RH_i}{\exp \overline{ln(RH_i)}} \right)^{-0.267} \tag{5.4-4}$$

同样的，将广州地区 2014 年 1 月～2 月实测数据代入式（5.4-3）进行多元回归后得到关联模型：

$$I/O_{(i)} = 0.539 \cdot \left(\frac{U_i}{\exp \overline{ln(U_i)}} \right)^{-0.382} \cdot \left(\frac{RH_i}{\exp \overline{ln(RH_i)}} \right)^{-0.769} \tag{5.4-5}$$

式（5.4-4）与式（5.4-5）分别为北京与广州地区的室内外 PM$_{2.5}$ 质量浓度关联特性计算模型，当已知室外 PM$_{2.5}$ 质量浓度、室外风速、空气相对湿度时，应用式（5.4-4）与（5.4-5）即可预测特定建筑外窗条件下的室内 PM$_{2.5}$ 质量浓度水平。

5.4.3　模型验证

为了验证式（5.4-4）关联模型对北京地区 PM$_{2.5}$ 质量浓度预测的有效性，将 2014 年 2 月的室外 PM$_{2.5}$ 质量浓度、室外空气风速、相对湿度实测值代入该式，将得到的对应条件下室内 PM$_{2.5}$ 质量浓度预测值与实测值比较，如图 5.4-1，图中显示模型的预测值与实测值吻合较好，相关性系数为 $R^2 = 0.95$，绝对误差值 $< 50 \mu g/m^3$，相对误差平均值 $< 10\%$，说明关联模型是有效的。

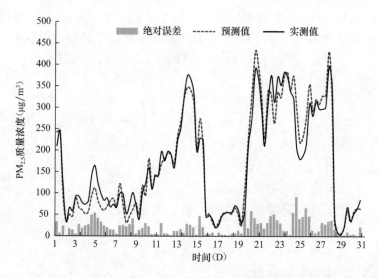

图 5.4-1　北京地区室内 PM$_{2.5}$ 质量浓度实测值与预测值对比（2014 年 2 月）

同样的，为了验证式（5.4-5）关联模型对广州地区 PM$_{2.5}$ 质量浓度预测的有效性，将 2014 年 3 月的室外 PM$_{2.5}$ 质量浓度、室外空气风速、相对湿度实测值代入该式，将得到的对应条件下室内 PM$_{2.5}$ 质量浓度预测值与实测值相比较，如图 5.4-2，图中显示模型的预测值与实测值吻合较好，相关性系数为 $R^2 = 0.94$，绝对误差值 $< 60 \mu g/m^3$，相对误差平均值 $< 15\%$，说明关联模型是有效的。

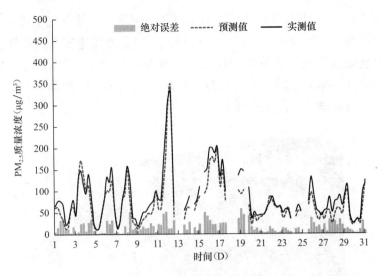

图 5.4-2　广州地区室内 $PM_{2.5}$ 质量浓度实测值与预测值对比（2014 年 3 月）

5.5　建筑外窗缝隙渗透通风特征

5.5.1　建筑外窗缝隙渗透通风换气次数计算模型建立

根据质量守恒定理可建立建筑外窗缝隙通风稳态条件下室内与室外 $PM_{2.5}$ 浓度关系式（5.5-1）[6]：

$$\frac{c_{in}}{c_{out}} = I/O = \frac{aP}{a+k} \tag{5.5-1}$$

联立式（5.4-4）、式（5.5-1）可建立建筑外窗缝隙通风条件下，换气次数 a 与建筑外窗缝隙结构特征、室外风速、室外空气相对湿度的关联式（5.5-2）：

$$\alpha = \frac{k}{\frac{P}{0.657}\left(\frac{exp\ \overline{ln(U_i)}}{U_i}\right)^{0.104} \cdot \left(\frac{exp\ \overline{ln(RH_i)}}{RH_i}\right)^{-0.267} - 1} \tag{5.5-2}$$

式（5.5-2）中已知量为各时段对应室外风速和室外相对湿度实测值，待求量为各对应时段的换气次数 a_i、穿透系数 P 和沉降系数 k，n 个方程、$n+2$ 个未知数，根据本研究团队提出的方法（审稿中）可进行求解。

5.5.2　换气次数推算结果

1. 室外风速和相对湿度综合影响

图 5.5-1 为根据 1.2 节分析方法以及北京监测点 2013 年 9 月到 2014 年 8 月实测数据，得到的实测建筑外窗缝隙通风条件下换气次数 a 随着室外风速及室外相对湿度的变化规律。从图 5.5-1 中可以看出，对应实测建筑外窗缝隙结构条件，建筑外窗缝隙通风

换气次数在 0.1/h～1.0/h 范围内变化；且室外风速越低、室外空气相对湿度较高时，建筑外窗缝隙通风换气次数处于低值，小于 0.18/h；当室外风速较高且室外相对湿度较低时，建筑外窗缝隙通风换气次数处于较高值，约为 0.41/h～1.0/h。吴志勇等[7] 关于气密性等级为 3 级（旧标准）的建筑外窗缝隙通风实测结果（0.12/h～0.43/h）也在一定程度上说明了本研究推算方法的合理性。

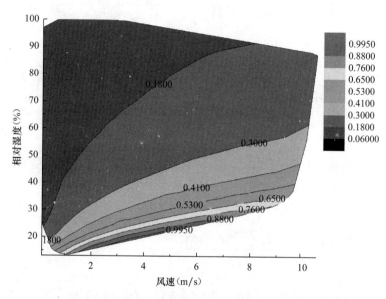

图 5.5-1　换气次数随室外风速及相对湿度的变化

2. 室外风级的影响

同 5.5.2（1）中分析方法，进一步分析了室外风速变化与建筑外窗缝隙渗透通风换气次数的关系。将实测期间得到的室外气象参数根据不同风力等级进行分类汇总，从而得到不同天气状况下室外风速、相对湿度及室外 $PM_{2.5}$ 污染水平变化特征（表 5.5-1），对应的室内 $PM_{2.5}$ 污染水平及建筑外窗缝隙渗透通风换气次数推算结果如图 5.5-2 所示。

北京地区天气类型分类汇总表　　　　　　　　　　　表 5.5-1

	风力等级	天气类型	风速 m/s	湿度%	室外 $PM_{2.5}$ 质量浓度 $\mu g/m^3$	室外污染水平
case1	0	无风	0.12	64.86	255.35	严重污染
case2	1	软风	1.09	64.74	221.48	重度污染
case3	2	轻风	2.32	58.71	192.78	重度污染
case4	3	微风	4.14	48.52	125.10	中度污染
case5	4	和风	6.33	42.10	64.97	良
case6	5	劲风	8.91	40.16	29.41	优

表 5.5-1 和图 5.5-2 结果表明，随着室外风力等级的升高（室外风速逐渐增大，室外相对湿度逐渐降低），室外 $PM_{2.5}$ 质量浓度水平呈下降趋势，室内外 $PM_{2.5}$ 的 I/O 比呈增加趋势，对应的建筑外窗缝隙渗透通风换气次数呈上升趋势。当室外处于无风静

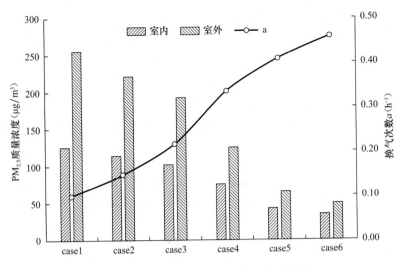

图 5.5-2　室外风速变化对换气次数的影响

稳天气状态（case1）时，建筑外窗缝隙通风换气次数约为 0.1/h，而此时室外 PM$_{2.5}$ 为严重污染程度；当室外处于微风状态时（case3），建筑外窗缝隙通风换气次数约为 0.22/h，此时室外 PM$_{2.5}$ 浓度水平仍为重度污染程度；只有当室外平均风速＞6.33m/s（case5）时，室外 PM$_{2.5}$ 浓度水平达到优良水平，对应建筑外窗缝隙通风换气次数＞0.4/h。

3. 季节变化的影响

图 5.5-3 结果表明，一年中冬季（12～2 月）室外 PM$_{2.5}$ 污染最严重，此间换气次数月平均值为 0.20/h～0.23/h；秋季（9～11 月）室外 PM$_{2.5}$ 污染程度次之，换气次数月平均值为 0.17/h～0.21/h；春季（3～5 月）室外 PM$_{2.5}$ 污染程度第 3，对应换气次数月平均值全年最高、为 0.25/h～0.29/h，这与北京地区春季室外风速较大有密切关系；夏季（6～8 月）室外 PM$_{2.5}$ 浓度最低，换气次数月平均值为 0.20/h～0.24/h。

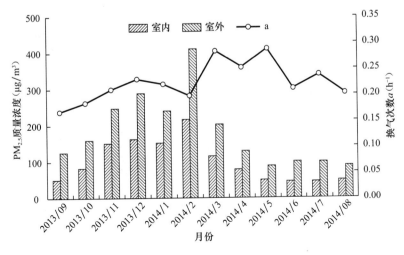

图 5.5-3　室内外 PM$_{2.5}$ 质量浓度及换气次数月变化

参考文献

［1］　环境空气质量标准 GB 3095-2012［S］. 2012.

［2］　Branis M, Rezacova P, Domasova M. The effect of outdoor air and indoor human activity on mass concentrations of PM10, PM2. 5, and PM1 in a classroom［J］. Environmental Research, 2005, 99（2）: 143-149.

［3］　Chithra V S, Nagendra S M S. Indoor air quality investigations in a naturally ventilated school building located close to an urban roadway in Chennai, India［J］. Building and Environment, 2012, 54: 159-167.

［4］　Rim D, Wallace L A, Persily A K. Indoor Ultrafine Particles of Outdoor Origin: Importance of Window Opening Area and Fan Operation Condition［J］. Environmental Science & Technology, 2013, 47（4）: 1922-1929.

［5］　Zhao L, Chen C, Wang P, et al. Influence of atmospheric fine particulate matter （PM2. 5） pollution on indoor environment during winter in Beijing［J］. Building and Environment, 2015, 87: 283-291.

［6］　Chen C, Zhao B. Review of relationship between indoor and outdoor particles: I/O ratio, infiltration factor and penetration factor［J］. Atmospheric Environment, 2011, 45（2）: 275-288.

［7］　吴志勇. 住宅通风效果评价方法［D］. 西安建筑科技大学, 2009.

第6章　PM~2.5~污染控制技术

雾霾天气下，控制室内空气的 $PM_{2.5}$ 浓度水平，减少由于室内 $PM_{2.5}$ 污染对人们造成的影响，已成了空气环境保障系统必须面对的问题。

室外颗粒物可通过通风、空调、人的活动带入室内。对于一般自然通风的房间，颗粒物通过窗户即可进入室内；但对于气密性较好的房间，室外颗粒物则是由建筑物的缝隙渗透进入，或是由机械通风以及人带入室内。相关学者研究证实风速大于 0.45m/s，即使门窗紧闭，颗粒物也能通过建筑物的缝隙进入室内。因此增强门窗的气密性，可以在一定程度上减少室外 $PM_{2.5}$ 对室内环境的影响。$PM_{2.5}$ 围护结构的穿透原理可见本书第三章内容。

通风对营造室内环境有着重要作用，现有的通风方式主要有自然通风和机械通风两种。机械通风是一种定量持续恒定的通风方式，而自然通风是一种不定量间歇反馈的方式，这两种通风方式在营造室内环境上存在很多差异。我们应该看到通风对室内空气质量具有双重性，既可以排除室内污染物，也可能在室外出现严重污染时加重室内污染。因此单纯的通风并不能有效解决室内 $PM_{2.5}$ 污染的控制问题，尤其是近年来我国大气环境 $PM_{2.5}$ 污染问题日益凸显，严重影响了人们日常生活和身体健康，室内通风往往需要结合空气过滤、静电吸附等净化技术，以保证良好的室内空气质量。

在室外大气污染短期内难以根治的情况下，本章从工程应用角度阐述通风、空气过滤、静电吸附等室内 $PM_{2.5}$ 污染控制技术，并给出建筑室内 $PM_{2.5}$ 污染综合控制技术，以期能为相关人员提供一些有益的参考。

6.1　通风

6.1.1　技术原理

通风主要是指通过室内气流组织流动稀释或排除室内污染物，控制空气污染物的传播与危害，实现室内空气质量保障的一种建筑环境控制技术。按照通风动力的不同，通风主要分为自然通风和机械通风。自然通风对 $PM_{2.5}$ 污染控制为被动式控制，当室外雾霾天气下，自然通风反而起到相反的效果，这种情况下单纯的机械通风也会起到相反的效果，但机械通风与空气过滤、静电吸附或其他技术的组合，即可实现建筑室内 $PM_{2.5}$ 污染的主动控制。因此本章不再赘述自然通风，仅就机械通风进行介绍。

机械通风是依靠风机提供的风压、风量，通过管道和送、排风口系统，将室外新鲜空气或经过处理的空气送到人员活动场所；还可以将建筑物内受到污染的空气及时排至室外，或者送至净化装置处理后再予排放的通风方式。

根据作用范围的大小、通风功能的不同，机械通风分为全面通风和局部通风两种形式。全面通风是对整个房间进行通风，用送入室内的新鲜空气把整个房间里面的有害物质浓度稀释到卫生标准的允许浓度以下，同时把室内被污染的污浊空气直接或经过净化处理后排放到室外大气中去。全面通风包括全面送风和全面排风，两者可同时或者单独使用。局部通风是指利用局部气流，使局部地点不受污染，形成良好的空气环境，局部通风包括局部送风和局部排风。常见的机械通风系统模式主要有三种，分别为机械进风和机械排风、机械进风和自然排风、自然进风和机械排风。

1. 机械进风和机械排风

机械进风、机械排风的机械通风模式示意图如图 6.1-1 所示，此种模式下建筑室内进风、排风均通过风机动力设备实现，能根据不同的需要进行调节。该机械通风模式在采用全空气空调系统的公共建筑中应用较多，一般情况下机械送风多通过空调送风系统实现。该机械通风模式同样适用于住宅建筑，但需注意室内可能会有管道穿过，需要局部吊顶等方式加以装饰。

2. 机械进风和自然排风

机械进风、自然排风的机械通风模式示意图如图 6.1-2 所示，此种模式下建筑室内进风通过风机动力设备实现，排风由于室内正压，通过门窗缝隙及专设排风口自然排出。该机械通风模式在采用风机盘管（或多联机）＋新风空调系统的公共建筑中应用较多，尤其是有外窗的空调房间。该机械通风模式同样适用于住宅建筑，但需注意室内可能会有管道穿过，需要局部吊顶等方式加以装饰。

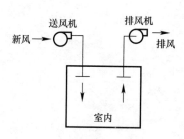

图 6.1-1　机械进风、机械排风
的机械通风模式

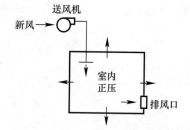

图 6.1-2　机械进风、自然排风
的机械通风模式

3. 自然进风和机械排风

自然进风、机械排风的机械通风模式示意图如图 6.1-3 所示，此种模式下建筑室内进风由于室内负压，通过门窗缝隙及专设进风口进入室内，排风通过风机动力设备实现。该机械通风模式依靠风机提供动力，通过排风管对房间主动排风造成负压，从而引进新风。通风系统相对简单，新风不经过风管直接进入居室，气流组织较为合理。

该系统在欧洲比较常用，也称住宅负压通风系统。

6.1.2 影响因素

机械通风控制室内 $PM_{2.5}$ 污染的效果，主要取决于新风量、换气次数和气流组织形式三个方面。

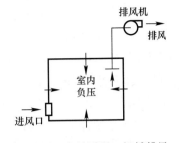

图 6.1-3 自然进风、机械排风的机械通风模式

1. 新风量

新风量是影响室内空气质量的关键设计参数。在室外空气质量优良时，新风量越大，室内 $PM_{2.5}$ 就能得到更多的稀释，对人们的健康就越有利；当室外空气 $PM_{2.5}$ 污染严重时，新风往往成为室内 $PM_{2.5}$ 污染的主要来源，应减小新风量，或对新风进行净化处理。我国国家标准《室内空气质量》GB/T 18883—2002 规定，新风量不应小于 $30m^3/(h·人)$。

2. 换气次数

换气次数是指房间送风量除以房间体积后的比值，单位是次/小时，通俗理解即为每小时房间空气可以置换多少次。换气次数对房间室内空气质量的影响较大，一般而言，在室外空气质量优良时，换气次数越大，室内 $PM_{2.5}$ 就能得到更多的稀释，对人们的健康就越有利；当室外空气 $PM_{2.5}$ 污染严重时，应对通风系统新风、回风进行有效的净化过滤处理，处理后的洁净空气送入室内，此时室内换气次数越大，越有利于室内 $PM_{2.5}$ 污染控制。

3. 气流组织

室内通风目的是在室内形成良好的气流组织以提高室内空气质量，因此室内气流组织十分重要。气流组织设计得好，不仅可以将新鲜空气按质按量地送到人员活动区，还可以及时地将污染物排出，大大提高室内空气质量。就气流组织而言，应将干净的空气直接送至人员活动区域，而对于污染源比较集中的室内环境，易发生阵发性污染的房间如吸烟室、复印室、实验室等，这些区域应采取局部排风有效防止污染源的扩散。

不同的通风形式具有不同的气流组织形式，而 $PM_{2.5}$ 在空气中以气溶胶形式存在，在不同的气流组织中，其运动和分布是不同的，因此需要对不同通风方式房间内的颗粒物分布进行比较，从而客观评价不同通风系统对颗粒物污染的防御能力。

（1）对于置换通风，低于室温的清洁空气以较低的送风速度（0.2～0.5m/s）、较少的扰动送入房间，受到重力作用而下沉、扩散、漫布于地面上，室内空气不断被送入的新鲜空气所置换，并在室内下部区域形成一片单向流动区，该区空气质量比较高。当遇到热源时，空气被加热，密度减小，在由流体内的密度梯度及与密度梯度成正比的体积力的作用下，空气以自然对流的形式向上升腾。此外，上升空气受到下部区域热浊气流的卷吸、后续新风的推动以及排风口的抽吸作用，覆盖在地面上方的新鲜空气缓慢向上移动，并逐渐混合。因此，对于在低频、低速的羽卷流中具有很好跟随性的 $PM_{2.5}$ 来说，室内上部区域的污染物浓度要大于下部区域。此时，颗粒悬浮的高度已经远远高于人员活动的工作区域，不会对下部区域的人员和设备产生较大影响。研究表明，置换通风可使室内工作区得到较高的空气质量。

（2）对于混合通风，其送风速度较大（≥4m/s），在室内形成射流，由于其出口冲量较大，送风气流与室内空气迅速掺混。混合通风时，整个空间具有均匀的温度场和速度场，而且在房间下部，即工作区，没有明显的浓度梯度，仅在房间的上部有小范围的梯度出现。相关人员研究发现，混合通风条件下室内小颗粒（10μm 以下）的浓度要低于置换通风，但是这并不代表混合通风要比置换通风优越，因为混合通风条件下颗粒沉积的比较多，二次悬浮的可能性增加，同时考虑到室内颗粒粒径范围广，而不同粒径颗粒动力学特性不同，因此需要作进一步的分析。

（3）对于地板送风，分层现象不明显，多出现在室内空间的上部。风口从地面送出具有一定速度（1.5～3.0m/s）的空气，在向上流动的过程中，与工作区的空气迅速大量掺混进行热交换，从而增强了工作区空气的混合程度，温度和速度梯度均得以降低。在地板送风条件下，室内低区气流不断上升，并向上夹带室内下部空间的颗粒物，直到排出室外。研究人员通过数值模拟发现地板送风在减少室内人员呼吸区颗粒浓度方面的效果与置换通风相似。通过实验发现，地板送风对减少室内工作区域颗粒物浓度有积极作用。

6.2　滤料过滤技术

空气过滤是让空气经过纤维过滤材料，将空气中的颗粒污染物捕集下来的净化方式。空气过滤不仅可以过滤颗粒污染物而且可以过滤细菌和病毒，这是因为细菌和病毒这类微生物在空气中是不能单独存在的，常在比它们大数倍的尘粒表面发现。因此，过滤灰尘的同时也就过滤掉了大量细菌和病毒。

6.2.1　过滤机理

空气中的尘埃粒子，或随气流作惯性运动，或作无规则运动，或受某种场力的作用而移动。当运动中的粒子撞到障碍物时，粒子与障碍物表面间的引力使它粘在障碍物上。过滤材料应能既有效地拦截尘埃粒子，又不对气流形成过大的阻力。非织造纤维材料和特制的滤纸符合这一要求。杂乱交织的纤维形成对粒子的无数道屏障，纤维间宽阔的空间允许气流顺利通过。

纤维介质过滤理论的研究工作始于 Albrecht（1931）对颗粒物撞击圆柱体的轨道计算，由于 Langmuir（1942）对过滤器中扩散机理的开创性研究，被尊为过滤理论的奠基人。近些年来过滤理论进一步的发展，技术手段的更新和计算机的应用，使得近代的过滤理论所提供的有关的理论数学解析式和半理论公式，已经有可能对纤维过滤器的过滤效率和阻力进行更加准确的定量分析与判断。

为了便于问题的研究，各种理论分析都是从构成滤材的单根纤维的过滤机理着手，运用力学、运动学、分子物理学和借鉴近代传热传质理论，用数学分析方法确定单根纤维的捕集效率，再研究过滤器中许多纤维的相互干涉作用，对单根纤维的捕集效率加以修正，以确定过滤器的捕集或过滤效率。

纤维介质对含尘空气的过滤机理是错综复杂的，是下列效应的综合结果：拦截效应、惯性碰撞、扩散效应、重力效应、静电效应等，在一般情况下，前三项是最基本的因素。

1. 拦截效应

在纤维层内纤维错综复杂地排列形成无数的网格。当某尺寸的微粒沿流线刚好运动到纤维表面附近时，假如从流线到纤维表面的距离等于或小于微粒的半径，微粒就在纤维表面沉积下来，这种作用称为拦截效应，同时筛子效应也是拦截效应的一种，或被单独称为过滤效应。当微粒的尺寸大于纤维的网眼时，微粒就不能穿透纤维层，如图 6.2-1 所示。

2. 惯性碰撞

由于纤维排列复杂，所以气流在纤维层内穿过时，其流线要屡经激烈的拐弯。当微粒质量较大或者速度（可以看成气流的速度）较大，在流线拐弯时，微粒由于惯性来不及跟随流线同时绕过纤维，因而脱离流线向纤维靠近，并碰撞在纤维上而沉积下来，这被称为惯性效应，如图 6.2-2 所示。

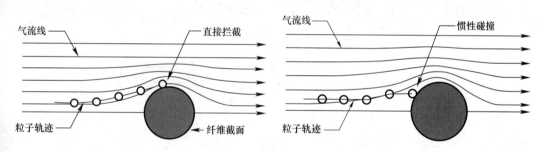

图 6.2-1　拦截效应示意图　　　　　图 6.2-2　惯性碰撞示意图

3. 扩散效应

由于气体分子热运动对微粒的碰撞使微粒产生布朗运动，由于这种布朗运动，那些较小粒子随流体流动的轨迹与流线不一致。粒子的尺寸越小，布朗运动的强度越大，在常温下，0.1μm 的微粒每秒钟扩散距离可达到 17μm，这就使粒子有更大的机会接触并沉积到纤维表面。但直径大于 0.5μm 的粒子布朗运动就会减弱许多，就不能单靠布朗运动使其离开流线而碰撞到纤维的表面，如图 6.2-3 所示。

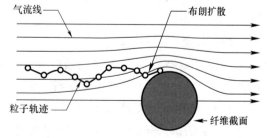

图 6.2-3　布朗扩散示意图

4. 重力效应

微粒通过纤维层时，在重力作用下微粒脱离流线而沉积下来。粒子的粒径越小，重力的作用就越小，一般来说对 0.5μm 以下的微粒重力作用可以忽略不计。

5. 静电效应

由于摩擦，可能使纤维和微粒都可能带上电荷，或者在生产过程中使纤维带电，从而产生吸引微粒的静电效应。但若是摩擦带电，则这种电荷不能长时间存在，电场强度也弱，产生的吸引力很小。

6. 过滤机理的合并

各种过滤机理的综合效应如图 6.2-4 所示，综合过滤效率如图中最上面一条曲线所示。从图中可以看出：小于 0.1μm 的粒子布朗运动剧烈，主要作扩散运动，粒子越小，撞击过滤介质的几率越大，因此过滤效率越高；大于 0.3μm 的粒子主要作惯性运动，粒子越大，效率越高。在惯性和扩散都不显著的 0.1~0.3μm 之间，效率有一处最低点，该粒径大小的粉尘最难过滤，该点粒径称为最易穿透粒径（Most Penetrating Particle Size，MPPS）。

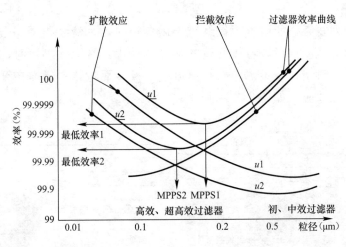

图 6.2-4　过滤机理综合效应

6.2.2　空气过滤器

1. 分类

空气过滤器的分类按过滤器的效率可分为粗效过滤器、中效过滤器、高中效过滤器、亚高效过滤器和高效过滤器。

（1）粗效过滤器

粗效过滤器主要用于空调通风系统的新风过滤。其滤芯的结构形式多采用板式、折叠式、袋式和自动卷绕式等多种形式。所用滤料一般采用易于清洗和更换的金属丝网、粗孔无纺布、泡沫塑料等。粗效过滤器的过滤对象是 5μm 以上的悬浮颗粒和 10μm 以上的沉降颗粒，所以，粗效过滤器的效率以过滤 5μm 为准。净化空调用粗效过滤器严禁选用浸油过滤器。

（2）中效过滤器

对中效过滤器的要求与粗效过滤器基本相同。滤芯的形式与粗效过滤器相当，只是中效过滤器的滤料一般采用中、细孔泡沫塑料，中、细孔无纺布，复合无纺布或玻璃纤维等。此类过滤器主要用于净化空调系统的新风和回风过滤，并作为中高效或高效过滤器的预过滤器，达到延长高效过滤器使用周期的目的。中效过滤器的过滤对象主要是 $1\sim10\mu m$ 的悬浮颗粒，其效率以过滤 $1\mu m$ 为准。

（3）高中效过滤器

高中效过滤器可用作一般净化程度系统的末端过滤器，也可作为保护高效过滤器的中间过滤器。此类过滤器主要用于截留 $1\sim5\mu m$ 的悬浮颗粒，其效率仍以过滤 $1\mu m$ 为准。

（4）亚高效过滤器

亚高效过滤器既可作为洁净室末端过滤器使用，达到一定的空气洁净度级别；也可用作高效过滤器的预过滤器，进一步提高和确保送风的洁净度；还可作为新风的末级过滤，以提高新风品质。亚高效过滤器主要采用玻璃纤维滤纸、棉短纤维滤纸等，过滤对象为 $1\mu m$ 以下亚微米级的微粒，其效率以过滤 $0.5\mu m$ 的微粒为准。

（5）高效过滤器

高效过滤器主要用于洁净室、洁净厂房的终端空气过滤。目前，国产高效过滤器的滤芯材料主要有超细玻璃纤维纸、合成纤维纸和石棉纤维纸等，主要用于过滤 $0.5\mu m$ 的微粒，但其效率以过滤 $0.3\mu m$ 的微粒为准。国产高效过滤器的滤芯结构分为有隔板和无隔板两类。近年来，由于各种无纺布、玻璃纤维等新滤材的不断推新，材质强度大为改善，极大增加了无隔板过滤器的过滤面积，同时降低了滤速和阻力，保证了过滤器具有较高过滤效率和较大的容尘量。

2. 相关标准

国家标准《空气过滤器》GB/T 14295—2008 中把空气过滤器分为粗效、中效、高中效和亚高效四种类型，见表 6.2-1；国家标准《高效空气过滤器》GB 13554—2008 把高效过滤器又分为 A、B、C 三种类型，超高效过滤器分为 D、E、F 三种类型，见表 6.2-2。

国家标准《空气过滤器》GB/T 14295—2008 的过滤器分类 　　　　表 6.2-1

性能指标 / 性能类别	代号	迎面风速/(m/s)	额定风量下的效率 (E)/%		额定风量下的初阻力 (ΔP_i)/Pa	额定风量下的终阻力 (ΔP_f)/Pa
亚高效	YG	1.0	粒径≥0.5μm	$99.9>E\geqslant95$	≤120	240
高中效	GZ	1.5		$95>E\geqslant70$	≤100	200
中效 1	Z1	2.0		$70>E\geqslant60$	≤80	160
中效 2	Z2			$60>E\geqslant40$		
中效 3	Z3			$40>E\geqslant20$		
粗效 1	C1	2.5	粒径≥0.5μm	$E\geqslant50$	≤50	100
粗效 2	C2			$50>E\geqslant20$		
粗效 3	C3		标准人工尘计重效率	$E\geqslant50$		
粗效 4	C4			$50>E\geqslant10$		

注：当效率测量结果同时满足表中两个类别时，按较高类别评定

国家标准《高效空气过滤器》GB 13554—2008 的高效过滤器分类　　　表 6.2-2

类别		额定风量下的钠焰法效率（%）	20%额定风量下的钠焰法效率（%）	额定风量下的初阻力（Pa）
高效过滤器	A	$99.99 \geqslant E \geqslant 99.9$	无要求	≤190
	B	$99.999 \geqslant E \geqslant 99.99$	99.99	≤220
	C	≥99.999	99.999	≤250

类别		额定风量下的计数法效率（%）	额定风量下的初阻力（Pa）
超高效过滤器	D	99.999	≤250
	E	99.9999	≤250
	F	99.99999	≤250

各国对于空气过滤器的效率分类方式和规格不尽相同，我国空气过滤器与国外产品的对比情况见表 6.2-3。

国内一般空气过滤器与国外产品的分类比较　　　表 6.2-3

我国标准	欧商标准 EUROVENT4/9	ASHRAE标准 计重法效率 %	ASHRAE标准 比色法效率 %	美国DOP法 (0.3μm) 效率 %	欧洲标准 EN779	德国标准 DIN24185
粗效过滤器	EU1	<65			G1	A
粗效过滤器	EU2	65~80			G2	B1
粗效过滤器	EU3	80~90			G3	B2
中效过滤器	EU4	≥90			G4	B2
中效过滤器	EU5		40~60		M5	C1
高中效过滤器	EU6		60~80	20~25	M6	C1/C2
高中效过滤器	EU7		80~90	55~60	F7	C2
高中效过滤器	EU8		90~95	65~70	F8	C3
高中效过滤器	EU9		≥95	75~80	F9	—
亚高效过滤器	EU10			>85	H10	Q
亚高效过滤器	EU11			>98	H11	R
高效过滤器 A	EU12			>99.9	H12	R/S
高效过滤器 A	EU13			>99.97	H13	S
高效过滤器 B	EU14			>99.997	H14	S/T
高效过滤器 C	EU15			>99.9997	U15	T
高效过滤器 D	EU16			>99.99997	U16	U
高效过滤器 D	EU17			>99.999997	U17	V

6.2.3　技术性能

评价空气过滤器，最重要的性能评价指标有四项，即面速或滤速（额定风量）、过滤效率、阻力和容尘量。

1. 面速或滤速（额定风量）

面速是指空气过滤器断面上的通过气流的速度，反映了空气过滤器的通过能力和安装面积，面速越大，占地面积越小。因而面速是反映空气过滤器结构特性的重要参数。

滤速是指滤料面积上的通过气流的速度，反映了滤料的通过能力，特别是反映滤料的过滤性能，采用的滤速越低，一般来说将获得较高的过滤效率；而空气过滤器允许的滤速越低，则说明其滤料阻力越大。

在特定的空气过滤器结构条件下，统一反映面速和滤速的是空气过滤器的额定风量，在相同的截面积下，希望允许的额定风量越大越好，而在低于额定风量下运行，过滤效率提高，阻力降低。

对于一般通风用空气过滤器，气流穿过滤材的速度（即滤速）在 $0.13 \sim 1.0 \text{m/s}$ 范围内，对于高效过滤器，气流穿过滤材的速度一般在 $0.01 \sim 0.04 \text{m/s}$ 范围内。高效空气过滤器额定风量条件下的面风速一般为 $0.5 \sim 1.5 \text{m/s}$（无隔板高效空气过滤器面风速值小，有隔板高效空气过滤器面风速值大）。

2. 过滤效率

过滤效率是空气过滤器的重要参数之一，过滤效率是否达标关系到过滤系统能否满足室内洁净度要求，空气过滤器的过滤效率是被捕捉的粉尘量与原空气含尘量的比值，过滤效率一般按下式计算：

$$\eta = 1 - \frac{N_2}{N_1} \tag{6.2-1}$$

式中，η——过滤效率；

N_1——上游空气含尘量（$\mu\text{g/m}^3$ 或粒/m^3）；

N_2——下游空气含尘量（$\mu\text{g/m}^3$ 或粒/m^3）。

根据不同检测方法得出的空气过滤器的效率有很大差异，当我们谈到某一过滤器的效率时，必须指定其测试方法和计算效率的方法，只有这样才能够进行不同过滤器之间的比较。

有时在过滤器性能试验中，被关心的不仅是过滤器捕集到多少微粒，还关注经过过滤器后仍然穿透了多少微粒，所以常常用穿透率来表示：

$$K = (1 - \eta) \times 100\% \tag{6.2-2}$$

在实际的空气过滤系统中，为了达到规定的室内空气洁净度指标，须把不同过滤效率的多个过滤器串联起来使用。若已知各级过滤器的过滤效率，则过滤器的串联效率为：

$$\eta = 1 - (1 - \eta_1)(1 - \eta_2) \cdots (1 - \eta_n) \tag{6.2-3}$$

3. 阻力

纤维使气流绕行，产生微小阻力。无数纤维的阻力之和就是过滤器的阻力。过滤器阻力随气流流量的增加而提高，通过增大过滤材料面积，可以降低穿过滤材的相对风速，以减小过滤器阻力。空气过滤器积灰，阻力增加，当阻力增大到某一规定值时，空气过滤器报废。

对于高效过滤器，过滤器的阻力与风量呈正比关系，例如，一只 $484 \text{mm} \times 484 \text{mm} \times 220 \text{mm}$ 的高效过滤器，在额定风量 $1000 \text{m}^3/\text{h}$ 下的初阻力为 250Pa，如果使用中的实际风量是 $500 \text{m}^3/\text{h}$，它的初阻力可降为 125Pa。对于一般通风用空气过滤器，阻力与

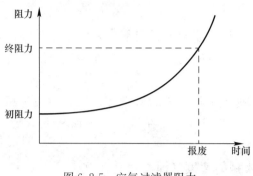

图 6.2-5　空气过滤器阻力

风量不再是线性关系，而是一条上扬的弧线，风量增加 30%，阻力可能会增加 50%。

新空气过滤器的阻力称"初阻力"，对应空气过滤器报废的阻力值称"终阻力"，如图 6.2-5 所示。设计时，常需要一个有代表性的阻力值，以核算系统的设计风量，这一阻力值称"设计阻力"，惯用的方法是取初阻力与终阻力的平均值。终阻力的选择直接关系到过滤器的使用寿命、系统风量变化范围、系统能耗。一般情况下，终阻力的选取是暖通设计人员要考虑的。有经验的工程师可以根据现场情况改变原设计的终阻力值。多数情况下，一般通风过滤器使用现场的终阻力控制在初阻力的 2～4 倍；高效过滤器终阻力是初阻力的 1.5～2 倍。

4. 容尘量

容尘量是指过滤器在额定风量下运行，阻力因积尘增长到终阻力时，在过滤器上积留灰尘的重量。同一过滤器容尘量的多少与所积留灰尘的密度及颗粒分散度有直接的关系。

6.2.4　影响因素

空气过滤技术在建筑室内 PM_{2.5}污染控制中的应用是通过与通风结合体现的，一般以空气过滤器作为过滤设备。影响纤维过滤器性能的因素有很多，主要的有微粒尺寸、微粒形状、过滤速度、填充率、容尘量等。

1. 微粒尺寸

当过滤器过滤多分散的微粒时，由于各种效应的作用，粒径较小的微粒在扩散效应作用下在滤料上沉积。当粒径由小到大时，扩散效应逐渐减弱，拦截/惯性效应逐渐增大，粒径较大的微粒在拦截和惯性效应的作用下在纤维上沉积。所以，与微粒的粒径有关的效率曲线就有一个最低点，此点的总效率最低或穿透效率最大。在大多数情况下，纤维过滤器的最低效率点出现在 $0.1～0.4\mu m$。

2. 微粒形状

在对纤维过滤的实验或进行理论计算时，常常采用球形微粒，由于球形微粒与纤维滤料接触时的接触面积比不规则形状微粒要小，所以实际上不规则形状微粒的沉积概率较大，球形微粒具有较大穿透率。因此，实际过滤效率会略高于试验或计算值。

3. 过滤速度

与最大穿透粒径相同，每种过滤器都有最大穿透速度。随着过滤速度增大扩散效率下降，惯性效率增大，总效率则是先下降随后上升，即存在一个最低效率或者最大穿透率的滤速。此外，随着速度的增加，穿透率的最大值向小粒径方向移动。因此，在设计过滤器时应根据粒径范围和纤维直径选取合理的滤速。

4. 填充率

实验证明，若增大纤维滤料的填充率，则纤维层的密实度随之增大，纤维间的流速加快，惯性效率和拦截效率都会提高，扩散效率下降，总效率提高，但此时阻力的增加比总效率的提高要快得多。所以，一般不宜采用增大填充率来提高过滤效率。

5. 容尘量

随着纤维表面沉积的微粒增多，过滤器的容尘量增加，过滤过程进入第二阶段，即不稳定过程阶段。灰尘在纤维上的沉积好比树枝上的冰晶，被称为树枝晶状模型，过滤效率随着容尘量的增加而增大。

除此之外，气流的温湿度、压力也会影响过滤器的性能。被滤气流温度升高，扩散效率增加，但温度升高会使气体黏性增加，从而使依靠重力效应和惯性效应的大颗粒的沉积效率下降，同时也增大了过滤阻力。被滤气流湿度增加，湿空气使静电效应消失，布朗运动减弱，使微粒容易被后来的气流夹带而继续穿透，因此，微粒的穿透能力提高，过滤效率降低。被滤气流的压力降低，使气流密度减小，空气分子自由行程变大，从而使扩散效应和惯性效应都增加，而对拦截效应影响不大。若压力和温度同时增加，由于压力增加比温度增加对黏性的影响大得多，所以惯性效率下降。

6.3 静电吸附技术

6.3.1 技术原理

静电吸附技术的基本原理是把含颗粒物的空气引入高电压静电场内，通过尖端放电作用使其中的颗粒物带上电荷，带电颗粒在电场中受到电场力的作用，向带相反电性的电极板运动，并集附于其上，从而达到洁净空气的目的。

由于辐射、摩擦等原因，空气含有少量的自由离子，单靠这些自由离子是不可能使含尘空气中的尘粒充分荷电的。净化器内部设置了高压电场，在电场作用下空气中的自由离子将向两极移动，外加电压愈高，电场强度愈大，离子的运动速度愈快。由于离子的运动在极间形成了电流。开始时，空气中的自由离子少，电流较小。当电压升高到一定数值后，电晕极附近离子获得了较高的能量和速度，它们撞击空气中性分子时，中性分子会电离成正、负离子，这种现象称为空气电离。空气电离后，由于连锁反应，在极间运动的离子数大大增加，表现为极间电流（电晕电流）急剧增大。当电晕极周围的空气全部电离后，形成电晕区，此时在电晕极周围可以看见一圈蓝色的光环，这个光环称为电晕放电，如图 6.3-1 所示。

为了保证正常运行，电晕的范围一般应局限在电晕区。电晕区以外的空间称为电晕外区。电晕区内的空气电离之后，正离子很快向负极（电晕极）移动，只有负离子才会进入电晕外区，向阳极运动。含尘空气通过净化器时，由于电晕区的范围很小，只有少量的尘粒在电晕区通过，获得正电荷，沉积在电晕极上。大多数尘粒在电晕外区通过，获得负电荷，最后沉积在阳极板上，因此阳极板称为集尘板。

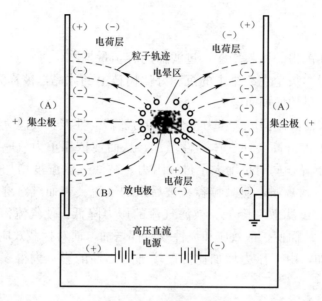

图 6.3-1　静电过滤器工作原理

6.3.2　技术性能

对于静电吸附技术，其主要技术评价指标包括净化效率、阻力、臭氧发生量。

1. 净化效率

静电吸附用于建筑室内 PM₂.₅污染控制时，其性能往往被认为达到中效过滤器、高中效甚至亚高效空气过滤器，这显然是针对净化效率做的比较。

2. 阻力

静电过滤器的阻力很小，一般情况下仅为 $10\sim20$Pa。

3. 臭氧发生量

静电过滤器由于高压电场的存在，在运行过程中会产生臭氧，国家标准《空气过滤器》GB/T 14295—2008 规定在试验环境条件下（温度 20 ± 5℃，相对湿度 $50\%\pm10\%$）静电过滤器在额定风量下，臭氧发生浓度需要低于 0.16mg/m^3（1h 均值）。

在编国家标准《通风系统用空气净化装置》征求意见稿要求"额定风量下空气净化装置臭氧发生浓度应低于 0.1mg/m^3"。

4. 其他要求

国家标准《空气过滤器》GB/T 14295—2008 对静电式过滤器提出了一些基本要求，主要有：

（1）静电空气过滤器单相额定电压不应大于 250V，三相额定电压不应大于 480V，额定频率应为 50Hz 的静电空气过滤器机组；

（2）静电过滤器应设置断电保护，保证在打开机组结构进行维修和维护时，其内部装置自动断电；

（3）静电空气过滤器为公众易触及的器具，其防触电保护应符合国家标准《家用和类似用途电器的安全通用要求》GB 4706.1—2005 规定的 I 类器具的要求，即试验探棒不应触及带电和可能带电的部件。

6.3.3 影响因素

影响静电吸附净化效果的因素中主要有空气参数、颗粒物特征、装置结构、操作条件等。

1. 空气参数。包括空气的温度、湿度、流量和流速；净化效率与两极板间的平均气流速度成反比，增加速度使净化效率降低。

2. 颗粒物特征。包括粒子的形状、大小、密度、电阻率和浓度；粒子带电量与粒子的电阻率有关，一般状况下，仅适合收集 $10^5 \sim 10^{10} \Omega \cdot cm$ 的颗粒物。

3. 装置结构。颗粒物粒子荷电量的大小与电晕放电形式有关，还与集尘极板的长度、面积、两极板间距和供电方式有关。

4. 操作条件。与工作电压等因素有关。

6.3.4 产品设备

静电吸附装置主要由离子化装置、静电集尘装置等部件构成。一般静电吸附装置采用离子化电极和集尘电极分别设置的结构形式，也就是使用两对电极，一对用于颗粒物粒子荷电，另外一对用于捕集分离颗粒物粒子，通常称之为双极静电式空气净化器。

1. 构成

（1）离子化装置

离子化装置的功能是采用正脉冲电晕放电，产生正离子，依靠高压电场，使吸入装置内的悬浮颗粒物粒子迅速而有效地带正电荷。在电晕电场中使颗粒物带正电荷有两种过程：一是靠离子碰撞荷电，也称电场荷电，即在电场中，由于离子吸附于颗粒物而使颗粒物粒子荷电；二是扩散荷电，即在电场中靠离子的浓度梯度产生的扩散作用而把电荷加在颗粒物粒子上。一般对大于 $0.5 \mu m$ 的颗粒物粒子，电场荷电起主要作用，而小于 $0.2 \mu m$ 则是扩散荷电起主要作用。

电晕放电的离子化装置的电极结构，有下述几种类型：

1）同轴型电极

在圆筒的中心位置拉一根金属导线作为电晕极的电极线，金属导线和圆筒组成同轴型电晕放电结构的一对电极，圆筒接地，金属导线连接电源的阳极，加正脉冲电后发生电晕放电产生正离子。结构如图 6.3-2a 所示。金属导线直径≤0.2mm 为宜。金属导线细，产生臭氧少，但是太细强度又不够，易出现短线现象。

2）线面型电极

在两极板的中心位置拉一根金属导线作为电晕极的电极线，金属导线和极板组成线面型离子化电极，如图 6.3-2b 所示。

3）线柱型电极

在两金属圆柱或圆筒电极的中心位置，拉一根金属导线，组成线柱型离子化电极，金属导线连接电源的阳极，圆柱接地，如图 6.3-2c 所示。金属导线与圆柱的直径之比大约 1：300 为宜。

4）点面型电极

一根金属导线的尖端与电极板相对应并保持一定距离，组成点面型电晕放电离子化装置。金属导线连接电源的阳极，极板接地，如图 6.3-2d 所示。

5）针状型电极

在一根金属杆或金属板上，固定一排针状金属丝作为电晕放电的电晕极（阳极），安装在两极板的中心位置，针尖分别对着极板，如图 6.3-2e 所示。需克服电晕放电电极断线的现象。

6）锯齿型电极

将一块金属板制作成为锯齿状，作为电晕放电的阳极，安装在两极板的中心位置，锯齿对着两极板，极板接地，如图 6.3-2f 所示。

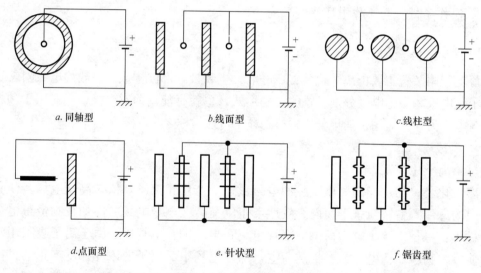

a. 同轴型　　　　　b. 线面型　　　　　c. 线柱型

d. 点面型　　　　　e. 针状型　　　　　f. 锯齿型

图 6.3-2　离子化电极结构

（2）静电集尘装置

静电集尘装置多采用同轴型集尘器、平板型集尘器和带状集尘器。集尘器为自成一体的独立单元，容易拆卸，便于洗涤，如图 6.3-3 所示。一般 1 到 2 周需要拆卸下来洗涤一次。

1）同轴型集尘器

在圆筒的中心位置拉一根导线，金属导线和圆筒组成对电极，圆筒接地作为收集板，如图 6.3-3a 所示。为了增加空气净化器的净化能力，往往将多个同轴型集尘器并列组合在一起，按蜂窝状结构组合。

2）平板型集尘器

将两个两极板组合在一起，接地极板作为收集极，如图 6.3-3b 所示。

3）带状集尘器

将两条带状组成一对电极，如图 6.3-3c、d 所示的卷绕形状或折叠形状。

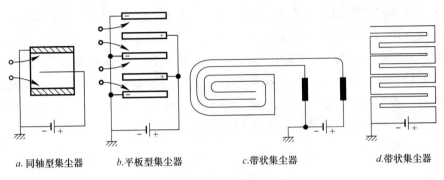

a.同轴型集尘器　　b.平板型集尘器　　c.带状集尘器　　d.带状集尘器

图 6.3-3　静电集尘装置

2. 特点

静电吸附技术去除空气中的颗粒物效率很高，除尘效率可高达 90% 以上，能够捕集小至 $0.01\sim0.1\mu m$ 左右的微粒，在除尘的同时还能够杀菌。但是需要高压电源，集尘量小，一般 1 到 2 周需将集尘装置清洗一次。与传统空气过滤器相比，静电吸附装置具有效率稳定、阻力低的显著特点，对比分析详见表 6.3-1。

静电吸附装置与空气过滤器性能对比　　　　　　表 6.3-1

	静电过滤器	空气过滤器	优点
效率	可达 98%（比色法）	常用 85%～95%（平均比色法）	静电过滤器可替代粗中效两级纤维过滤器
	运行时效率基本保持不变	初始效率很低，效率在运行中逐渐接近平均效率	运行中静电过滤器效率稳定，使系统始终处于最高效率的保护下；而纤维过滤器在开始阶段效率不高，系统得不到应有的保护
阻力	阻力小且基本保持稳定的范围内；可以反复清洗	一般只能一次性使用；在使用过程中，阻力会不断增大直至堵塞	运行中静电过滤器阻力稳定，对于系统阻力的影响很小，而且清洗之后阻力会回到初始值；纤维过滤器在使用过程中阻力会不断增大直至废弃
面风速	额定：3.05m/s 范围：1.5～4.1m/s	额定：2.5m/s 范围：0.6～3.7m/s	同样断面尺寸，静电过滤器实际风量可更大
寿命	可永久重复使用	第一级板式一般 2 个月清洗一次，寿命 1 年；或扔掉。第二级袋式寿命 6 个月	静电过滤器明显节约大量运行费用

6.4　组合控制技术

6.4.1　技术原理

　　前面 3 节介绍了室内颗粒物常用的一些工程控制技术,需要注意的是这些控制技术往往不是以单一形式进行应用的,因单一控制技术往往具有一定局限性,如通风在室外污染严重时反而起到加重室内污染的作用,空气过滤、静电吸附等技术不能单独存在,要么和通风同时使用,要么和单独的风机设备组合成带动力的空气净化器。常用的空气净化器也往往是由多种空气净化技术组合而成的,如空气过滤器和静电组合,空气过滤器和负离子组合,等等,多种技术的组合举不胜举,各家空气净化器、空气净化消毒装置的组合模式各异。

　　以集中空调系统为例对组合控制技术进行说明,图 6.4-1 给出了空调净化系统工作原理图。室外新风通过粗效过滤器、高压静电除尘、活性炭过滤后经新风送风机送到空气处理机组内与回风混合,混合后经高压静电除尘、活性炭过滤、紫外线杀菌净化处理后经送风机加压送风,送风在离开空气处理机组前再经过空气过滤器过滤后送入室内,可实现建筑室内颗粒物及其复合污染(如微生物、异味等)的有效控制。可以看出该案例是通风、空气过滤、紫外线杀菌、活性炭除味、高压静电除尘等一系列组合性的处理。

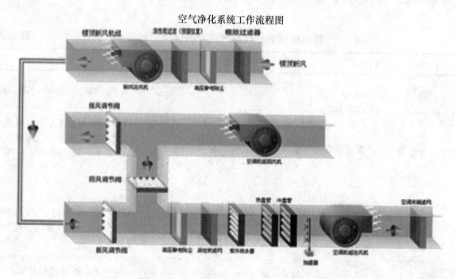

图 6.4-1　空调净化系统工作原理图

6.4.2　系统方法

　　针对污染源的有效控制问题,在建筑结构和机电系统设计以及运维管理方面可采取措施，形成一整套对室内 $PM_{2.5}$ 污染及其复合污染有效控制的解决方案，详见表6.4-1。

室内 $PM_{2.5}$ 污染及其复合污染的主要来源和系统控制方案　　　表6.4-1

序号	室内 $PM_{2.5}$ 污染及其复合污染的主要来源	室内 $PM_{2.5}$ 污染及其复合污染的系统控制方案
1	吸烟	设独立封闭吸烟室，空气置换设单独排风；吸烟室内气流组织控制微负压，办公室气流组织控制微正压；通过封闭隔离避免二手烟扩散污染
2	烹调产生的油烟、异味	光解氧化油烟为 CO_2 和 H_2O，高空直排屋面室外；厨房操作间空气置换设单独排风；操作间内气流组织控制微负压，办公室气流组织控制微正压；通过封闭隔离避免烟气、异味扩散污染
3	燃料不完全燃烧	厨房操作间空气置换设单独排风；操作间内气流组织控制微负压，办公室气流组织控制微正压；通过封闭隔离避免燃烧产物扩散污染
4	动物毛皮屑、尘螨、细菌病毒、体味	室内空气循环进行高压静电除尘过滤、紫外线杀菌、活性炭吸附祛味；采用中央密闭吸尘，避免室内因手移动吸尘器粉尘排放产生二次颗粒物污染
5	人的代谢产物	卫生间空气置换设单独排风；卫生间室内气流组织控制微负压，办公室气流组织控制微正压；地下室卫生间污水单独密闭泵送提升至室外化粪池，中间不开口；通过封闭隔离避免异味扩散污染
6	日用品和化妆品	室内空气循环进行活性炭吸附祛味；室内摆放绿色植物净化；去除挥发性异味
7	人为活动导致已沉降的颗粒物再悬浮	采用中央密闭吸尘，强力负压吸尘，增加吸尘频次，尽量减少地毯簇绒中的藏污纳垢；室内空气循环高压静电除尘；综合避免扬尘二次污染
8	二次颗粒物	采用中央密闭吸尘，禁用移动吸尘器；室内空气循环高压静电除尘；避免排气粉尘二次污染
9	建筑及装饰装修材料	选用绿色建材；室内空气循环进行活性炭吸附祛味；摆放绿色植物净化；必要时加大新风比例置换稀释室内被污染的空气，去除有害挥发物，降低室内空气中的有害挥发物浓度
10	停车库汽车尾气	用 CO 浓度检测值自动监控地下车库通风系统的启停，用新风将被汽车尾气污染的空气稀释并逐步置换出室外；地下室车库气流组织负压设计，楼层消防通道门常闭，通过封闭隔离避免车库被污染的空气因烟筒效应向办公区扩散
11	室外空气污染（大气污染物通过引入新风和开窗通风进入室内，污染室内空气）	尽量少开启外窗或封闭外幕墙；在对循环回风、新风混合进行高压静电除尘过滤、紫外线杀菌、活性炭吸附祛味（有效过滤面积上的截面风速≤3m/s）的同时，再在屋面新风入口处增加一道高压静电除尘过滤设备（有效过滤面积上的截面风速≤2.5m/s），对新风预净化处理，以滤除室外空气中的大部分 $PM_{2.5}$ 颗粒污染物

6.4.3　核心设备

1. 新风换气机组

新风换气机组是一种新型的通风排气设备，与其他空气净化设备不同，属于开放式的循环系统，可以为室内提供新鲜的经过过滤的室外空气。

新风换气机组是空气热回收装置，按空气热交换器的种类可分为板式、板翅式、转轮式、热管式等，按回收热量的性质分为显热回收器与全热回收器。目前市场上的新风换气机组一般指板翅式的空气显热回收装置。转轮式全热回收装置也有产品，但由于价格较高，应用还较少。

新风换气机组主要由热交换系统、动力系统、过滤系统、控制系统、降噪系统及箱体组成。新风换气机组具有双向换气、过滤处理、高效节能、应用简便、安全可靠等特点，能够在保证室内空气质量的同时，使室内的冷热负荷（温度）基本不受新风的影响。

为了解决传统新风换气机存在的问题，针对室内 PM$_{2.5}$ 污染的控制，新型"洁净新风机组"采用粗中效过滤＋静电除尘＋高效过滤的三级净化方式，以及转轮式热交换器进行排风热回收。它既可以作洁净新风机使用，也可附加盘管作空调使用，还可配备加湿器调节湿度。

新风从新风口进入机组内部，经过粗效过滤器，截留空气中的大微粒及各种异物，防止其进入系统；经过粗效过滤的空气经过转轮式空气热交换器与排风混合，回收排风的能量，防止室内的冷热负荷波动较大；当空气经过静电过滤器时，颗粒物会在高压静电场的作用下带上电荷，在电场中受到电场力的作用而附着于集尘板上，并且静电还有除菌杀菌的作用，有效防止微生物进入室内；高效过滤器可以进一步去除空气中的 PM$_{2.5}$，提高新风的空气质量。在过渡季节，可开启新风旁通阀，在保证新风供应的同时，有效降低机组阻力。其工作原理如图 6.4-2 所示。

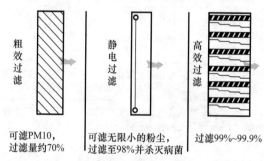

a.三级过滤器组合示意

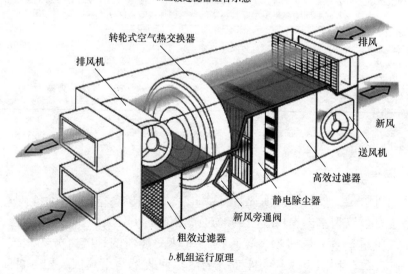

b.机组运行原理

图 6.4-2　洁净型热回收新风机组原理图

机组通过智能自动化控制，实现自动调频保证风压恒定，同时可根据 CO$_2$ 浓度调节风量保证室内氧气充分。

2. 空气净化器

空气净化器（又称空气清洁器、空气清新机），是指能够吸附、分解或转化各种空气污染物，有效提高空气清洁度的产品。目前以清除室内空气污染的家用和商用空气净化器为主。

空气净化器主要构成有机箱外壳、风道设计、过滤网、电机、电源、液晶显示屏等，如图6.4-3所示。决定寿命的是电机，决定净化效能的是过滤网，决定是否安静的是风道设计、机箱外壳、过滤网、电机。空气净化器中有多种不同的技术和介质，使它能够向用户提供清洁和安全的空气。常用的空气净化技术详见第六章相关内容。

空气净化器的性能评价主要包括两个方面：净化器自身性能的评价和实际运行中的效果评价。对于专业领域的人士来说，主要关注点在于产品自身的性

活性碳

静电除尘器

遮挡网

二氧化碳
传感器

图6.4-3 空气净化器透视图

能，而对于一般消费者来说，他们更在乎的是购买的净化器产品所带来的实际效果。表6.4-2列出了常用的空气净化器性能评价指标。

常用空气净化器性能评价指标　　　　　　　　　　表6.4-2

评价指标定义描述		
产品自身性能评价		
一次通过效率 ε	$\varepsilon = \dfrac{C_{in} - C_{out}}{C_{in}}$	反映空气通过净化器后，降低某一种空气污染物的相对比例
洁净空气量 CADR	$CADR = G\varepsilon$	反映空气净化器去除某一种空气污染物后，所能提供的不含该空气污染物的空气量
净化效能 η	$\eta = \dfrac{CADR}{W}$	反映空气净化器单位功耗所产生的洁净空气量
实际应用中的效果评价		
洁净有效度 ε_eff	$\varepsilon_{rff} = \dfrac{C_{ref} - C_{ctrl}}{C_{ref}}$	反映空气净化器对房间内污染物浓度降低的贡献，处于0和1之间，当等于1时表示空气净化器把室内污染物浓度降为0，到达理想性能；当等于0时表示采用空气净化器对室内污染状况没有任何改善

注：表中 C_{in} 为空气净化器进口处污染物平均浓度；C_{out} 为出口处平均浓度；G 为空气净化器的风量，m^3/h；W 为空气净化器运行时所消耗的功率，W；C_{ref} 为不使用空气净化器时，室内污染物浓度；C_{ctrl} 为使用空气净化器后，室内污染物浓度。

我国现行的空气净化器的标准主要针对的是 $0.3\mu m$ 以上的细颗粒物。目前 $PM_{2.5}$ 污染问题日益严重，人们对空气净化器的要求越来越高，合理选择空气净化器才能有效改善室内空气品质。

空气净化器是利用风机使空气循环流动，污染的空气通过滤网过滤形成洁净空气，

最终通过风扇送出，达到清洁、净化空气的目的。需要注意的是，空气净化器内的净化装置一般分为多层（或多道），即由不同净化技术复合而成，或由同种技术多道部件组合而成，每种净化技术或每层净化部件能够净化不同的污染源。因此，选购空气净化器需要了解净化技术和洁净空气量（CADR）是否满足净化空间的需求。

（1）根据家庭的适用面积

不同洁净空气量（CADR）的空气净化器适用面积不同，如果房间较大，应选择单位时间净化风量较大的空气净化器。

（2）根据净化功能

购买空气净化器一般有以下几种考虑：去除室内装修气味、去除 PM₂.₅、微生物等。部分地区的用户可能还会有加湿的需求。

去除有害气体：可选择含活性炭滤网或光触媒滤网的净化器，搭配负离子滤网或 HEPA 滤网可有效过滤各种有害气体，适用于新装修急待除甲醛的房屋。

去除 PM₂.₅：可选择过滤效果相对较好的高中效、亚高效滤网，甚至 HEPA 滤网，对去除 PM₂.₅有显著效果，但应注意及时更换。

去除微生物：可选光触媒滤网、臭氧滤网，与其他滤网相比，它们可净化微生物，但两者都有不同程度的缺陷。同时如果要彻底净化病原，还需要搭配高中效、亚高效滤网，甚至 HEPA 滤网。

第7章 PM$_{2.5}$污染控制解决方案

第6章对建筑室内细颗粒物污染控制常用技术措施进行了介绍，本章提出一整套 PM$_{2.5}$污染控制设计方法，以解决 PM$_{2.5}$污染控制设计方法的欠缺。

在 PM$_{2.5}$污染控制设计时，需要确定 PM$_{2.5}$室内外设计浓度。对于 PM$_{2.5}$室外设计浓度，国内外还没有统一的确定方法，本章提出了基于"不保证天数"的 PM$_{2.5}$室外设计浓度确定方法。对于 PM$_{2.5}$室内设计浓度，由于还没有室内的国家标准，因此参照室外相关标准来确定 PM$_{2.5}$室内设计浓度。

PM$_{2.5}$污染控制设计计算方法方面，国内外还没有一整套系统的计算方法，本章提出一整套系统的 PM$_{2.5}$污染控制设计计算方法，且给出了集中式、半集中式、分散式系统的 PM$_{2.5}$污染控制设计计算方法。

在空气过滤器选择方面，国内外过滤器标准规定过滤器效率主要是计数效率，而 PM$_{2.5}$控制采用的是计重效率，本章通过实测给出了部分过滤器的计重效率、计数效率以及两者之间的关系，为空气过滤器选型提供基础数据。

室外环境 PM2.5 的污染程度具有波动性和随机性的特点，为在系统设计中充分考虑室外环境 PM$_{2.5}$污染的特点（即室外环境发生 PM$_{2.5}$污染时及室外环境 PM2.5 浓度低于室内 PM2.5 设计浓度时）并兼顾通风空调系统的节能运行，本章提出了相应的解决方案。

7.1 PM$_{2.5}$室外设计浓度确定

7.1.1 PM$_{2.5}$室外设计浓度的确定方法

在进行 PM$_{2.5}$污染控制设计时，应确定 PM$_{2.5}$室外设计浓度，但目前该浓度的确定没有统一的标准或方法，也缺乏相关设计指南，这是 PM$_{2.5}$污染控制设计中需要解决的问题。目前针对 PM$_{2.5}$的空气过滤器设计选型的报道多为研究性文章，给出的 PM$_{2.5}$室外计算浓度均为试算值，如选择最不利工况对空气过滤器进行效率计算和选型。由于室外 PM$_{2.5}$浓度大小具有随机性，一般根据当地气象资料选择年均值、日均值以及经验值作为室外设计参数，但均具有一定的不足。

从空气质量指数及 PM$_{2.5}$浓度情况可知，我国不同城市的空气质量相差较大，不同城市的空气过滤器选用方案不能"一刀切"式的统一标准，也就是说，不可以将 PM2.5 污染程度较高地区的空气过滤器选用方案不经改变而直接用到 PM2.5 污染程度较低的地区，这会导致"选型大"，既不经济还可能会增加风机能耗；反之会导致"选型小"，使室内 PM₂.₅ 浓度达不到要求，室内空气品质得不到保证。这就要求要有一套适宜的空气过滤器设计选型方案，而其前提条件就是要确定 PM₂.₅ 室外设计浓度。

若选择 PM₂.₅ 年平均浓度作为室外设计浓度，即当室外 PM₂.₅ 浓度小于年均浓度时，可保证室内 PM₂.₅ 浓度满足设计要求，反之便无法满足设计要求。将一个日历年中室外 PM₂.₅ 浓度满足设计要求的总天数定义为"保证天数"，保证天数占一个日历年总天数的百分比定义为"保证率"。图 7.1-1 为按照 2014 年 PM₂.₅ 年均值设计时的保证天数与保证率，保证天数最高的是哈尔滨和西安，均为 243 天，保证率为67%。保证天数最低的是西宁，为 206 天，保证率为 56%，其次是广州和杭州，保证天数分别为 207 天和 208 天，平均保证率为 57%。可见，若严格按照 PM₂.₅ 年平均浓度作为室外设计浓度，2014 年室外 PM₂.₅ 浓度最高保证天数为 243 天，不满足设计要求的天数在 122～159 天之间，即全年三分之一以上天数的室内 PM₂.₅ 浓度不满足设计要求。

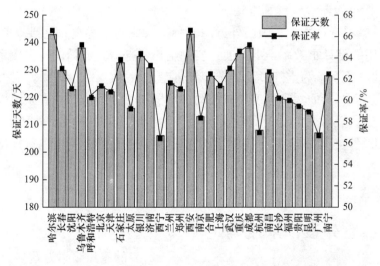

图 7.1-1　以 PM₂.₅年平均浓度作为室外设计浓度时的保证天数与保证率

全年的 PM₂.₅ 日均值波动范围大，若以此为依据选型，还是无法合理确定室外PM₂.₅设计浓度。若以较高浓度值甚至最大值作为设计浓度，虽然全年大部分时间均可以满足设计要求，但出现高浓度和最大值的天数毕竟较少，即存在"选型大"的问题。若以经验值作为室外 PM₂.₅ 的设计浓度，不仅需要设计者具有丰富的过滤器设计选型和实践经验，还需有大量本地 PM₂.₅ 浓度数据，这对设计来说具有较大难度。

7.1.2　基于"保证率"的确定方法[1]

室内 PM₂.₅ 污染控制设计与建筑结构设计不同。建筑结构设计的要求是保证建筑结构的安全，而一般民用建筑室内 PM₂.₅ 污染控制设计的目的与供热空调系统设计类似，是为了提供良好的室内空气品质，如果在短时间偏离设计要求，并不会造成太大的影响。因此，选择某一保证率下的室外 PM$_{2.5}$ 浓度作为室外设计浓度，既可以保证全年所需天数内室内 PM$_{2.5}$ 浓度满足要求，又可避免按年均值计算而保证率低、按日均值或经验值而带来的"选型大"或"选型小"的问题。

基于保证率的 PM$_{2.5}$ 室外设计浓度确定方法的一般计算步骤为：

首先，确定浓度分组及各分组上限，按式（7.1-1）和式（7.1-2）计算。

$$C_n = \frac{C_{max} - C_{min}}{n} \approx C \tag{7.1-1}$$

$$C_i = i \times C \tag{7.1-2}$$

式中，C_n——每个分组区间的组距；

C_{max}——统计时间内 PM$_{2.5}$ 的极大浓度值，$\mu g/m^3$；

C_{min}——统计时间内 PM$_{2.5}$ 的极小浓度值，$\mu g/m^3$；

n——分组数量，一般取 5～8 为宜；

C——大于且临近 C_n 的整数值，目的是便于统计计算；

C_i——第 i 个分组的上限值，$1 \leq i \leq n$。为简化表示形式，第 i 分组可标记为 "$\sim C_i$"，表示第 i 组中的数值范围为 $>C_{i-1}$ 且 $\leq C_i$。

其次，统计各分组区间的频数，即 PM$_{2.5}$ 浓度出现在各分组区间内的天数，并计算其频率，按式（7.1-3）计算。

$$f_i = \frac{N_i}{\sum_{1}^{n} N_i} \times 100 \tag{7.1-3}$$

式中，f_i——第 i 组的频率，%；

N_i——第 i 组的频数。

再次，按由小到大的分组顺序计算各分组区间对应的累积频率，即第 i 组对应的累积频率为前 i 组频率之和，计算式见式（7.1-4）。

$$F_i = \sum_{1}^{i} f_i \tag{7.1-4}$$

式中，F_i——第 i 组对应的累积频率，%，第 n 组对应的累积频率为 $F_n = 100\%$。

最后，以累积频率 F_i 为横轴、分组上限 C_i 为纵轴画出累积频率曲线图，并根据需要调整横、纵坐标轴数据间隔。累积频率即为保证率，使用时，某一保证率对应的 PM$_{2.5}$ 浓度即为该保证率下的 PM$_{2.5}$ 室外设计浓度。

以北京为例对上述计算过程进行说明，由于可用数据少，仅以 2014 年的数据为例。经统计，北京 2014 年最大和最小 PM$_{2.5}$ 浓度分别为 $393\mu g/m^3$ 和 $5\mu g/m^3$，取 n=8。按照式（7.1-1）计算 $C_n = 48.5$；按照取大于且临近 C_n 的整数值的原则，取 $C=50$。根据式（7.1-2）确定 8 个分组中每个分组的上限值，分别为 50、100、150、200、250、300、350、400。根据式（7.1-3）统计各浓度区间的频数，根据式（7.1-4）计算累积频率，结果见表 7.1-1。根据累积频率绘制的保证率曲线见图 7.1-2 所示。由图 7.1-2 可知，若要求室内 PM$_{2.5}$ 的设计保证率为 95%，则 PM$_{2.5}$ 室外设计浓度取值约为 $240\mu g/m^3$。

各分组区间的累积频率结果　　　　　　　　　　表 7.1-1

分组(i)	分组区间($\sim C_i$)	频数(N_i)	频率(f_i)/%	累积频率(F_i)/%
1	～50	133	36.44	36.44
2	～100	119	32.60	69.04
3	～150	65	17.81	86.85
4	～200	20	5.48	92.33
5	～250	13	3.56	95.89
6	～300	9	2.47	98.36
7	～350	3	0.82	99.18
8	～400	3	0.82	100.00

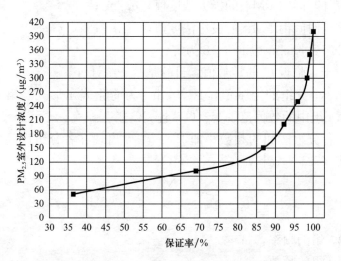

图 7.1-2　北京市 PM$_{2.5}$保证率曲线

7.1.3　基于"不保证天数"的确定方法

　　保证率的确定，与建筑类型、使用功能及甲方的观念和要求有关，这又增加了过滤器设计选型的不确定性。虽然利用"保证率"方法则可根据不同的保证率要求快速查得 PM$_{2.5}$室外设计浓度，避免了每次过滤器设计选型前均进行保证率计算的重复工作，但对于暖通设计者来说，更习惯使用"不保证天数"进行设计选型。因此，取"不保证天数"分别为 5、10、15、20 天所对应的室外 PM$_{2.5}$浓度作为 PM$_{2.5}$室外设计浓度，结果见表 7.1-2。

基于"不保证天数"的 PM$_{2.5}$室外设计浓度值　　　　　　表 7.1-2

城市	PM$_{2.5}$室外设计浓度/($\mu g/m^3$)			
	不保证 5 天	不保证 10 天	不保证 15 天	不保证 20 天
北京	316	269	259	221
上海	152	142	132	120
广州	122	109	101	93
石家庄	465	379	345	323

城市	PM$_{2.5}$室外设计浓度/($\mu g/m^3$)			
	不保证5天	不保证10天	不保证15天	不保证20天
长春	258	228	164	149
沈阳	208	177	171	162
哈尔滨	367	292	258	182
重庆	173	159	152	146
济南	280	201	188	176
呼和浩特	178	117	105	101
太原	209	180	163	155
郑州	231	203	195	184
长沙	259	215	188	172
昆明	76	70	65	62
兰州	156	121	116	112
合肥	266	203	183	162
武汉	268	234	221	185
西安	272	242	204	198
成都	283	212	185	177
西宁	135	112	105	103
南昌	147	123	120	111
贵阳	120	112	102	100
乌鲁木齐	243	201	190	152
银川	121	117	106	101
南宁	153	137	128	120
天津	274	233	202	195
杭州	193	126	112	108
南京	217	189	158	148
福州	92	71	65	61

7.2 PM$_{2.5}$室内设计浓度

目前我国尚未有统一的室内PM$_{2.5}$浓度限值要求,国家标准《室内空气质量标准》GB/T 18883—2002[2]仅规定了可吸入颗粒物(PM$_{10}$)的日平均值为150$\mu g/m^3$。我国现行行业标准《建筑通风效果测试与评价标准》JGJ/T 309—2013[3]规定,室内PM$_{2.5}$日平均浓度宜小于75$\mu g/m^3$。

国家标准《环境空气质量标准》GB 3095—2012[4]规定的环境空气中PM$_{2.5}$浓度限值为:一级标准24h平均值为35$\mu g/m^3$,二级标准24h平均值为75$\mu g/m^3$。由于人们在室内停留的时间更长,对室内PM$_{2.5}$的标准不应该低于室外标准,因此PM$_{2.5}$室内设计浓度可参考环境PM$_{2.5}$浓度限值要求,即要求较高场所PM$_{2.5}$室内设计浓度为35$\mu g/m^3$,一般场所为75$\mu g/m^3$。

7.3　PM$_{2.5}$污染控制设计计算方法

7.3.1　PM$_{2.5}$污染控制设计计算方法的提出

PM$_{2.5}$污染控制设计计算方法方面，国内外还没有一整套系统的计算方法。现提出系统的 PM$_{2.5}$ 污染控制设计计算方法。PM$_{2.5}$污染控制设计计算方法采取更易理解的质量平衡方程：建筑室内 PM$_{2.5}$ 负荷（PM$_{2.5}$获得量）等于空气处理设备的 PM$_{2.5}$ 去除能力。将建筑 PM$_{2.5}$控制计算分成建筑室内 PM$_{2.5}$ 负荷计算与空气处理设备的处理能力计算两部分，使 PM$_{2.5}$污染控制设计计算方法与室内温度控制设计方法类似，使设计人员更容易理解，从而大大简化了计算方法。现在常规舒适型空调系统设计主要控制室内室内温度、湿度，空调设计方法已经完善，PM$_{2.5}$污染控制设计计算，只需在原有空调设计完成的基础上进行，根据已经确定的空调系统形式，计算出空气处理设备的过滤效率，再根据过滤效率进行空气过滤器的配置。

7.3.2　PM$_{2.5}$污染控制设计计算方法的理论推导

采用基本的质量平衡方程式：

$$Q = D \tag{7.3-1}$$

式中，Q——PM$_{2.5}$总负荷，即单位时间内室内的 PM$_{2.5}$获得量，$\mu g/s$；

D——空气处理设备 PM$_{2.5}$ 的总去除能力，即空气处理设备单位时间内去除 PM$_{2.5}$的量，$\mu g/s$。

PM$_{2.5}$总负荷由三部分产生，分别是渗透风、新风、室内污染源。M$_{2.5}$总负荷（Q）为新风负荷（Q_w）、渗透负荷（Q_p）、室内污染源负荷（Q_n）之和。

$$Q = Q_w + Q_p + Q_n \tag{7.3-2}$$

式中，Q_w——PM$_{2.5}$新风负荷，$\mu g/s$；

Q_p——PM$_{2.5}$渗透负荷，$\mu g/s$；

Q_n——PM$_{2.5}$室内污染源负荷，$\mu g/s$。

对于室内污染源负荷 Q_n 的确定，由于不同功能建筑室内各类活动的类型、强度、频率等不尽相同，国内外很多学者进行了室内污染源的散发速率的相关研究，各方面研究结果的统计见表 1.1-1。需要注意的是在计算室内 PM$_{2.5}$污染源负荷时，需要综合考虑各类室内污染源 PM$_{2.5}$的散发速率，同时考虑各污染源的同时发生系数，不能进行简单的累加计算，应根据不同功能建筑室内可能的实际活动情况进行计算。

由建筑 PM$_{2.5}$质量平衡方程图 7.3-1，根据式（7.3-1）可以得出下列方程式：

$$G_W(C_W - C_n) + G_P \cdot (G_W \cdot P - C_n) + Q_n = \sum_{i=1}^{t}((C_{i,1} - C_{i,2}) \cdot G_i) \tag{7.3-3}$$

式中，G_W——新风量，m^3/s；

C_W——PM$_{2.5}$室外设计浓度，$\mu g/m^3$；

C_n——PM$_{2.5}$室内设计浓度，$\mu g/m^3$；

G_P——渗透风量，m^3/s；

P——穿透系数，定义为随渗风进入室内的颗粒物的比例。

$C_{i,1}$——每台空气处理设备的PM$_{2.5}$进风浓度，$\mu g/m^3$；

$C_{i,2}$——每台空气处理设备的PM$_{2.5}$出风浓度，$\mu g/m^3$；

G_i——每台空气处理设备的处理风量，m^3/s。

从式（7.3-3）得出新风负荷计算式：

$$Q_W = G_W(G_W - G_n) \tag{7.3-4}$$

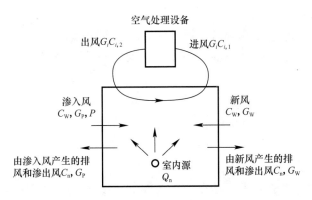

图 7.3-1　建筑 PM$_{2.5}$ 质量平衡方程图

PM$_{2.5}$新风负荷是指随空调新风系统带入室内的室外 PM$_{2.5}$ 污染负荷。PM$_{2.5}$新风负荷计算有一个误区，只考虑 PM$_{2.5}$新风的进入，而没考虑 PM$_{2.5}$进入新风室内后的排出，这样计算是不正确的。考虑到 PM$_{2.5}$新风的排出，PM$_{2.5}$新风负荷计算按式（7.3-4）进行计算。

对于 PM$_{2.5}$新风负荷的计算中 C_W、C_n 是已知的。PM$_{2.5}$污染控制设计计算，是在原有空调设计完成的基础上进行的，G_W 也是已知的。

从式（7.3-3）得出渗透负荷计算式：

$$Q_P = G_P \cdot (G_W \cdot P - C_n) \tag{7.3-5}$$

空气渗透受风压、热压、新风量和排风量之间差值等影响，空气渗透包括空气透过围护结构实体材料的渗透和门窗缝隙的渗透两部分。现代建筑围护结构实体材料的气密性越来越严，渗透途径主要为通过门窗缝隙的渗透。门窗缝隙渗透 PM$_{2.5}$对室内PM$_{2.5}$浓度的影响，国内学者做了大量的理论研究，详见本书第 5 章相关内容。

渗透负荷计算有一个误区，只考虑风的渗入，而没考虑渗出，这样计算是不正确的。PM$_{2.5}$渗透负荷应根据式（7.3-5）进行计算。

式（7.3-5）中 C_W、C_n是已知的，需要确定穿透系数 P 和渗透风量 G_P。

根据国内外相关文献[5-9]，当粒径大于 $0.05\mu m$ 并小于 $2.5\mu m$ 时，穿透系数在 $0.6 \sim 1.0$ 之间。当粒径较大时，穿透系数由于重力沉降作用加剧了其在缝隙内的沉降而减小；当粒径较小时，布朗扩散的影响，穿透系数较小。对于同一粒径而言，穿透系数也会受到室内外压差、相对湿度、门窗气密性、缝隙、条件等的影响。

渗透风量的计算方法一种是缝隙法，一种是换气次数法。渗透风量 G_p 与室内外压差、门窗的气密性等有关，房间的新风量等于排风量时，可参照《实用供热空调设计手册》[10]采用缝隙法按式（7.3-6）计算渗透风量 G_P，但具体系数还有待于进一步完善。

$$G_P = n \cdot V/3600 \qquad (7.3\text{-}6)$$

式中，n——每小时换气次数，h^{-1}，根据测试结果，在窗气密性等级为 6 级，换气次数取 0.1～0.2，在窗气密性等级为 4 级，换气次数取 0.3～0.4，详细计算参照本书5.4节；

V——房间容积，m^3。

需要注意的是，舒适性空调通常设计时，常常新风量大于排风量，即便这样，建筑也很难保持正压，而室外风压瞬时还是比较高的，所以也不能完全忽略渗透风，但渗透风量会有所减小。

当排风量大于新风量时量时，渗透风量 G_P 除了考虑由风压、相对湿度、门窗的气密性等引起的渗透风量外，还要考虑补充排风的渗透风量，可用式（7.3-7）进行计算：

$$G_P = n \cdot V/3600 + (G_n - G_W) \qquad (7.3\text{-}7)$$

式中，G_n——排风量，m^3/s。

由于不同的空调系统形式，存在一个房间需要多个空气处理设备的情况，因而：

$$D = \sum_{i=1}^{t} D_i \qquad (7.3\text{-}8)$$

式中，D_i——每台空气处理设备 PM$_{2.5}$的去除能力，μg/s；

t——空气处理设备台数。

对于一个房间有一台以上的空气处理机组时，需将房间 PM$_{2.5}$总负荷 Q 分配到每台空气处理机组上，如果每台空气处理机组采用相同 PM$_{2.5}$过滤器组合、过滤器相同的过滤效率，可以按风量的比例进行负荷：

$$D_i = \frac{G_i}{\sum_{i=1}^{t} G_i} D \qquad (7.3\text{-}9)$$

每台空气处理设备的 PM$_{2.5}$总过滤效率计算式：

$$D_i = (C_{i,1} - C_{i,2}) \cdot G_i = \frac{(C_{i,1} - C_{i,2}) \cdot G_i}{G_{i,1}} C_{i,1} = C_{i,1} \cdot \eta_{m,i} \cdot C_i \qquad (7.3\text{-}10)$$

$$\eta_{m,i} = \frac{D_i}{C_{i,1} \cdot G_i} \qquad (7.3\text{-}11)$$

式中，$\eta_{m,i}$——每台空气处理设备的 PM$_{2.5}$总过滤效率。

每台空气处理设备的进风由 2 路风混合（见图 7.3-2）的进风浓度计算：

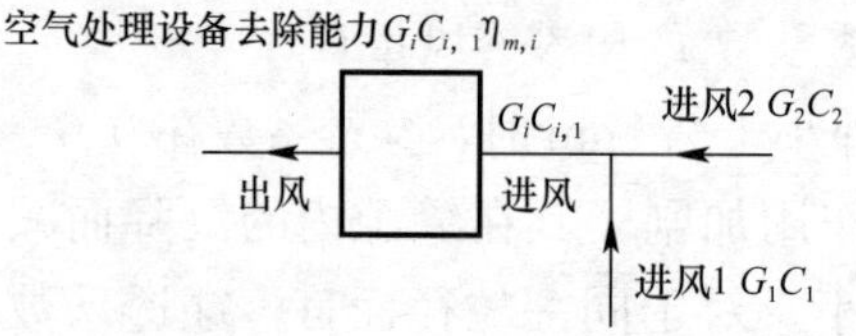

根据风量平衡：

$$G_i = G_1 + G_2 \qquad (7.3\text{-}12)$$

式中，G_1——进风 1 路的风量，m^3/s；

G_2——进风 2 路的风量，m^3/s。

空气处理设备去除能力G_iC_i, $\eta_{m,i}$

$G_iC_{i,1}$　进风2 G_2C_2

出风　进风

进风1 G_1C_1

图 7.3-2　空气处理设备混风平衡方程图

根据 PM$_{2.5}$质量平衡：

$$C_{i,1}G_i = C_1 \cdot G_1 + C_2 \cdot G_2 \qquad (7.3\text{-}13)$$

式中，$C_{i,1}$——每台空气处理设备的PM$_{2.5}$进风浓度，$\mu g/m^3$；

G_1——进风 1 路的量，m^3/s；

G_2——进风 2 路的量，m^3/s；

C_1——进风 1 路的PM$_{2.5}$浓度，$\mu g/m^3$；

C_2——进风 2 路的PM$_{2.5}$浓度，$\mu g/m^3$。

式（7.3-12）代入（7.3-13）得：

$$C_{i,1} = \frac{C_1 \cdot G_1 + C_2 \cdot G_2}{G_1 + G_2} \qquad (7.3\text{-}14)$$

以图 7.3-3 所示的对于多个空气过滤器串联下，每台空气处理设备 PM$_{2.5}$ 的总过滤效率 $\eta_{m,i}$ 的计算式为：

$$\eta_{m,i} = 1 - (1-\eta_1)(1-\eta_2)\cdots(1-\eta_n)$$

$$(7.3\text{-}15)$$

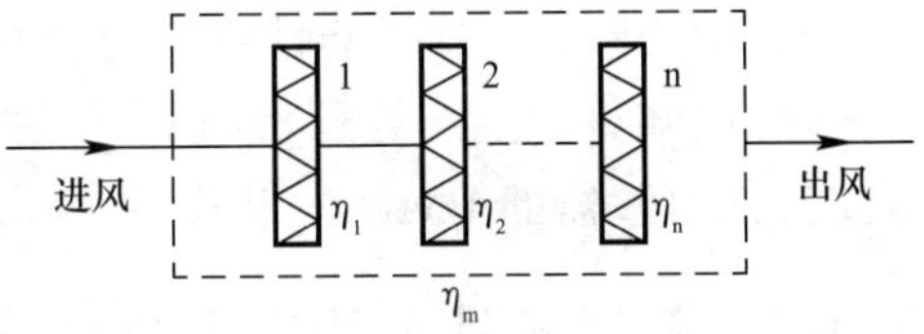

图 7.3-3 空气过滤器串联设置示意图

式中，η_n——第 n 道空气过滤器 PM$_{2.5}$过滤效率，%，n＝1，2……

7.4 PM$_{2.5}$污染控制设计计算方法在典型空气处理系统中的应用

PM$_{2.5}$空气处理系统分为集中式系统、半集中式系统、分散式系统。为了便于建筑PM$_{2.5}$空气处理计算，将集中式系统又分为新风预处理的集中式系统和新风未预处理的集中式系统。

7.4.1 新风未预处理的集中式系统

新风未预处理的集中式系统原理如图 7.4-1 所示，该系统新风没有经过处理，直接与回风混合进入空气处理机组。

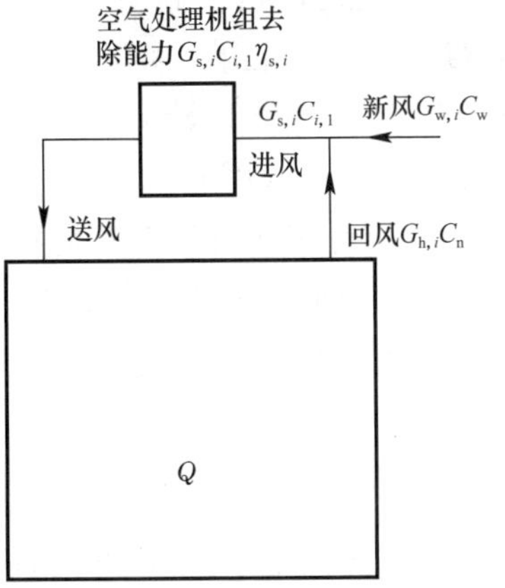

图 7.4-1 新风未预处理的集中式系统原理示意图

新风未预处理的集中式系统计算方法步骤：

1. 按照通常的空调热、湿负荷设计方法进行设计，计算出以下参数：空气处理设备台数 t，每台空气处理设备新风量 $G_{w,i}$，每台空气处理机组送风量 $G_{s,i}$。

2. 根据表 7.1-2 确定 PM$_{2.5}$室外设计浓度 C_w，根据 7.2 节来确定室内 PM$_{2.5}$设计浓度 C_n。

3. 应用式（7.3-4）计算出房间的新风负荷 Q_w，应用式（7.3-5）计算出房间的渗透负荷 Q_p，根据表 1.1-1 确定房间污染源负荷 Q_n，但要考虑室内污染源不同时发生的情况，从而得出每个房间 PM$_{2.5}$总负荷 Q。对于一个房间设计一个或多个空气处理机组的系统，每个房间的 PM$_{2.5}$总负荷 Q 就等于空气处理机组的总处理能力 D。对于一台空气处理机组带多个房间时，将多个房间的负荷相加得到空气处理机组的 PM$_{2.5}$总负荷 Q，也就得到空气处理机组的总处理能力 D。

4. 对于一个房间由一台以上的空气处理机组时，需将空气处理机组的总处理能力 D，分配到每台空气处理机组上，如果每台空气处理机组采用相同 PM$_{2.5}$过滤器组合、过滤器相同的过滤效率，可以按式（7.3-9）进行计算，从而得出每台空气处理机组的去除能力 $D_{s,i}$。

5. 对于空气处理机组进风由两路组成的，应用式（7.3-14）计算出每台空气处理机组的进风浓度 $C_{i,1}$。

6. 应用式（7.3-11）计算出每台空气处理机组 PM$_{2.5}$的总过滤效率 $\eta_{s,i}$。

7. 已知每台空气处理机组 PM$_{2.5}$的总过滤效率 $\eta_{s,i}$，应用式（7.3-15）查找表 7.5-3 或其他过滤器的 PM$_{2.5}$计重效率，确定各过滤器的形式和过滤效率。

7.4.2　新风预处理的集中式系统

新风预处理的集中式系统可以采用新风机组只承担 PM$_{2.5}$新风负荷，空气处理机组承担 PM$_{2.5}$渗透负荷和室内污染源负荷的方式，也可以采取新风除承担 PM$_{2.5}$新风负荷外还承担部分或全部渗透负荷和室内污染源负荷。由于一般情况，新风量相对送风量较小，不建议采用新风机组承担部分新风负荷的方式，采取此种方式，增加了空气处理机组的处理负荷，而更换空气处理机组过滤器的代价更大。对于新风机组的配置可以采用新风机组与空气处理机组一一对应的方式，也可以采用图 7.4-2 所示，新风机组集中处理新风的方式。由于采用新风机组与空气处理机组一一对应的方式，通常新风机组风量偏小，增大了初投资和运行费用，不建议采用，其计算方法与新风机组集中设置的方式相同。新风机组集中设置的新风预处理集中式系统的计算方法步骤：

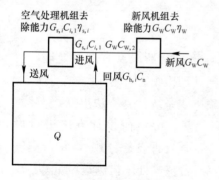

图 7.4-2　新风预处理的集中式
系统原理示意图

1. 按照通常的空调热、湿负荷设计方法进行设计，计算出以下参数：空气处理机组台数 t，每台空气处理机组送风量 $G_{s,i}$，新风机组的风量 G_w。

2. 根据表 7.1-2 确定 PM$_{2.5}$室外设计浓度 C_w，根据 7.2 节来确定室内 PM$_{2.5}$设计浓度 C_n。

3. 应用式（7.3-4）计算出房间的新风负荷 Q_w，应用式（7.3-5）计算出房间的渗透负荷 Q_p，根据表 1.1-1 确定房间污染源负荷 Q_n，但要考虑室内污染源不同时发生的情况，从而得出房间 PM$_{2.5}$总负荷 Q。

4. 新风机组只承担 PM$_{2.5}$新风负荷时，新风机组的总去除能力 D_w 等于 Q_w，空气处理机组的总去除能力 D_s 等于渗透负荷 Q_p 与室内污染源负荷 Q_n 之和。新风机组只承担 PM$_{2.5}$新风负荷时，可以按表 7.4-1 和表 7.4-2 确定新风机组的 PM$_{2.5}$总过滤效率 η_w。已知新风机组的 PM$_{2.5}$总过滤效率 η_w，应用式（7.3-15）查找表 7.5-3 或其他过滤

器的 $PM_{2.5}$ 计重效率,确定各过滤器的形式和过滤效率。

PM₂.₅室内浓度限值取 35μg/m³,新风机组 PM₂.₅总过滤效率表   表 7.4-1

城市	不保证 5 天	不保证 10 天	不保证 15 天	不保证 20 天
北京	0.889	0.870	0.865	0.842
上海	0.770	0.754	0.735	0.708
广州	0.713	0.679	0.653	0.624
石家庄	0.925	0.908	0.899	0.892
长春	0.864	0.846	0.787	0.765
沈阳	0.832	0.802	0.795	0.784
哈尔滨	0.905	0.880	0.864	0.808
重庆	0.798	0.780	0.770	0.760
济南	0.875	0.826	0.814	0.801
呼和浩特	0.803	0.701	0.667	0.653
太原	0.833	0.806	0.785	0.774
郑州	0.848	0.828	0.821	0.810
长沙	0.865	0.837	0.814	0.797
昆明	0.539	0.500	0.462	0.435
兰州	0.776	0.711	0.698	0.688
合肥	0.868	0.828	0.809	0.784
武汉	0.869	0.850	0.842	0.811
西安	0.871	0.855	0.828	0.823
成都	0.876	0.835	0.811	0.802
西宁	0.741	0.688	0.667	0.660
南昌	0.762	0.715	0.708	0.685
贵阳	0.708	0.688	0.657	0.650
乌鲁木齐	0.856	0.826	0.816	0.770
银川	0.711	0.701	0.670	0.653
南宁	0.771	0.745	0.727	0.708
天津	0.872	0.850	0.827	0.821
杭州	0.819	0.722	0.688	0.676
南京	0.839	0.815	0.778	0.764
福州	0.620	0.507	0.462	0.426

注:新风机组只承担新风负荷。

PM₂.₅室内浓度限值取 75μg/m³,新风机组 PM₂.₅总过滤效率表   表 7.4-2

城市	不保证 5 天	不保证 10 天	不保证 15 天	不保证 20 天
北京	0.763	0.721	0.710	0.661
上海	0.507	0.472	0.432	0.375
广州	0.385	0.312	0.257	0.194
石家庄	0.839	0.802	0.783	0.768
长春	0.709	0.671	0.543	0.497
沈阳	0.639	0.576	0.561	0.537

续表

城市	不保证 5 天	不保证 10 天	不保证 15 天	不保证 20 天
哈尔滨	0.796	0.743	0.709	0.588
重庆	0.566	0.528	0.507	0.486
济南	0.732	0.627	0.601	0.574
呼和浩特	0.579	0.359	0.286	0.257
太原	0.641	0.583	0.540	0.516
郑州	0.675	0.631	0.615	0.592
长沙	0.710	0.651	0.601	0.564
昆明	0.013	—	—	—
兰州	0.519	0.380	0.353	0.330
合肥	0.718	0.631	0.590	0.537
武汉	0.720	0.679	0.661	0.595
西安	0.724	0.690	0.632	0.621
成都	0.735	0.646	0.595	0.576
西宁	0.444	0.330	0.286	0.272
南昌	0.490	0.390	0.375	0.324
贵阳	0.375	0.330	0.265	0.250
乌鲁木齐	0.691	0.627	0.605	0.507
银川	0.380	0.359	0.292	0.257
南宁	0.510	0.453	0.414	0.375
天津	0.726	0.678	0.629	0.615
杭州	0.611	0.405	0.330	0.306
南京	0.654	0.603	0.525	0.493
福州	0.185	—	—	—

注：1. 新风机组只承担新风负荷；2. "—" PM$_{2.5}$室外设计浓度低于室内 PM$_{2.5}$浓度限值的情况。

5. 新风除承担新风负荷外还承担部分或全部渗透负荷和室内污染源负荷时，只要新风机组的总过滤效率大于表 7.4-1 和表 7.4-2 所列过滤效率即可。

根据新风机组所选过滤器的形式和效率，及式（7.3-15）可以计算出新风机组的 PM$_{2.5}$总过滤效率 η_w，再根据式（7.3-10）计算出新风机组的去除能力 D_w，由式（7.3-8）得空气处理机组的总去除能力：

$$D_s = \sum_{i=1}^{t} D_{s,i} = D - D_w \tag{7.4-1}$$

式中，D_s——空气处理机组 PM$_{2.5}$的去除能力，$\mu g/s$；

　　　$D_{s,i}$——每台空气处理机组 PM$_{2.5}$的去除能力，$\mu g/s$；

　　　D_w——新风机组 PM$_{2.5}$的去除能力，$\mu g/s$；

　　　t——空气处理机组台数。

6. 如果每套空气处理机组采用相同 PM$_{2.5}$过滤器组合、相同的过滤效率，空气处理机组处理能力 D_s 分配到每套空气处理机组上，可以按式（7.3-9）进行计算，从而得出每台空气处理机组的去除能力 $D_{s,i}$。

7. 新风机组只承担 PM$_{2.5}$新风负荷时，新风机组 PM$_{2.5}$的出口浓度 C_n；新风除承担新风负荷外还承担部分或全部渗透负荷和室内污染源负荷时，应用式（7.3-10）计算出新风机组 PM$_{2.5}$的出口浓度 $C_{w,2}$。

8. 对于空气处理机组进风由两路组成的，应用式（7.3-14）计算出每台空气处理机组的进风浓度 $C_{i,1}$。

9. 应用式（7.3-11）计算出每台空气处理机组 PM$_{2.5}$的总过滤效率 $\eta_{s,i}$。

10. 已知每台空气处理机组 PM$_{2.5}$的总过滤效率 $\eta_{s,i}$，应用式（7.3-15）查找表 7.5-3 或其他过滤器的 PM$_{2.5}$计重效率，确定空气处理机组的过滤器的形式和过滤效率。

7.4.3 半集中式系统

从图 7.4-3 可知，半集中式系统与新风预处理的集中式系统处理方式类似，新风机组可以采用只承担 PM$_{2.5}$新风负荷，或者新风机组除承担 PM$_{2.5}$新风负荷外还承担 PM$_{2.5}$部分或全部渗透负荷和室内污染源负荷。对于半集中系统，若采用风机盘管等设备上加装空气过滤器承担 PM$_{2.5}$负荷的方式，由于过滤器过于分散，又增加了初投资和运行费用，且现有风机盘管大多属于无静压型，即使有静压，最大也不超过 50Pa，需要对风机盘管重新设计或采用低阻力的过滤器才能实现，不建议采用。对于半集中系统，若采用风机盘管等设备上加装空气过滤器以承担 PM$_{2.5}$负荷，只有在新风机组 PM$_{2.5}$去除能力不能满足要求时，才可以采用。新风集中处理 PM$_{2.5}$负荷，风机盘管等设备不增加过滤器，在房间设置净化器也是半集中式系统的一种方式。一台新风机组带多个房间，每个房间有一台或多台空气处理机组是典型情况下的半集中系统，其他半集中系统的计算与此种计算类似，可参照下述方法计算。

一台新风机组带多个房间，每个房间有一台或多台空气处理机组的半集中系统计算步骤：

1. 按照通常的空调热、湿负荷设计方法进行设计，计算出以下参数：空气处理机组台数 t，每台空气处理机组送风量 $G_{s,i}$，每个房间的新风量 $G_{w,i}$，新风机组的风量 G_w。

2. 根据表 7.1-2 确定 PM$_{2.5}$室外设计浓度 C_w，根据 7.2 节来确定室内 PM$_{2.5}$设计浓度 C_n。

3. 应用式（7.3-4）计算出房间的新风负荷 Q_w，应用式（7.3-5）计算出房间的渗透负荷 Q_p，根据表 1.1-1 确定房间污染源负荷 Q_n，但要考虑室内污染源不同时发生的情况。从而得出房间 PM$_{2.5}$总负荷 Q。

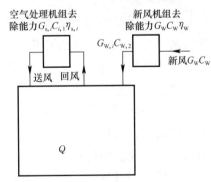

图 7.4-3 半集中式系统原理示意图

4. 新风机组只承担 PM$_{2.5}$新风负荷时，新风机组的总去除能力 Q_w 等于 Q_w，空气处理机组的总去除能力 D_s 等于渗透负荷 Q_p 与室内污染源负荷 Q_n 之和。新风机组只承担 PM$_{2.5}$新风负荷时，可以按表 7.4-1 和表 7.4-2 确定新风机组的 PM$_{2.5}$总过滤效率

η_w。已知新风机组的 PM$_{2.5}$ 总过滤效率 η_w，应用式（7.3-15）查找表 7.5-3 或其他过滤器的 PM$_{2.5}$ 计重效率，确定各过滤器的形式和过滤效率。

5. 新风除承担新风负荷外还承担部分或全部渗透负荷和室内污染源负荷时，只要新风过滤器的过滤效率大于表 7.4-1 和表 7.4-2 即可。

新风除承担新风负荷外还承担部分或全部渗透负荷和室内污染源负荷时，根据所选过滤器的形式和效率，式（7.3-11）可以计算出新风机组的 PM$_{2.5}$ 总过滤效率 η_w，再根据式（7.3-10）计算出新风机组的去除能力 D_w，根据式（7.3-8）得空气处理机组的总去除能力 D_s：

$$D_s = \sum_{i=1}^{t} D_{s,i} = D - D_{w,i} \tag{7.4-2}$$

$$D_{w,i} = \frac{G_{w,i}}{G_w} = D_w \tag{7.4-3}$$

式中，$D_{w,i}$——新风机组每个房间新风的 PM$_{2.5}$ 去除能力，$\mu g/s$；

D_w——新风机组 PM$_{2.5}$ 的去除能力，$\mu g/s$；

G_w——新风机组风量，m^3/h；

$G_{w,i}$——每个房间的新风量，m^3/h。

6. 如果每套空气处理机组采用相同 PM$_{2.5}$ 过滤器组合、相同的过滤效率，空气处理机组处理能力 D_s 分配到每台空气处理机组上，可以按式（7.3-9）进行负荷分配，从而得出每台空气处理机组处理能力 $D_{s,i}$。

7. 应用式（7.3-11）计算出每台空气处理机组 PM$_{2.5}$ 的总过滤效率 $\eta_{s,i}$。

8. 已知每台空气处理设备 PM$_{2.5}$ 的总过滤效率 $\eta_{s,i}$，应用式（7.3-15）查找表 7.5-3 或其他过滤器的 PM$_{2.5}$ 计重效率，确定空气处理机组的过滤器的形式和过滤效率。

7.4.4　分散式系统

在某些建筑中空调的使用时间和冷热需求各不相同，而且空调房间少、分布又比较分散，在这种场合下使用集中式或半集中式中央空调是不经济的，这种情况适宜选择分散式系统，见图 7.4-4。最常见的分散式空调系统有分体式空调器系统、净化器等。

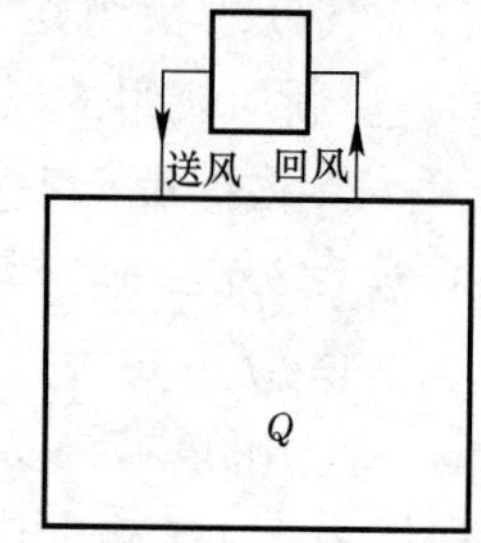

对于分散式系统室内 PM$_{2.5}$ 污染控制，该系统由于没有引入室外新风，所以不需去除新风 PM$_{2.5}$ 负荷，仅需去除 PM$_{2.5}$ 室内污染源负荷、渗透负荷即可。由于分散式系统空调的过滤器，通常难以应用过滤效率较高的过滤器，单纯依靠传统的分散式空调设备难以满足室内 PM$_{2.5}$ 污染控制要求，为此需另外增加空气处理设备去除 PM$_{2.5}$ 负荷，典型的应用就是空气净化器。由于分体空调设备一般只设尼绒网过滤器，其对 PM$_{2.5}$ 过滤效率几乎为零，PM$_{2.5}$ 负荷总负荷都靠净化器承担，此种分散式系统应用最普遍，其他方式可参照此方式计算。

仅靠空气净化器处理 PM$_{2.5}$ 总负荷的分散式系统计算步骤：

空气处理设备去除率 $G_i C_n \eta_{m,i}$

送风　回风

Q

图 7.4-4　分散式系统原理示意图

1. 按照通常的空调热、湿负荷设计方法进行设计，选择分散式空调器。

2. 根据表 7.1-2 确定 $PM_{2.5}$ 室外设计浓度 C_w，根据 7.2 节来确定室内 $PM_{2.5}$ 设计浓度 C_n。

3. 应用式（7.3-5）计算出房间的渗透负荷 Q_p，根据表 1.1-1 确定房间污染源负荷 Q_n，但要考虑室内污染源不同时发生的情况。从而得出房间 $PM_{2.5}$ 总负荷 Q。从而得出净化器的总去除能力 D。

4. 如果房间内每个净化器采用相同 $PM_{2.5}$ 过滤器组合、相同的总过滤效率，选择净化器时，净化器的 $PM_{2.5}$ 总过滤效率 $\eta_{n,i}$ 是已知的，只需要计算净化器的总风量 G_i。应用式（7.3-10）计算出净化器的总风量 G_i，一台净化器不能满足要求时，可按下式计算每台净化器的风量：

$$G_i = \sum_{i=1}^{t} G_{s,i} \qquad (7.4\text{-}4)$$

式中，G_i——净化器的总风量，m^3/s；

$G_{s,i}$——每台净化器的风量，m^3/s。

7.5 空气净化装置的选择

空气过滤装置中的空气过滤器有粗效过滤器、中效过滤器、高中效过滤器、亚高效过滤器等型号，各种型号有不同的性能参数要求。国家标准《空气过滤器》GB/T 14295—2008[11] 给出的过滤器分类如表 7.5-1 所示，从表 7.5-1 可以看出国家标准规定一般空气过滤器效率为大气尘分组计数效率。雾霾天气下各地区大气颗粒物的质量浓度分别差异比较大，目前缺乏各级过滤器 $PM_{2.5}$ 过滤计重效率的数据，因此就需要在实验条件下采用特定的尘源，对其进行测试（实验台见本书第 9 章第 9.2 节），为建筑室内 $PM_{2.5}$ 的控制提供参考。

《空气过滤器》GB/T 14295—2008 的过滤器分类　　　　表 7.5-1

性能类别性能指标	额定风量下的效率（E）/%	
亚高效（YG）	粒径≥0.5μm，大气尘计数法	99.9＞E≥95
高中效（GZ）		95＞E≥70
中效Ⅰ（Z1）		70＞E≥60
中效Ⅱ（Z2）		60＞E≥40
中效Ⅲ（Z3）		40＞E≥10
粗效Ⅰ（C1）	粒径≥2.0μm，大气尘计数法	E≥50
粗效Ⅱ（C2）		50＞E≥20
粗效Ⅲ（C3）	标准人工尘计重效率	E≥50
粗效Ⅳ（C4）		E＜50

采用檀香作为尘源，其燃烧产生的颗粒物粒径分布如表 7.5-2。其颗粒物粒径主要集中在 0.3～0.5μm 范围内，占到了 67.35%，0.5～1.0μm 的颗粒物占 29.41% 左右，

1.0～2.5μm 的颗粒物约占 3.24%。根据国家标准《空气过滤器》GB/T 14295—2008 中不同等级过滤器的要求，亚高效及以下过滤器的计数效率，均不考虑小于 0.5μm 的微粒对其影响。因此，计数效率忽略小于 0.5μm 的颗粒物，把大于 0.5μm 的颗粒物总数作为 100%。其中 0.5$<d\leqslant$1.0μm 的颗粒物占 90.11%，1.0$<d\leqslant$2.5μm 的颗粒物约为 9.89%。

尘源粒径分布表　　　　　　　　　　　　　　　　表 7.5-2

粒径范围（μm）	数量占比/%	
	全部	仅考虑大于 0.5μm
0.3$<d\leqslant$0.5	67.35	—
0.5$<d\leqslant$1.0	29.41	90.11
1.0$<d\leqslant$2.5	3.24	9.89

在本实验条件下，不同等级过滤器的计数和计重效率如表 7.5-3 所示。从表 7.5-3 可以发现，G3 过滤器对 PM₂.₅的计重效率为 1.29%，计数效率仅为 3.24%，表明 G3 过滤器对 PM₂.₅基本没有去除效果。G4 和 M5 过滤器的计数效率较 G3 过滤器明显提高，分别达到了 14.21% 和 23.76%，计重效率则均为 20% 左右。M6 及其以上等级的其他过滤器对于不同粒径范围内的颗粒物均有较好的过滤效果，计重和计数效率都在 45% 以上。H10 过滤器的计数和计重效率均超过了 90%，可以用于对室内 PM₂.₅浓度要求较高的场所。

过滤器额定风量下的 PM₂.₅过滤效率　　　　　　　表 7.5-3

过滤器等级	计数效率（%）	计重效率/%
G3	3.24	1.29
G4	14.21	20.53
M5	23.76	20.06
M6	49.22	45.22
F7	53.91	47.22
F8	67.75	59.29
F9	87.12	84.10
H10	93.63	91.82

为了进一步探索过滤器的计数和计重效率的关系，利用表 7.5-3 中的数据，对过滤器的计数和计重效率进行分析，如图 7.5-1 所示。从图中可以明显看出，除了 G4 过滤器之外，不同等级过滤器对 PM₂.₅的计数效率均略大于计重效率。从 M5 开始，过滤器的计数效率和计重效率的差值先增大后减小，其中 F8 过滤器的差值最大，达到了 8.46 个百分点。F8 及以上等级的过滤器，其计数和计重效率均明显上升，且二者差值随着过滤器等级的上升显著缩小，说明过滤器的等级越高，对 PM₂.₅的过滤效果越明显；同时可以推测，随着过滤器等级的提高，其对 PM₂.₅范围内不同粒径范围颗粒物的过滤能力均显著加强。

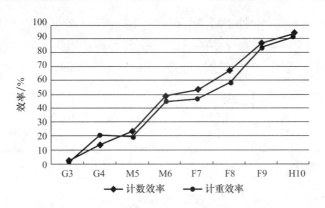

图 7.5-1 过滤器计数与计重效率的关系

7.6 PM$_{2.5}$污染控制的系统节能

解决建筑 PM$_{2.5}$ 污染控制，采取的方式就是进行合理的过滤器配置，但室外的 PM$_{2.5}$污染不是一直有的，在不是雾霾天的时间里，如果过滤器一直在处于工作状态，则会增加系统的阻力，进而增加运行费用，这样的运行是不经济的。

根据室外是否存在 PM$_{2.5}$ 污染情况，过滤器可以采取两种运行方式，即：在有污染的条件下，过滤器投入运行；在没有污染的情况下，过滤器不投入运行。这就解决了两种状态下的矛盾，实现 PM$_{2.5}$ 污染控制的系统节能的节能运行。为了实现过滤器的上述运行方式，可以采用旁通、启闭两种解决方案。

旁通方案可以采用系统旁通或设备旁通方式。系统旁通方式见图 7.6-1，室外 PM$_{2.5}$浓度高于室内设计浓度时，PM$_{2.5}$ 污染控制设备的进风风阀打开，原有通风系统的风阀关闭，PM$_{2.5}$ 污染控制设备投入运行；室外 PM$_{2.5}$ 浓度低于室内设计浓度时，PM$_{2.5}$污染控制设备的进风风阀关闭，原有通风系统的风阀打开，PM$_{2.5}$ 污染控制设备停止运行。设备旁通方式见图 7.6-2，室外 PM$_{2.5}$浓度高于室内设计浓度时，旁通风阀关闭，PM$_{2.5}$污染控制设备过滤器投入运行；室外 PM$_{2.5}$ 浓度低于室内设计浓度时，PM$_{2.5}$污染控制设备的风阀打开，PM$_{2.5}$ 污染控制设备过滤器停止运行。采用设备旁通方式的详细控制方法可见专利"智能型净化抑菌空气处理机组（ZL201320805136.0）"。

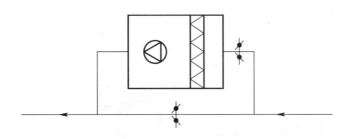

图 7.6-1 PM$_{2.5}$污染控制系统旁通方案图

启闭方案见图 7.6-3，室外 PM$_{2.5}$浓度高于室内设计浓度时，PM$_{2.5}$污染控制设备的过滤器关闭，PM$_{2.5}$污染控制设备的过滤器投入运行；室外 PM$_{2.5}$浓度低于室内设计浓度时，PM$_{2.5}$污染控制设备的过滤器打开，PM$_{2.5}$污染控制设备过滤器停止运行。

图 7.6-2　PM$_{2.5}$污染控制设备旁通方案图　　　　图 7.6-3　PM$_{2.5}$污染控制系统启闭方案图

采取 PM$_{2.5}$污染控制设备旁通方案或设备启闭方案时，需要风机功率可以随着过滤器的投入运行与否进行自动调节，以实现节能运行。

参考文献

［1］　王清勤，李国柱，朱荣鑫等. 空气过滤器设计选型用 PM$_{2.5}$室外设计浓度确定方法［J］. 建筑科学，2015（12）：71-77.

［2］　室内空气质量标准 GB/T 18883—2002［S］.

［3］　建筑通风效果测试与评价标准 JGJ/T 309—2013［S］.

［4］　环境空气质量标准 GB 3095—2012［S］.

［5］　Chao C Y H，Wan M P，Cheng E C K. Penetration coefficient and deposition rate as a function of particle size in non-smoking naturally ventilated residences［J］. Atmospheric Environment，2003，37（30）：4233-4241.

［6］　Tracy L. Thatcher，Melissa M. Lunden，Kenneth L. Revzan，et al. A concentration rebound method for measuring particle penetration and deposition in the indoor environment［J］. Aerosol Science & Technology，2003，37（11）：847-864.

［7］　Long C M，Suh H H，Catalano P J，et al. Using time- and size-resolved particulate data to quantify indoor penetration and deposition behavior［J］. Environmental Science & Technology，2001，35（10）：2089-2099.

［8］　Zhu Y，Hinds W C，Krudysz M，et al. Penetration of freeway ultrafine particles into indoor environments［J］. Journal of Aerosol Science，2005，36（3）：303-322.

［9］　Alan F. Vette，Anne W. Rea，Philip A. Lawless，et al. Characterization of indoor-outdoor aerosol concentration relationships during the fresno pm exposure studies［J］. Aerosol Science & Technology，2001，34（1）：118-126.

［10］　陆耀庆. 实用供热空调设计手册（第二版）［M］. 北京：中国建筑工业出版社，2008.

［11］　空气过滤器 GB/T 14295—2008［S］.

第8章　建筑室内 PM$_{2.5}$ 污染控制工程案例

实际应用过程中，建筑室内 PM$_{2.5}$ 的控制效果受净化技术或装置的选型设计、安装施工质量、大气颗粒物污染复杂变化、室内颗粒物源、人员流动等多种因素的影响，所以室内 PM$_{2.5}$ 的控制技术及产品的设计及应用形式尤为重要。考虑到实际建筑的综合性、集成性以及室内 PM$_{2.5}$ 污染的复杂性，选择 10 项实际工程作为本章案例，以说明 PM$_{2.5}$ 控制产品和技术的实际应用效果并为更多工程提供应用借鉴。工程实践案例的选取，考虑了不同建筑类型、不同气候区以及不同的控制技术方案，并分别从室内 PM$_{2.5}$ 控制设计和室内 PM$_{2.5}$ 控制效果两方面出发，介绍建筑室内 PM$_{2.5}$ 控制的设计思路与技术方案、关键技术以及控制效果。

8.1　中国石油大厦

8.1.1　工程概况

中国石油大厦（图 8.1-1）位于北京市东城区东二环交通商务区北部，是集生产指挥、办公、会议、餐厅、车库于一体的大型多功能建筑。大厦由四个"L"型楼座经裙楼连接组成，建设占地 22519.884m²，总建筑面积 200838m²（其中地上 144959m²，地下 55879m²），建筑高度 90m，地上 22 层，地下 4 层。

图 8.1-1　中国石油大厦外景

由于地处交通繁忙路段，大厦周围环境噪声、汽车尾气及扬尘异常严重，为了节能和降低外部环境对建筑室内环境的影响，保证室内空气质量和办公舒适度，其外围护结构采用了相对封闭的双层内呼吸式玻璃幕墙系统，综合传热系数 K 值达到 1.1W/(m^2·K) 左右，气密性较高；空调系统采用了冰蓄冷、低温送风、变风量的全空气系统，并配置了高压静电除尘、紫外线杀菌和活性炭去味的多功能空气净化装置，在实现对室内温湿度调节的同时，对新风及室内的空气循环、连续净化处理。夏季、冬季空调系统按最小新风比（新风约占总风量的 30%，控制 CO_2 浓度在 0.07% 以内）模式运行，过渡季节空调系统充分利用室外空气的天然"免费"冷源，根据室外空气焓值的变化自动改变新风比（新风比例在总风量的 30%～100% 之间变化）运行。在室外空气严重污染的情况下，建筑引入新风的比例越高，就意味着对室内空气的污染就越严重，由此可见对新风进行净化处理尤为重要。

8.1.2　室内 PM$_{2.5}$控制设计

为了降低空气污染对人体造成的不良影响，在短期内室外空气污染的治理无法达到期望的情况下，人们希望在室内营造一个洁净的空间，通过空气循环系统让室内空气得到有效净化。

1. PM$_{2.5}$控制的系统方法

控制 PM$_{2.5}$污染作为一项系统工程，需从产生源头入手研究解决方案。调查研究发现，室内空气的 PM$_{2.5}$污染主要来源于以下两方面：室内 PM$_{2.5}$污染及其复合污染源，以及室外空气对室内的污染。据有关资料表明，室内 PM$_{2.5}$污染及其复合污染源主要有吸烟、烹调产生的油烟和异味、燃料不完全燃烧、动物（指人员自身）毛皮屑、灰螨、细菌病毒、体味、人的代谢产物、日用品和化妆品、人为活动导致已沉降的颗粒物再悬浮、二次颗粒物、建筑及装饰装修材料、停车库汽车尾气等。而室外空气对室内的污染则主要有室外 PM$_{2.5}$通过空调新风系统进入室内、室外 PM$_{2.5}$通过围护结构缝隙渗透进入室内。

针对污染源的有效控制问题，从源头着手，采取了一系列措施，形成了一整套对室内 PM$_{2.5}$污染及其复合污染有效控制的解决方案。

2. 关键技术方案

（1）设置双层内呼吸式玻璃幕墙

双层内呼吸式玻璃幕墙由内外间距 200mm 的两层玻璃组成，外层玻璃采用全封闭的中空双银 Low-E 镀膜玻璃，空腔中内置铝合金智能遮阳百叶帘，腔体智能通风排热（图 8.1-2），起到了隔热、隔声和降低太阳光辐射热的作用。特别地，由于封闭式幕墙的气密性很高，有效阻止了室外 PM$_{2.5}$随渗透风进入室内。

（2）消防排烟通风窗口的自动控制

大厦用于消防排烟、排热、自然通风的公共空间顶窗（图 8.1-3），设置在排热、通风时遇到沙尘、雾霾和风雨天气能自动关闭功能，有效防御突发的沙尘、雾霾、风雨天气影响。通风顶窗关闭后，由于空间中空气的热对流作用，使热气往上走，室外被污染的空气很难通过顶窗密封间隙渗入室内。

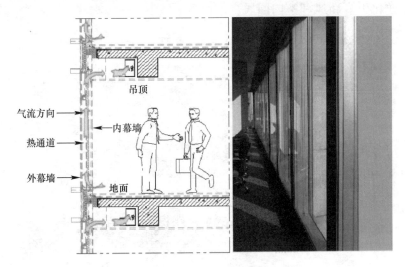

图 8.1-2 双层内呼吸式玻璃幕墙

图 8.1-3 可自动开关的消防排烟通风顶窗

（3）空调系统配套复合功能空气净化器

多功能空气净化器是室内空气 $PM_{2.5}$ 污染及其复合污染控制的关键设备，它能对空气进行过滤、紫外线杀菌、活性炭除味（去除空气中的有害物质）、高压静电除尘（既能净化空气，又不过多地产生 O_3）等一系列组合性的处理（图 8.1-4）。高压静电除尘装置运行的电场电压能随着积尘板吸附灰尘的程度和高压电离丝的钝化程度自动调整，以确保设备的除尘效率稳定；当电压调整到规定值时，为了继续确保空气净化器的正常运行和保持一定的过滤效率，每个净化模块都带有设备故障及需要清洗的报警装置，并能将报警信号自动传输至中控室，提醒运维人员及时维护和清洗，以恢复其使用性能。将这种空气净化器分别安装在屋面新风取风小室和建筑层间空气处理机组处，用于净化引入新风和室内回风。

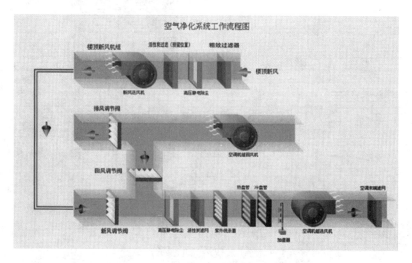

图 8.1-4 空调净化系统工作流程图

1）安装在屋面新风取风小室的空气净化器由两段电压的高压静电除尘装置和特制的活性炭滤网组成，其中两段电压的高压静电除尘装置用于去除引入新风中的细颗粒物，新风通过除尘器的风速控制在 $2\sim2.5\text{m/s}$ 左右，新风中的细颗粒污染物的一次去除率达 80% 以上。为了减少新风机组的高压静电除尘装置的运行电耗和延长其使用寿命，当室内空气中的 $\text{PM}_{2.5}$ 污染物浓度监测值 $>35\mu\text{g/m}^3$ 或室外空气中的 $\text{PM}_{2.5}$ 污染物浓度监测值 $>75\mu\text{g/m}^3$ 时，新风机组的高压静电除尘装置才能自动或手动开启，否则处于关闭状态；特制的活性炭滤网预留安装位置，待大气中出现光化学烟雾（氮氧化合物与碳氢化合物在日光的照射下的生成物）时再行安装，用于吸附有剧毒的光化学烟雾。

2）安装在建筑层间空气处理机组上的空气净化器由两段电压的高压静电除尘装置、紫外线杀菌灯、活性炭滤网组成，对办公室内人员自身产生和携带的异味、皮屑、毛发、尘螨、细菌、病毒、微生物、二次扬尘污染，以及装修装饰材料、办公家具缓慢释放的甲醛、苯等挥发性有害物质，通过将室内空气逐步抽出，使回风＋新风集中循环通过空调机组的空气净化装置进行过滤、紫外线杀菌、活性炭除味（去除空气中的有害物质）、两段电压的高压静电除尘的组合处理，通过空气净化器的风速控制在 2.5m/s 左右，新风经过取风小室和建筑层间空调机组两段电压的高压静电除尘器两次净化处理，$\text{PM}_{2.5}$ 的两次去除率达 95% 以上，回风中的 $\text{PM}_{2.5}$ 污染及其复合污染的一次去除率达 80% 以上，有效确保了室内空气品质全面达标。

采用两段电压的高压静电除尘、紫外线杀菌、活性炭祛味的多功能净化设备。通过在层间空调箱空气净化段安装一层 HON-EAC 净化模块，再在屋面新风入口小室内加装一层高压静电除尘模块，相当于引入的新风经过了两层静电除尘过滤。模拟将两块高压静电除尘模块在试验室检测装置上串联安装，被污染的空气连续先后经过两个模块处理，经国家空调设备质量监督检验中心试验室检测，空气 $PM_{2.5}$ 的净化效率达 95％以上，臭氧发生率也优于国家标准。

（4）调控新风量，稀释装修材料产生的化学污染

通过空调机组的空气净化段对回风集中进行静电过滤、紫外线灯照射氧化分解、活性炭吸附净化后，TVOC 和 CO_2 浓度中有一个指标高于设定值（TVOC 浓度为 $0.6mg/m^3$，CO_2 浓度为 0.07％），就逐步加大新风比例，直到 TVOC 浓度和 CO_2 浓度都低于设定值为止。

（5）采用中央吸尘碎纸系统，防止 $PM_{2.5}$ 的二次污染

现代办公建筑室内地面一般采用在网络地板上敷设地毯。地毯容易藏污纳垢，必须经常使用吸尘器除尘。传统的移动式吸尘器只能将较大的尘粒过滤收集，而 $3\mu m$ 以下的微尘及气味，则随废气被直接排放到正在清理的房间内，造成室内 $PM_{2.5}$ 的二次扬尘污染。另外，在办公室中大量零散分布的传统碎纸机，碎纸时也会产生纤维粉尘二次污染室内空气。要为室内空气 $PM_{2.5}$ 净化达标创造条件，就必须防止办公空间二次粉尘污染。保洁、碎纸采用中央吸尘碎纸系统（图 8.1-5）能就地自动化控制，操作方便，吸力大、噪声小，灰尘和纤维粉尘通过负压管道在地下室机房集中收集，杜绝了办公空间二次扬起的粉尘污染，进一步提高环境的健康标准。

图 8.1-5 中央吸尘系统

（6）合理的气流组织，避免空气交叉污染

通过合理的气流组织，实现空间的正负气压调控，避免不同功能空间的空气交叉污染。办公室、会议室等空间送风量略大于回风量，保持空间微正压，防止办公空间外灰尘等污染物经排烟窗密封口渗入室内，也要防止楼内公共空间的灰尘和异常扩散到其他空间的异味经办公室的门缝进入室内。吸烟室、餐厅、卫生间、地下车库等空间送风量略小于回风量，保持微负压，避免二手烟、异味等向其他空间扩散。

（7）特殊区域设置独立排风系统

吸烟室、厨房、卫生间、垃圾系统、吸尘碎纸系统分别设置独立的排风系统，避

免异味和 $PM_{2.5}$ 污染通过空调通风系统向其他空间扩散。地下车库利用 CO 浓度检测值自动调控通风系统的启停，引入新风稀释和置换车库被污染了的空气并独立排出室外。常闭消防楼梯间的通道门，避免被汽车尾气污染的空气通过烟筒效应向楼上办公区扩散。

3. 室内空气的质量监控

室内空气净化的合格与否，常态化的检测数据是关键参考标准。由于室内的空气品质是由多参数决定的，因此根据室内空气中污染物的组成，对室内 CO_2 浓度、$PM_{2.5}$ 浓度、TVOC 浓度、温度和相对湿度等进行监测，确保室内的空气品质综合达标。将室内空气质量的监测与控制分为在线实时监测、移动检测和定期普查三个层次，实现空气质量监测方法的组合与互补，确保获取的空气质量参数准确可靠。

空气品质的在线实时监测。在各楼层最不利区域选择有代表性的典型房间、重要空间或人员密度高（人均面积 $<3.6m^2$）的场所（距地面 $0.9\sim1.8m$ 高处）配置 CO_2、$PM_{2.5}$、TVOC、温度和相对湿度等多参数在线空气品质监测仪，对室内空气质量实时监测，并通过 WiFi 将监测数据传输到中控室，实时调控空调系统的加湿器、新风比例调节阀、空气净化器的运行状态和空调系统其他相关的运行参数。

图 8.1-6　手持式 $PM_{2.5}$ 测试仪

空气品质的移动检测。配置两部手持移动式高精度空气品质检测仪（TSI Dust-Trak Ⅱ 8532 气溶胶监测仪，图 8.1-6），既可以随机抽检室内各区域空气品质，又能够校核在线的空气品质监测仪，两者相互配合，共同验证。

空气品质的定期普查。委托有资质的第三方空气品质检测队伍，定期对大厦的空气品质全面进行普查评估，并出具专业检测报告，为改善室内空气质量提供方向性指导。

8.1.3　$PM_{2.5}$ 控制效果

1. 空调系统 $PM_{2.5}$ 过滤效果与分析

大厦空调系统对引入室内的新风集中通过屋面新风机组和楼层空调机组的空气处理段进行两级净化过滤处理，为获得可靠参考数据，分别对其进行测试。

（1）新风机组净化设备过滤效果测试

屋面新风机组安装有高压静电除尘净化装置，其目的在于利用静电净化法收捕空气中微小颗粒物，预过滤室外大气中的 $PM_{2.5}$。为具体掌握屋面新风机组高压静电除

尘净化设备对 $PM_{2.5}$ 过滤效果，借助手持式 $PM_{2.5}$ 测试仪，分别选取净化设备安装前后位置进行空气 $PM_{2.5}$ 浓度测试，测试结果见表 8.1-1。

新风机组净化设备过滤效果测试表 表 8.1-1

地点	检测位置	$PM_{2.5}$ 浓度（$\mu g/m^3$）	$PM_{2.5}$ 去除率（%）
A 栋	净化设备前	189	81%
A 栋	净化设备后	35	81%
B 栋	净化设备前	172	80%
B 栋	净化设备后	35	80%
C 栋	净化设备前	196	81%
C 栋	净化设备后	37	81%
D 栋	净化设备前	201	81%
D 栋	净化设备后	38	81%

经过测试，A 栋新风系统高压静电除尘装置过滤 $PM_{2.5}$ 效率为 81%；B 栋新风系统高压静电除尘装置过滤 $PM_{2.5}$ 效率为 80%；C 栋新风系统高压静电除尘装置过滤 $PM_{2.5}$ 效率为 81%；D 栋新风系统高压静电除尘装置过滤 $PM_{2.5}$ 效率为 81%；第一级净化装置整体过滤 $PM_{2.5}$ 效率均在 80% 以上。

（2）空调机组净化设备过滤效果测试

空调机组空气处理段配备具有高压静电除尘、紫外线杀菌、活性炭除味等功能的空气净化装置，用于进一步净化空气中的 $PM_{2.5}$。针对此段净化设备过滤效果，与新风机组 $PM_{2.5}$ 测试的同一时间，在各楼栋选取一台空调机组，对其内部净化装置安装前后位置的空气 $PM_{2.5}$ 浓度进行测试，详细测试情况见表 8.1-2。

空调机组净化设备过滤效果测试表 表 8.1-2

机组地点	检测位置	$PM_{2.5}$ 浓度（$\mu g/m^3$）	$PM_{2.5}$ 去除率（%）
A 栋 AHU17-3	经过净化设备前	48	85%
A 栋 AHU17-3	经过净化设备后	7	85%
B 栋 AHU20-1	经过净化设备前	56	84%
B 栋 AHU20-1	经过净化设备后	9	84%
C 栋 AHU10-2	经过净化设备前	64	81%
C 栋 AHU10-2	经过净化设备后	12	81%
D 栋 AHU12-1	经过净化设备前	51	80%
D 栋 AHU12-1	经过净化设备后	10	80%

测试显示，A 栋空调系统空气净化装置过滤 $PM_{2.5}$ 效率为 85%，B 栋空调系统空气净化装置过滤 $PM_{2.5}$ 效率为 84%，C 栋空调系统空气净化装置过滤 $PM_{2.5}$ 效率为 81%，D 栋空调系统空气净化装置过滤 $PM_{2.5}$ 效率为 80%，第二级净化装置整体过滤 $PM_{2.5}$ 效率均在 80% 以上。

（3）两级净化设备组合过滤效果统计

室外空气经过新风机组和空调机组两级净化装置过滤后，$PM_{2.5}$ 浓度值明显降低，经过对两级组合过滤系统综合测算，两级净化设备的过滤效果达到了预期目标，测算结果见表 8.1-3。

两级组合空气净化装置 $PM_{2.5}$ 过滤效果综合测算表　　　　表 8.1-3

楼栋	一级过滤前 $PM_{2.5}$ 浓度（$\mu g/m^3$）	一级过滤后 $PM_{2.5}$ 浓度（$\mu g/m^3$）	二级过滤前 $PM_{2.5}$ 浓度（$\mu g/m^3$）	二级过滤后 $PM_{2.5}$ 浓度（$\mu g/m^3$）	$PM_{2.5}$ 综合去除率（%）
A 栋	189	35	48	7	96%
B 栋	172	35	56	9	95%
C 栋	196	37	64	12	94%
D 栋	201	38	51	10	95%
室内空气 $PM_{2.5}$ 整体综合去除率（%）					95%

测试发现，相较于第一级净化后的空气，在经第二级净化装置前，空气中的 $PM_{2.5}$ 浓度值有所增加。经过系统研究与分析，认为导致 $PM_{2.5}$ 浓度值升高的主要原因有两点：一是新风管道虽然定期清洗，但因新风管井长达几十米，并不能保证风道始终处于完全洁净状态，在长时间通风状态下，风道内存在少量 $PM_{2.5}$ 的附着积存、产生微量二次污染；二是新风在经过第二级空气净化设备前会与空调系统室内回风混合，由于室内回风中有工作空间人员活动产生的 $PM_{2.5}$ 的二次污染，因此与室外经一次过滤的新风混合后造成 $PM_{2.5}$ 浓度值略微升高。

2. 室内 $PM_{2.5}$ 浓度测试与分析

（1）屋顶新风机组安装空气净化装置前的室内空气质量

大厦建造使用初期，空调系统空气净化只是在建筑楼层间空调机组内安装了一级空气净化设备。在此期间，为详细掌握室内空气品质的各项参数，大厦定期委托具有相应资质的第三方单位对大厦空气质量进行检测，检测内容包括建筑物内空气中甲醛、氨气、苯、甲苯、二甲苯、TVOC、二氧化氮以及 $PM_{2.5}$ 浓度。检测报告数据显示，室内空气 $PM_{2.5}$ 浓度优于国家《环境空气质量标准》GB 3095—2012 中规定的可入肺颗粒物 $PM_{2.5}$ 二级限值（$PM_{2.5} \leqslant 75\mu g/m^3$），其他空气品质参数也全面优于《室内空气质量标准》GB/T 18883 规定的各项指标。

室内空气质量虽已达标，但多数实际数据已接近国家《环境空气质量标》GB 3095—2012 中规定的可入肺颗粒物 $PM_{2.5}$ 二级控制标准的边缘，一旦室外空气质量继续恶化，或是大厦为了节能，空调系统在过渡季节执行全新风或变新风运行模式，室外空气中的 $PM_{2.5}$ 污染对室内空气品质的危害将更加严重，室内空气质量将可能无法满足《环境空气质量标准》GB 3095—2012 中规定的二级控制标准（$PM_{2.5} \leqslant 75\mu g/m^3$），空气过滤设备将无法全面保证室内空气质量达标。由此可见新风的空气质量对室内空气品质有着重要影响。因此，依据研究经验，对大厦空调的空气净化系统进行改造，在屋顶新风机组取风口处加装一层高压静电除尘净化装置，对引入的新风经过两级净化过滤后送入室内。

（2）屋顶新风机组安装空气净化装置后的净化效果

在空气净化系统改造完成后，为了解改造效果，掌握室内不同区域 $PM_{2.5}$ 浓度分布，依据大厦建筑结构，选取测试点 7 处，每日自行进行空气 $PM_{2.5}$ 浓度检测，部分检测数据见表 8.1-4。

室内空气 $PM_{2.5}$ 浓度测试表 表 8.1-4

日期	测试点	$PM_{2.5}$浓度 $(\mu g/m^3)$	日期	测试点	$PM_{2.5}$浓度 $(\mu g/m^3)$	日期	测试点	$PM_{2.5}$浓度 $(\mu g/m^3)$
2014 年 7 月 17 日	室外	274	2014 年 11 月 25 日	室外	245	2015 年 3 月 17 日	室外	255
	A 栋 12 层中庭	18		A 栋 12 层中庭	22		A 栋 12 层中庭	24
	B 栋 12 层中庭	27		B 栋 12 层中庭	23		B 栋 12 层中庭	18
	C 栋 12 层中庭	24		C 栋 12 层中庭	20		C 栋 12 层中庭	21
	D 栋 12 层中庭	21		D 栋 12 层中庭	23		D 栋 12 层中庭	21
	C0414	18		C0414	13		C0414	15
	D0403	16		D0403	16		D0403	17

检测数据显示，大厦房间和楼层公共区域等环境的空气 $PM_{2.5}$ 浓度值优于国家《环境空气质量标准》GB 3095—2012 中规定一级控制标准（$PM_{2.5} \leqslant 35\mu g/m^3$）和国家室内车内环境及环保产品质量监督检验中心规定的室内和车内 $PM_{2.5}$ 测试评价标准（$PM_{2.5} \leqslant 35\mu g/m^3$）。

空气净化系统经过改造后，提高了大厦空调系统的空气净化效率，加大了大厦抗空气污染的能力和对外界环境的适应性。按当前效果推算，即使室外空气品质继续恶化，只要室外空气的 $PM_{2.5}$ 浓度不超过 $500\mu g/m^3$，则能够保证大厦办公室内 $PM_{2.5} \leqslant 35\mu g/m^3$，若室外空气的 $PM_{2.5}$ 浓度高于 $500\mu g/m^3$，但不超过 $1000\mu g/m^3$，也能全面保证大厦办公室内 $PM_{2.5} \leqslant 75\mu g/m^3$。

另外通过对检测数据进行分析，房间和楼层公共区域等环境的空气 $PM_{2.5}$ 浓度值高于空调机组经过二级空气净化设备过滤后输出的空气 $PM_{2.5}$ 浓度。导致这种情况的主要原因在于房间和公共空间，多为人员活动密集区域，人在活动过程中容易使已经沉降的颗粒物再次悬浮，从而产生二次扬尘，同时残留在身体上的日用品和化妆品也会随着人活动而扩散到周边空气中，从而造成周边环境 $PM_{2.5}$ 浓度值的略微升高。在今后管理中，随着中央密闭吸尘次数的增加，以及空气循环时间的增长、空气循环过滤次数的增加，环境空气与空调送风的 $PM_{2.5}$ 浓度差值将会逐步缩小。

3. 效益分析

空调系统配套安装两级高压静电除尘净化设备后，石油大厦内空气质量得到了可靠保证。经过多次用户满意度调查，驻厦人员对大厦内空气品质满意率均接近 100%。同时通过沟通了解部分驻厦人员的感受，他们反映在室外雾霾特别严重时期，周末在家或在室外时产生了"雾霾咳"和咽部不适的症状，但在大厦内工作一段时间后咳嗽及咽部不适的症状明显缓解。办公室内优良的空气品质，确保了用户的身体健康和用户的精神状态，进而提高了工作效率。

大厦空调系统使用的高压静电除尘设备耗材少，运营成本低，使用时只需花费少量电耗和定期清洗的成本，相较于其他"纸类、棉质类"空气净化设备，无需更换滤芯。同时，由于静电除尘设备阻力小、压降低，不会过多地增加风机的负担，在改造中除了更换加装静电模块的相关投资外，无需增加风机等设备的改造成本，为有 PM$_{2.5}$控制需求的任何采用全空气中央空调的既有建筑的空气净化系统改造提供了便利条件。

另外，石油大厦进行室内空气净化，采取了多项措施，其中合理的气流组织、加大新风等多数策略均是通过加强监管、依靠精细管理等手段进行控制和改善，整体工作并未过多增加设备投资成本。

8.1.4　结束语

中国石油大厦室内 PM$_{2.5}$污染及其复合污染控制的工程实践，是一个较为成功的案例。大厦用于室内 PM$_{2.5}$污染及其复合污染控制的标准设备、通用技术和系统方法可以在同类建筑中借鉴、推广和复制应用。但需要特别强调以下几点：

1. 室内 PM$_{2.5}$污染的因素是多方面的，必须从污染源头加以控制，采用系统工程的方法综合配套治理。

2. 空气净化器是新风和室内空气循环净化的重要设备，其正确的选型和配置是净化效果的关键。经过调查研究发现，目前采用与石油大厦同类技术并能较好解决 PM$_{2.5}$和臭氧问题的技术方案可有四种：其一，空气处理采用一层两段电压的高压静电除尘净化器，流经净化器的截面风速在 2m/s 以上时，PM$_{2.5}$的有效去除率为 80% 左右，大多用户属于此类；其二，空气处理采用一层两段电压的高压静电除尘净化器，流经净化器的截面风速控制在 1.2m/s 时，PM$_{2.5}$的有效去除率达到 97%；其三，空气处理采用两层两段电压的高压静电除尘净化器（安装在同一空调箱的净化段中，相隔 0.6m），流经净化器的截面风速在 2.5m/s 左右时，PM$_{2.5}$的有效去除率为 95% 以上；其四，空气处理采用一层两段电压的高压静电除尘净化器＋普通中效袋状过滤器（安装在同一空调箱的净化段中，相隔 0.6m），流经净化器的截面风速在 2.5m/s 左右时，PM$_{2.5}$的有效去除率为 90% 以上。可见，空气净化模块的净化效率与迎面风速和模块组合形式关系很大。

3. 静电除尘设备在结构形式上要能保证静电场放电电晕的均匀性；还应注意选择具有两段电压的产品，满足既能提高除尘效率，又不过多产生臭氧的要求；在控制上要求电场电压在一定范围内能随着积尘板吸附灰尘的程度和高压电离丝的钝化程度自动调整，以确保设备的除尘效率；选购的静电除尘设备必须具有国家的臭氧检测合格的证书。

4. 室内保洁清扫尽量不用或少用移动式吸尘器，避免因吸尘器排气产生 $PM_{2.5}$ 的二次扬尘污染。

5. 室外大气雾霾污染严重时，建筑外窗必须密封关闭，严禁室外被污染的空气不经处理就直接进入室内。

（执笔人：中国石油大厦管委会办公室　郑佰涛　张林勇　白静中　王焕闯　张　松）

8.2 南京朗诗国际街区

8.2.1 工程概况

南京朗诗国际街区（图 8.2-1）采用的是天棚辐射＋置换新风系统。置换新风系统是将新鲜空气以略低于室内的温度并以小于 0.2m/s 的速度从楼地面踢脚或窗下送出，适宜的新鲜空气由于温度较低而停留在室内底部空间，通过人体和室内各种其他热源加热与人口中排出的污浊空气一起缓慢上升，通过设在房间上部的排风口排出室外。此外，此新风系统还有一项重要的作用是通过向室内输送干燥加热的空气，降低露点温度防止结露。排出的污浊空气和引入的新鲜空气经过热量回收器进行热量交换，使得能量的 60％以上得到有效再利用，达到节能的目的。

图 8.2-1　南京国际街区外景图

空调新风系统能够集中处理新风，使得整个住宅新风过滤效果更有保障；增强建筑的气密性，保证了未处理过的新风不会通过缝隙进入室内；置换新风的送风模式，满足了人活动区域内的空气质量，同时保证了系统的节能运行。

为保证室内环境健康，南京国际街区主要采用了三大措施：

1. 全新风系统：经过物理过滤、冷热处理新鲜空气，以略低于室内的温度并以小于 0.2m/s 的速度，从地面踢脚或窗下送出。

2. 高气密性标准的外门窗系统：窗户采用双层断桥隔热铝合金窗，气密性等级达到 7 级，单元门达到 6 级，阳台门 7 级，同时厨卫油烟排风都是集中管道排放，确保内外环境隔绝。

3. 专门的系统维保队伍：有专业化的系统维保队伍，长期的运行经验总结出了滤网的合理配置。

8.2.2 室内 PM₂.₅控制设计

1. 过滤系统

南京国际街区设计施工交付时间较早，在 PM₂.₅污染未受关注时即采用了粗效（G4 标准）＋中效袋式过滤器（F7 标准）的过滤系统，PM₂.₅的过滤效率在 80％～90％之间。在实际运行中，发现不同的项目采用相同规格不同材质的过滤模块，效果并不相同。以玻纤中效过滤器和化纤中效过滤器为例，在实际项目中，跟踪测试了更新过滤器后的 4 个月使用情况发现，在不同的室外情况下，玻纤材质的过滤效果使用寿命较长，而化纤的过滤效果衰减很快（图 8.2-2）。

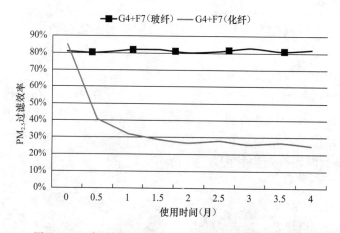

图 8.2-2 玻纤与化纤材质的中效过滤器使用效果对比

在使用一段时间后，发现虽然玻纤过滤器在一般情况下能够将室外空气的高浓度的 PM₂.₅处理到较低水平，但当污染超过一定标准时，要长时间保持将 PM₂.₅高浓度污染的空气处理到优良水平还有一定差距。因此，经过不同改造方案的比对，将原有的粗效＋中效方案改为了粗效＋静电过滤方案，效果有所提升（图 8.2-3、图 8.2-4）。

2. 房屋气密性保障设计

房屋气密性是衡量建筑外围护空气渗透能力的指标。在建筑节能、防霾侵害和隔声防噪等多项目标中，气密性能首先是建筑节能控制的重要目标。气密性越好，空气渗透围护结构的能力就越弱，对保障室内温湿度舒适性和节能降耗具有非常重要的作用。良好的气密性除了能够防止室内外热交换之外，也能防止室外 PM₂.₅等进入室内。南京国际街区项目通过非常系统的建筑气密性控制策略，打造了非常舒适的室内微环境，保证室内空气质量，与机械新风过滤系统组合，成为健康住宅的重要技术手段。

图 8.2-3　静电过滤的改造

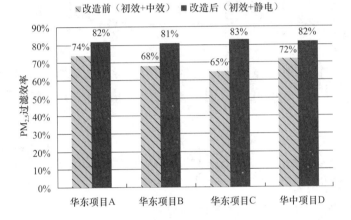

图 8.2-4　高浓度污染时静电过滤的改造效果实测数据对比

（1）整体气密性设计

结合我国夏热冬冷地区的气候特点，将南京国际街区项目的房屋气密性标准定为 2.0 次/h 的换气次数。整体气密性指标是从建筑宏观角度来设定目标，若实现这个目标，首先要考虑对建筑物进行一个整体的气密性层设计，如图 8.2-5 所示。结构墙体外侧是一层厚厚的外保温系统，在国际街区项目上采用了 8～10cm 厚的聚苯板保温材料，这是一层防水透气的体系。外门窗与外墙内表面的抹灰等形成了防水不透气的密闭层。

（2）外窗选型与开启设计要求

门窗的气密性能对整个建筑的气密性能影响较大。实现高气密性能的外门窗，应选择高质量的型材和胶条产品，设计合理的门窗开启方式，施工质量控制也非常重要。

从产品形式的角度讲，塑钢型材的门窗气密性优于断热铝合金门窗，这主要是因为塑钢型材是整个一体化的腔体形式，角部连接方式也能最大程度地避免渗漏。而断热铝合金型材是由多个单片组建组合而成，容易形成渗透空气的缝隙。

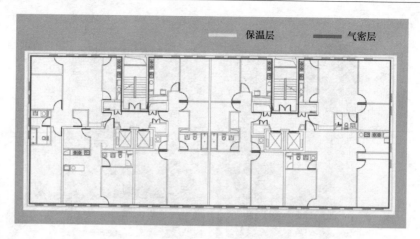

图 8.2-5　外围墙体的保温层和气密层

从门窗开启方式讲，内平开或者内开内倒的门窗气密性优于推拉门窗。平开窗采用了双道胶条密封，多点锁闭保证了门窗在关闭状态下，窗扇与窗框紧密接合。推拉窗的扇与导轨之间仅采用毛条连接，气密性很差。通常，推拉门窗的气密性不到 6 级，这是不能满足建筑整体气密性目标的，也难以实现节能降耗和隔绝噪声的要求，也达不到防止室外雾霾入侵的目的。因此，综合考虑上述因素，南京国际街区项目的门窗采用了内开内倒的塑钢门窗产品，如图 8.2-6，最大程度地保证了气密性。

（3）外墙体的严密性保障设计

南京国际街区项目采用电源热泵集中式供热制冷技术，机械新风系统也采用集中式布局，每家每户不需要再安装分体空调，也就不需要考虑设置室外机及设备平台，外墙体也不需要预留穿墙管道。外围护墙体上的洞口越少，对保证密闭性越有利。同时，厨房的排烟系统也是集中式设置，这样，外立面基本上没有穿越墙体的任何构件和管道。

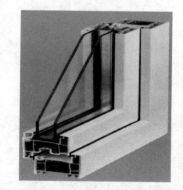

图 8.2-6　两道密封的塑钢门窗

外墙体保温系统为 70mm 厚的挤塑聚苯板薄抹灰外保温体系，这种厚层的保温构造能有效地满足外围护结构的严密性。保温板的拼缝处理，则使用了发泡胶填塞。其中，北园建筑采用的干挂陶板、中园建筑采用的保温装饰一体板等技术，均按照气密性与保温隔热相结合的方法进行考虑。外墙上的脚手眼在外保温工程进行时采用了细石混凝土添堵，外表面用保温材料体系覆盖，耐碱玻纤网格布与抗裂砂浆结合有效地封堵了施工过程中预留的脚手眼。这样，整个外墙体全部达到了密封性的要求。

（4）整体气密性检测与控制

外门窗产品的设计和选型是气密性的基础，但是对施工安装的把控更为重要，对建筑物作整体气密性测试，是重要的监控手段。建筑整体气密性测试，也叫鼓风门测试，在建筑物的建造过程中至少要进行两次气密性测试并出具测试报告。第一次测试在门窗节点施工结束，内部抹面层完成后进行。测试通过后，方可继续进行施工。第二次正式气密性测试在项目整体竣工后进行。在测试之前，现场管控人员需要在施工过程中及时查找并封堵外墙、外窗、内装修和设备工程安装时造成的对气密层的破坏。现场通过发烟器设备可以快速查找渗漏点，如图 8.2-7 所示。

图 8.2-7　门窗气密性查漏

3. 物业管理

优质的设备需要专业化的人员来操作，才能发挥出最大价值。朗诗物业运行团队从项目开始之初，就介入整套系统的运行管理维护中，根据实时的天气气象条件、空气污染情况，及时调整过滤方式与过滤效率，时刻把控室内空气质量这道关口。

过滤网的清洗和更换跟外界的天气条件息息相关，通常情况下每 7 天，粗效过滤网就会清洗一次，在雾霾严重的时候，时间间隔会缩短到 3~5 天，约每 2 个月会更换粗效过滤网。中效袋式过滤网会在使用约 4 个月后直接废弃换新，在秋冬季空气质量相对较差的时候，更换频率会提高到 2~3 个月。针对静电过滤器，物业人员会根据设备的积尘情况及设备自身的清洗提示及时进行清洗维护。

朗诗国际街区的系统运行人员，通过在实践中不断学习摸索，积累了优秀的供应商资源，找到了合理的滤网配置，在保证项目高效运行的同时，降低了运行成本。

8.2.3 效益分析

对人体健康产生积极影响。住宅新风系统带有粗效和中效两层过滤，二者相结合，在室外重度污染时，一次过滤效率能够达到 85% 左右，为室内居住者提供清洁空气，这对于居住者的健康非常有益。

有效减少室内灰尘，减少客户保洁投入。在配置新风系统的房子内，由于灰尘被过滤在室外，而输送到室内的都是鲜洁空气，因此室内灰尘很少。在长三角地区，普通房子基本上两天左右就需要打扫一次，而该房子半个月打扫一次即可达到类似的效果。按每次打扫需要一个劳动力工作 0.5 小时计算，一套房子一个月可以减少保洁投入约 6.5 小时。

住宅中室内 $PM_{2.5}$ 污染控制技术的研发和应用，能够推进开发企业更加重视产品的健康属性，有助于形成健康住宅领域的产业基础。

8.2.4 结束语

对于住宅来讲，单纯的处理空气如果不隔绝二次污染，同样会使过滤的效果达不到要求，因此增加室内的气密性也是必不可少的手段。从运行上看，由于考虑较多节能的因素，不能增加阻力过大的精密过滤设备，但在实际测试中发现，由于气密性、新风置换的运用，二次污染的现象基本没有发生，实测效果能够达到商业建筑的$PM_{2.5}$的处理效果。

（执笔人：上海朗诗建筑科技有限公司　马宝春
　　　　　中国建筑科学研究院　王永红）

8.3 南昌众森红谷一品二期项目

8.3.1 工程概况

众森红谷一品二期项目于 2014 年初开始设计，2015 年初开始建设，项目位于南昌市新建县，毗邻南昌新区红谷滩 CBD 区域，规划黄家湖东路为 48m 主干道，连通红谷滩新区和新建县。众森红谷一品二期北侧为黄家湖，西部为华东交通理工大学，东侧和南侧分别为乌沙河和龙潭河。项目共分两期建设，一期为花园洋房，现已建成入住，二期为高端多层及高层科技住宅项目，小区效果图如图 8.3-1 所示。

图 8.3-1　小区效果图

项目主要经济指标：总用地面积 28.1 万 m^2，建筑面积 42.7 万 m^2，容积率为 1.52，绿地率为 30%。二期项目效果图如图 8.3-2 所示。

由于项目地处南昌经济开发区红谷滩闹市区，周边环境噪声、汽车尾气及扬尘污染严重，为了节能和降低外部环境对建筑室内环境的影响，保证居住空间室内空气质量，项目设计引入德国被动房设计理念，优化外围护结构密闭性体系，增加房间密闭

图 8.3-2　建筑效果图

性，隔绝室外污浊空气以免通过外围护结构渗透到室内来，为解决室内新风需求，采用了置换式全新风系统，24 小时为室内人员舒适健康提供保障。并且设计以被动优先、主动优化为原则，被动设计从外围护结构入手，对项目进行了整体优化设计，以投资回收期为目标函数，优化了维护结构、体形系数、外窗形式、窗地面积比等建筑本体各方面设计参数，并优化项目各朝向房间单位面积负荷，避免出现冷热不均现象。主动优化方面以土壤源热泵系统作为小区总制冷供热能源，同时采用冷凝热回收热泵机组，回收冷凝热用于免费制取生活热水，建筑室内空调系统由天棚辐射系统＋置换式新风组成，对采用的各种绿建技术进行优化设计，并建立远程能源管理平台，对项目后期运行实时监测控制，使空调系统达到最佳运行状态。项目以住建部国家绿色建筑三星级设计、运行标识为目标，贯彻执行绿色理念，将绿色建筑技术落地。

8.3.2　室内 $PM_{2.5}$ 控制设计

室内环境质量与人体健康息息相关，因而室内空气品质对人体健康的影响越来越受到国内外学者和研究人员的重视和关注。越来越多的流行病学研究表明，人群发病率和死亡率的不断上升与大气悬浮颗粒物质量浓度存在显著的正相关性。

1. $PM_{2.5}$ 控制方案

项目对室内 $PM_{2.5}$ 污染作为系统设计，从产生源头开始，对各个环节进行深入研究，制定对策，彻底解决室内 $PM_{2.5}$ 污染问题。项目从 4 个方面入手，首先充分利用项目本身室外环境特点，为用户提供一个"室外桃源"；其次通过增加围护结构的气密性，阻止室外污浊空气进入室内；然后采用可再生能源为住区提供采暖空调，降低小区内部的污染物排放；最后通过置换式新风系统，合理引导室内气流组织设计，从房间为用户提供健康舒适的室内环境。

2. 关键技术方案

（1）规划设计

为提高小区环境质量及室内空气品质，规划设计时充分利用了场地现有优势条件，利用周边河流将小区从城市中"分割"出来，项目三面环水，项目平面效果图如图 8.3-3 所示，北侧为黄家湖，东侧和南侧分别为乌沙河和龙潭河，在项目南侧及东侧建设跨河桥梁作为进入小区主要交通要路进行连接，通过建设低密度多层及高层建筑，并增加项目绿化面积，营造独立的小区微环境。

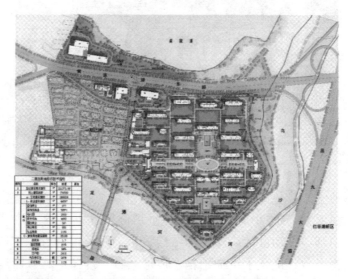

图 8.3-3　众森国际花园平面效果图

（2）围护结构气密性

建筑设计采用高效的围护结构方案，通过引入德国被动房设计理念，加强外围护结构尤其是外窗的气密性，并按照国际先进的施工工艺进行施工，提高施工安装人员的专业素质，增强外窗接缝处的气密性，减少室外污浊空气进入房间内部。

（3）置换式新风系统

室内新风系统采用置换式新风，新风从房间下部送入，以非常低的速度和略低于室内温度的温度充满整个房间。所谓的低速，就是不产生气流和风感，居住者和其他室内热荷载加热新风，产生上升的气流。这种方式产生的暖气流带着新鲜空气流入废气及其他浑浊气体，上升到达房间的顶部后在排气孔排出，并在室内形成新风湖，新风的温度总是比室温低 1～2℃。置换式新风湖效果原理如图 8.3-4 所示。

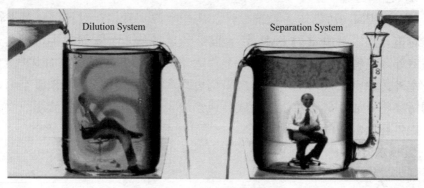

图 8.3-4　置换式新风湖原理

起居室和卧室中的气体被排送到厨房、卫生间和浴室。一则使厨卫保持负压状态，二则在那里产生强大的换气，带走所有污染气体和潮湿气体。置换式新风主要优点如下：

1）将送风从采暖制冷功能中分离出来，送风只是保证空气质量。

2）用最少的空气量达到这个目标，建立一种最有效的通风系统。

3）无风感和噪声。

4）输入的新风可以有效地替换污浊的空气。

5）避免夏季楼板上的结露，送进的新风保持在 14℃的露点温度，低于顶棚的表面温度。

6）室内空气中舒适湿度的控制。

每栋楼设置全热回收新风机组，新风机组设置于每栋楼的顶层高空，扬尘不易到达，空气质量比较好，并配置高效板式全热回收机器，新、排风无交叉污染，热回收效率在 60％以上，新风机组送风段内设置粗效及中效过滤器，过滤效率达 90％，机组内另有加湿段，保证冬季室内相对湿度达到 30％以上，新风经过处理后，送入室内为用户提供舒适的空气品质。

（4）合理的气流组织

通过合理的气流组织，实现空间的正负气压调控，避免不同功能空间的空气交叉污染。新风从起居室、卧室、书房送入室内，经卫生间排风扇及厨房排烟罩排走，保持居住空间房间微正压，卫生间、厨房保持微负压，避免异味等向其他空间扩散。

8.3.3 结束语

众森红谷一品二期项目室内 $PM_{2.5}$ 污染控制的工程设计，通过各种设计优化，充分利用场地周边环境，利用湖泊河流将项目包围起来，提供舒适的环境，并采用了一系列技术手段，达到建筑防霾的功能。目前设计阶段已经完按照设计理念落实并完成了项目施工图纸工作，后期施工建设也将严格按照图纸进行安装建造，运行阶段也将进行各种调试、检测，为实现真正意义上的抗霾住宅提供成套完整的解决方案。

（执笔人：众森绿色房地产投资管理股份公司　张　亮　朱清源）

8.4　湘阴 T30 酒店

8.4.1　工程概况

湘阴 T30 酒店（图 8.4-1）位于湖南省岳阳市湘阴县洞庭湖旁，楼高 30 层，总建筑面积 17338m²，内设各类标准客房 322 套，餐饮及娱乐设施齐全。

图 8.4-1　T30 酒店实景图

建筑外围护结构热工设计良好，外墙采用 150mm 岩棉内保温，外窗均采用 4 层玻璃构造，建筑外窗均安装电动百叶活动遮阳窗帘，建筑围护结构综合传热系数为 0.3W/(m^2 • K)。

因建筑围护结构采用全封闭式设计，建筑采暖空调通风系统采用节能全新风热回收系统。该系统如图 8.4-2 所示，安装有粗效＋静电＋高效过滤器，室外新风经粗效过滤，经转轮热回收机组冷/热回收以后，通过静电除尘杀菌，经过低阻高效过滤器直接送入室内。

建筑冬夏季室内冷热负荷和全年通风均由该空气系统承担，全新风系统主机冷热源由 1 台 50 万大卡烟气直燃机尾气提供冷热源，烟气量不足时采用再生柴油补燃，通风机由 2 台 20000m^3 风机承担。

如图 8.4-2 所示，该全新风空气高效过滤系统由粗效过滤器＋6000V 静电过滤器＋高效过滤器三级过滤器串联组成。粗效过滤器平均面速为 8.4m/s，6000V 静电过滤器，可杀灭细菌，高效过滤器为无隔板过滤器，结构尺寸为 610mm×1220mm×75mm，高效过滤器与低阻组装方式，降低了系统阻力。设计工况下，该过滤通风系统 PM$_{2.5}$ 过滤效率为 99.9%，热回收效率为 80%（室内外温差为 25℃），设计寿命为 20 年。

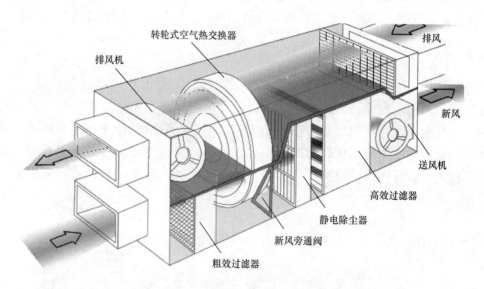

图 8.4-2　全空气热回收过滤器机组示意图

8.4.2　室内 PM$_{2.5}$ 控制设计

项目在建筑节能整体设计同时，采用全密闭节能设计，减少了建筑室外尘源进入室内，同时采用全新风高效过滤方式，可实现对室外 PM$_{2.5}$ 的全面控制。建筑室内采用洁净装修技术，有效减少了室内 PM$_{2.5}$ 污染源形成。

1. 设计思路

建筑颗粒污染物控制的基本原则是尽可能从源头上减少颗粒物的产生，对于不能从源头上控制的颗粒物，主要采取以下技术措施：（1）提升建筑气密性，减少室外 $PM_{2.5}$ 通过围护结构渗透进入室内；（2）全新风过滤；（3）减少室内源。

（1）减少围护结构渗透

建筑外窗均为密闭，工业化组装技术保证了建筑的良好气密性，建筑全年依靠全新风运行。因此，该建筑基本可以忽略因围护结构渗透作用而导致的室外对室内的影响。

图 8.4-3　酒店内部装修效果图

（2）洁净装修

建筑室内装修材料也是室内颗粒物产生的重要来源。项目建筑结合"洁净装修"的环保理念，采用了室内 $PM_{2.5}$ 污染少的建筑装修材料。地板和内墙采用一体化装修设计专用装修材料，因建筑室内装修造成的 $PM_{2.5}$ 尘源较少，其装修效果如图 8.4-3 所示。

（3）全新风高效过滤系统

建筑通风除尘系统，采用粗效＋静电＋高效三级串联的过滤系统对新风进行除尘、杀菌处理，保证了室内新风质量。根据上面可知，该建筑通风设备由两台 $20000m^3$ 新风处理机组构成，分别负责南北塔楼的新风处理工作（图 8.4-4）。

（4）智能控制

建筑采用自主研发的"空管器"与智能控制系统进行联动控制，当室内空气污染物超标后会自动与通风设备联动，加大通风量，保证室内相对稳定的洁净环境，其系统控制如图 8.4-5 所示。

2. 关键技术

（1）低风阻净化空调机组

建筑采用为净化大型建筑物室内空气而开发的低风阻净化空调机组，包括进风段、叠置式过滤段、混合段、表冷段、风机段、加热段、加湿段等。叠置式过滤段由多个

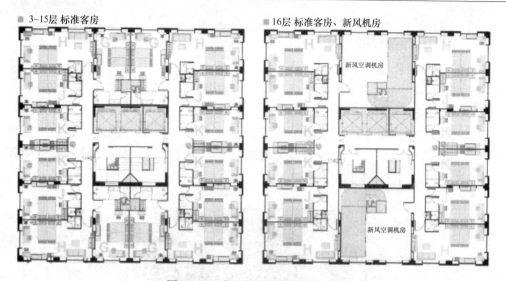

图 8.4-4 全空气系统平面布置图

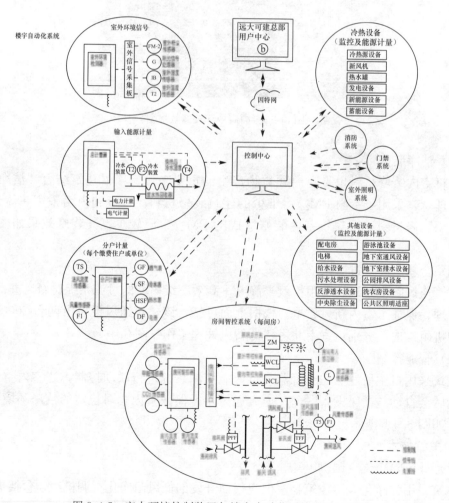

图 8.4-5 室内环境控制装置与楼宇自动化系统联动示意图

架体单元组成，每个架体单元均具有竖挡板、斜挡板以及边框，中效过滤器与高中效过滤器水平叠置于边框上。新风采用自洁型粗效过滤器，使新风具有粗、中、高中效三级过滤，即使室外 $PM_{2.5}$ 达到 $500\mu g/m^3$ 的时候，室内空气质量依然可以达到优良。机组过滤器系统的阻力不足 40Pa，仅为常规过滤器阻力的 1/4，可实现 75％节能。

（2）洁净新风机组

传统新风机存在过滤效率低、新风与回风病菌交叉感染、能耗高等缺点。项目采用的粗效＋静电除尘＋高效过滤的三级串联净化方式，结合转轮式热交换器回收的组合式全新风过滤技术，弥补了传统新风机的上述缺点，具有低阻力、高效净化、高热回收率、100％新风节能等特点。

该洁净新风机组（图 8.4-6）粗效过滤器过滤 PM_{10} 至 70％左右，静电除尘器将小的粉尘、病菌过滤至 98％，高效过滤器将 $PM_{2.5}$ 过滤至 99.9％以上，转轮式热交换器在室内外温差 25℃时可回收排风 80％的热量。粗效过滤器与静电除尘器可清洗重复使用，清洗周期 1～2 个月，高效过滤器为一次性用品，但其负荷只有 2％，更换周期为 1～2 年。洁净新风机组以槽钢、方钢管为材料制作底座与骨架，以 30mm 聚氨酯发泡夹心板为面板拼装成整体箱式结构。粗效过滤器、转轮式热交换器、静电除尘器、高效过滤器依次安装固定在箱体内，结构牢固、耐用、美观，使用寿命可达 20 年。其中粗效过滤器、静电除尘器、高效过滤器均采用压、卡方式安装在相应的支架内，拆装维护非常简单、方便。

图 8.4-6　净化机组

8.4.3　$PM_{2.5}$控制效果

为验证该示范建筑的实际 $PM_{2.5}$ 控制效果，测试选取冬季工况进行了实测，对全新风处理装置中的组合式过滤器和室内外颗粒物浓度进行检测。

按照《民用建筑工程室内环境污染控制规范》GB 50325—2001 对一类建筑检测的相关规定，抽取有代表性的房间进行室内污染物浓度检测，抽检数量不少于 5％，并不少于 3 间。因此，本次检测选择一楼大厅、三楼、十六楼、二十八楼的 20 个房间进行了检测。房间分布情况如表 8.4-1 所示。室外细颗粒检测分别选取建筑周边 4 个不同方位进行布点检测表 8.4-1。

室内外细颗粒检房间分布　　　　　　　　　　表 8.4-1

楼层	房间数
一楼	4 个
三楼	5 个
十六楼	5 个
二十八楼	6 个

室内检测期间，室外温度为 5.1～6.5℃，相对湿度为 42%～58%，室内环境温度为 19.2～22.2℃，相对湿度为 45%～62%。

1. 室外检测结果

室外东南西北四个方位室外颗粒物的平均数量浓度检测结果如表 8.4-2 所示。

室外 $PM_{2.5}$ 平均数量浓度　　　　　　　　　　表 8.4-2

粒径范围（μm）	$d \leqslant 0.3$	$0.3 < d \leqslant 0.5$	$0.5 < d \leqslant 1.0$	$1.0 < d \leqslant 2.5$	$2.5 < d \leqslant 5.0$	$5.0 < d \leqslant 10.0$
数量浓度（个/m³）	381148	46860	2693	262	18	9

2. 过滤器效率

（1）空调系统 $PM_{2.5}$ 过滤效果与分析

测试分别选取粗效过滤器、高效过滤器后端横断面以及排风口横断面进行布点检测，每个断面选取 5 个点取平均值作为检测结果，测试结果如表 8.4-3 所示。

过滤器系统数量浓度检测　　　　　　　　　　表 8.4-3

粒径范围（μm）	$d \leqslant 0.3$	$0.3 < d \leqslant 0.5$	$0.5 < d \leqslant 1.0$	$1.0 < d \leqslant 2.5$	$2.5 < d \leqslant 5.0$	$5.0 < d \leqslant 10.0$
新风入口处（个/m³）	381148	46860	2693	262	18	9
粗效过滤器平均值（个/m³）	204511	17934	1498	143	7	2
高效过滤器平均值（个/m³）	355	23	1	0	0	0
排风口（个/m³）	25340	2222	96	47	6	4

根据凝结核计数器对过滤器前后的粒子数量测量结果进行计算。

$$E = \left(1 - \frac{A_2}{RA_1}\right) \times 100\%$$

式中，E——过滤器效率，%；

　　　A_1——过滤器上游浓度，个/m³；

　　　A_2——过滤器下游浓度，个/m³；

　　　R——相关系数。

按上式计算，粗效过滤器、过滤系统整体过滤效率计算结果分别如图 8.4-7～图 8.4-9 所示。

通过分析可知，粗效过滤器对粒径范围 2.5～5.0μm 过滤效率为 68.75%，粒径范围 1.0～2.5μm 颗粒物的过滤效率为 52.3%；进一步经过全新风空气处理装置中的静电过滤器和高效过滤器处理后，粒径范围 1.0～2.5μm 的颗粒物的过滤效率接近 100%，

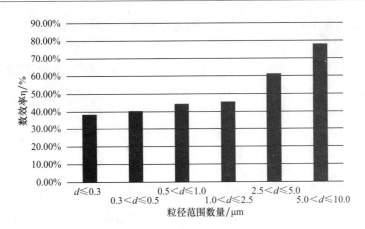

图 8.4-7　粗效过滤器过滤效率

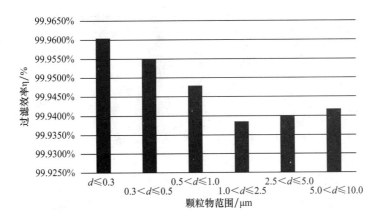

图 8.4-8　高效过滤器过滤效率

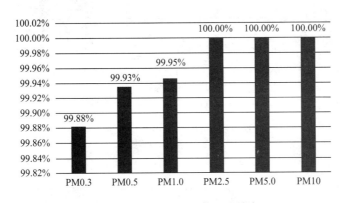

图 8.4-9　过滤系统整体过滤效率

粒径范围 $0.5 \sim 1.0 \mu m$ 过滤效率为 99.95%，粒径范围 $0.3 \sim 0.5 \mu m$ 过滤效率为 99.93%。

（2）室内 $PM_{2.5}$ 浓度测试与分析

由于室内同样会产生颗粒污染物，对室内环境造成污染，检测选取 $30m^2$ 标准间

12 个，120m² 套间 6 个，共 18 个典型房间进行检测。其中标准间内均有 1～2 名客人使用，套间无客人使用。

从图 8.4-10、图 8.4-11 中可知，建筑室内颗粒污染物整体浓度较低，建筑室内 $PM_{2.5}$ 平均数量浓度为 185 个/m³，平均质量浓度为 $9.50\mu g/m^3$；但对有人居住房间和无人居住房间的控制效果不同，无人居住房间平均数量浓度为 90 个/m³，平均质量浓度为 $4.61\mu g/m^3$，而有人居住房间平均数量浓度为 280 个/m³，平均质量浓度为 $14.40\mu g/m^3$。在无人客房中 $PM_{2.5}$ 浓度 I/O 比为 0.05，在有人居住房间 $PM_{2.5}$ 浓度 I/O 比为 0.15，室内 $PM_{2.5}$ 控制效果良好。

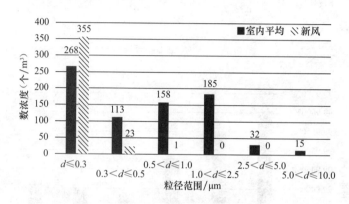

图 8.4-10　室内颗粒物平均数量浓度

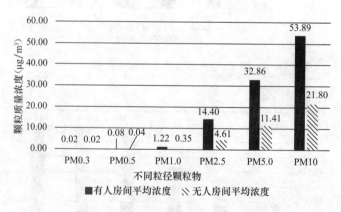

图 8.4-11　室内颗粒物平均质量浓度

（3）效益分析

该建筑全新风过滤系统可实现室外 $PM_{2.5}$ 全面控制，同时热回收系统可有效降低系统空调负荷，建筑单位面积全年通风能耗为 70kWh/m²，约是相同工况下建筑空调能耗的 75%～85%，具有良好的经济和社会效益。

8.4.4　结束语

建筑从设计之初从源头上加强对室内外 $PM_{2.5}$ 污染源的全面控制，并结合建筑楼宇自控系统，将室内环境监测装置与全新风高效过滤系统联动，有效保证了室内空气品质，可为相似建筑提供参考和借鉴。

该建筑采用高效全新风空气过滤系统，设备系统虽具有低阻、高效、节能特点，但建筑良好的气密性、热工性能和高效的物业管理是建筑高效运行的基本保障，对于建筑气密性较差或因室内人员密度大对新风负荷需求大的建筑，需经技术经济论证后，有针对性地选用合适的通风过滤技术，以确保建筑在保证良好室内环境的同时，运行费用经济合理。

（执笔人：重庆大学　王军亮
　　　　　远大建筑节能有限公司　邓　鹏）

8.5　上海大宁金茂府

8.5.1　工程概况

上海金茂府位于上海内中环大宁核心商务区，紧邻南北高架、中环线两大交通主干道。项目建设用地面积 96429.3m²，总建筑面积（计容）约 212144.46m²，用地容积率为 2.20，建筑密度为 15%，外景见图 8.5-1。

图 8.5-1　上海大宁金茂府外景图

8.5.2 室内 PM$_{2.5}$控制设计

1. PM$_{2.5}$控制思路

上海大宁金茂府通过采用置换式独立新风系统、毛细管网辐射系统、空气过滤系统等技术，提高居者舒适度的同时降低室内 PM$_{2.5}$浓度。在 PM$_{2.5}$的控制上，上海大宁金茂府主要涉及以下几个关键技术：

（1）溶液调湿技术

溶液调湿技术是采用具有调湿功能的盐溶液作为工作介质，利用溶液吸湿和放湿的特性对空气湿度进行调节，可以对空气进行降温除湿、加热加湿处理，维持室内适宜的湿度环境，其原理示意图见图 8.5-2 所示。新风进入溶液调湿机组后，与溶液直接接触换热，在湿度调节的同时，还具有对空气进行杀菌、除尘的功效。盐溶液本身具有较强的杀菌作用，能够杀死大多数常见的致病菌，如大肠杆菌、金黄色葡萄球菌等，减少病菌对人体健康的伤害。

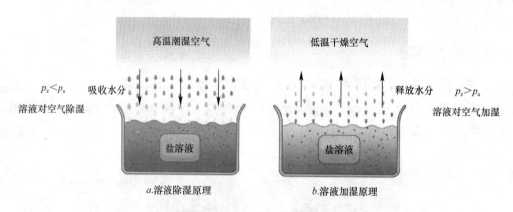

图 8.5-2 溶液调湿原理示意

溶液与空气接触过程中可以捕捉大量的 PM$_{2.5}$，达到除尘净化的功效。在溶液调湿新风机组内部，溶液以液膜的形式均匀分布在机组内部的填料芯体上，空气进入填料芯体后与溶液充分接触，空气中的尘粒与溶液液膜进行碰撞而被捕获，空气中的尘粒被溶液带走，再通过溶液深层过滤层加以清除。溶液过滤 PM$_{2.5}$原理见图 8.5-3所示。

（2）静电除尘去除 PM$_{2.5}$

普通的净化方式一般采用滤料过滤掉空气中的灰尘，极易堵塞滤孔，灰尘越积越多，不仅没有灭菌效果，而且容易造成二次污染。而静电除尘方式能过滤比细胞还小的灰尘、烟雾和细菌，防止肺病、肺癌、肝癌等疾病。静电除尘结构简单，除尘效率高，能够除去的粒子粒径范围较宽，电能消耗小。其原理图见图 8.5-4 所示。

（3）辐射供冷取代传统风机盘管，减少二次污染

20 世纪 70 年代，德国科学家根据仿生学原理，模拟人体毛细血管的网状结构所形成的毛细管内流动，发明了毛细管辐射末端系统。毛细管由高分子材料聚丙烯（PP-R）制成，以冷、热辐射和对流的方式实现高效的热交换，柔和地向房间供冷/供

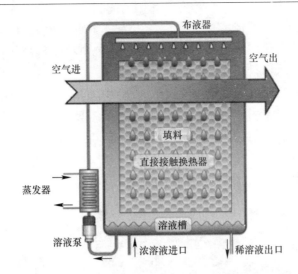

图 8.5-3 溶液过滤 $PM_{2.5}$ 原理

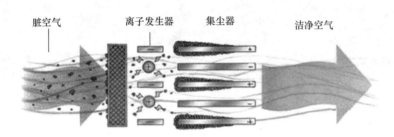

图 8.5-4 静电除尘原理

热，具有极好的舒适性。采用毛细管辐射供冷方式取代传统的风机盘管方式，没有风管和风机，没有噪声，没有冷凝表面滋菌产生的二次污染，也不会因气流引起二次扬尘，降低了 $PM_{2.5}$ 的二次污染。毛细管供冷供热原理见图 8.5-5 所示，安装效果图见图 8.5-6 所示。

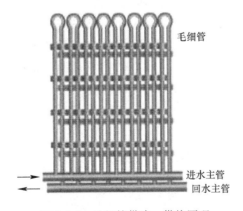

图 8.5-5 毛细管供冷、供热原理

图 8.5-6 毛细管安装效果图

（4）置换送风有效排除污浊空气
置换式的送风，就是将新风通过地板送风口直接送入人体所在区域，送风风速低，人员不会感到吹风感，新鲜清洁空气直接送入人体附近，形成新风空气湖。这种通风形式主要受热源（人体）的热浮升力作用，热污染源形成的烟羽因密度低于周围空气而上升，最终通过排风口排出。

　　室内人员及设备会不断地产生颗粒物，使空气变得污浊，采用常规的送风方式，送入的新鲜空气首先与室内空气发生掺混，再被人体吸入，室内人员无法直接呼吸到清新的空气；采用置换式的送风方式，人体置身于新鲜的空气湖中，室内污浊空气通过热羽流从下而上带走，使人员时刻沐浴在新风环境中，改善了室内空气新鲜度，提高了人体舒适感。置换送风原理及送风口见图 8.5-7 所示。

*a.*原理示意图　　　　　　　　　　　　　*b.*置换送风口位置

图 8.5-7　置换送风

2. 技术方案实施

　　上海大宁金茂府采用的独立新风系统从根本上解决了普通住宅空气内循环带来的空气质量问题，系统应用形式如图 8.5-8 所示。新风系统纵向分为两个区，高低区的新风机房分别设置在屋顶和地下二层。

　　新风系统将室外新鲜的空气过滤、除尘、杀菌、加湿、除湿、降温后，由新风竖井送入各房间的送风静压箱，再通过地板送风口以较低的风速送入空调区域，形成新风空气湖，使人员始终呼吸到新鲜的新风，通过 24 小时不间断置换室内空气，将家中污浊的空气排出室外，使家中的空气持久清新。室内温度采用毛细管辐射进行控制，铺设于顶面和部分内墙上，柔和地向室内辐射供冷或供热，没有吹风感，不影响装修，为业主提供极舒适的空调感受。

　　项目新风机组选型见表 8.5-1。项目共有建筑 10 栋，总建筑面积 91335m^2，套内面积 63424m^2，共选择了 36 台溶液调湿新风机组，总新风量 202000m^3/h。无论大小户型，每户单位面积的新风量都能达到 $2.8 \sim 3.5 m^3/(h \cdot m^2)$，可为用户提供足量的新鲜空气。

　　综上所述，在新风系统中创新性地采用了溶液调湿技术、静电除尘技术，能够有效地去除 PM$_{2.5}$；配合室内采用毛细管辐射系统，避免灰尘的聚集；置换式送风方式，可使人体活动区域具有较低的 PM$_{2.5}$ 浓度。这一套以新型盐溶液及静电除尘技术为核心的系统，可为业主营造更健康、更舒适、更宜居的室内环境。

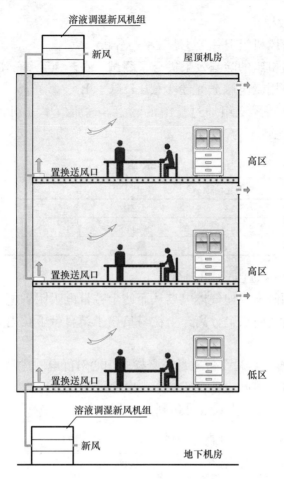

图 8.5-8 新风系统应用形式

溶液调湿新风机组选型 表 8.5-1

建筑	总楼层	总建筑面积	套内面积	新风机组型号				总新风量	单位面积新风量
		m²	m²	屋顶机房	数量	地下室机房	数量	m³/h	m³/(h·m²)
1 号	22	8576	5720	HVF-PF-05	2	HVF-PF-05	2	20000	3.5
2 号	22	8576	5720	HVF-PF-05	2	HVF-PF-05	2	20000	3.5
4 号	22	8636	6424	HVF-PF-10	1	HVF-PF-05	2	20000	3.1
5 号	18/20	11996	8360	HVF-PF-06	2	HVF-PF-06	2	24000	2.9
6 号	22	14007	9680	HVF-PF-08	2	HVF-PF-08	2	32000	3.3
7 号左	22	15826	4840	HVF-PF-08	1	HVF-PF-08	1	16000	3.3
7 号右	22		5720	HVF-PF-05	2	HVF-PF-04	2	18000	3.1
8 号	22	8576	5720	HVF-PF-05	2	HVF-PF-05	2	20000	3.5
9 号	15	5609	4200	HVF-PF-06	1	HVF-PF-03	2	12000	2.9
10 号	16	9533	7040	HVF-PF-05	2	HVF-PF-05	2	20000	2.8
合计	—	91335	63424	—	17	—	19	202000	—

3. 颗粒物控制效果

（1）溶液调湿新风机组 PM$_{2.5}$过滤效果与分析

对溶液调湿新风机组的除霾效果进行了测试，在新风系统的新风口和送风口分别设置两个采样点，使用微电脑激光粉尘仪 LD-5C（B）、激光离子尘埃计数器 Y09-301进行测试，溶液调湿新风机组通过盐溶液除尘，过滤效率分别为：PM$_{10}$过滤效率为32.0％，PM$_{2.5}$的过滤效率为 32.5％，0.5μm 以上颗粒物过滤效率为 64.2％。

测 试 结 果　　　　　　　　　　　　　　　　　表 8.5-2

	PM$_{2.5}$	PM$_{10}$	0.5μm 以上颗粒物
新风口（μg/m^3）	223	216	263308（个/L）
送风口（μg/m^3）	151	146	94229（个/L）
过滤效率（％）	32	32.5	64.2

（2）静电除尘 PM$_{2.5}$过滤效果与分析

静电除尘是利用静电场使气体电离从而使尘粒带电吸附到电极上的收尘方法，含尘气体经过高压静电场时被电分离，尘粒与负离子结合带上负电后，趋向阳极表面放电而沉积。

2013 年 7 月，国家空调设备质量监督检验中心对静电除尘器进行了检测，在空气动力学实验台上测试静电除尘器的 PM$_{2.5}$一次通过净化效率，结果显示所用静电除尘装置对 PM$_{2.5}$的一次通过净化效率可达到 90％以上。

静电除尘器对 PM$_{2.5}$一次通过净化效率检验结果　　　　　表 8.5-3

检测项目	装置前浓度（μg/m^3）	装置后浓度（μg/m^3）	净化效率（％）
检测结果	322	32	90.1

8.5.3　结束语

在雾霾天气严重的今天，高品质的空气质量越来越受到大众关注。上海大宁金茂府独立新风系统，在盐溶液除尘的基础上又增加了静电除尘，两项技术结合实现了多级过滤，较好地实现了室内 PM$_{2.5}$的控制。

（执笔人：中国金茂控股集团有限公司　左建波　齐静静）

8.6　武汉汉阳满庭春项目

8.6.1　工程概况

汉阳满庭春项目（图 8.6-1）位于武汉市经济开发区后官湖大道与枫树四路交汇处，总占地面积约 4.2 万 m^2，总建筑面积 12.72 万 m^2，住宅积 10.28 万 m^2。项目由 18 层小高层和 33 层、34 层高层住宅，一栋生活中心及商业组成。整个项目一共由 10 栋楼组成，总户数为 1087 户。项目目前正处于开发阶段，预计 2015 年底竣工交付。案例对武汉汉阳满庭春项目使用的建筑室内 $PM_{2.5}$ 控制技术及样板间测试结果进行介绍。

图 8.6-1 武汉汉阳满庭春项目

项目采用高效围护结构保温隔热体系、节能高效照明设计、雨水回收利用系统，达到建筑节能 50% 的目标。户内采用分体空调系统为业主解决夏季制冷和冬季供热需求，运行模式由业主根据自身的行为习惯自主控制调节。新风既可以采用无组织的开窗透气方式来解决，也可以通过新风滤清设备有组织地通风换气来进行。外窗采用 60 系列塑钢三腔型材（5Low-E＋12A＋5）中透光中空玻璃平开窗，传热系数 2.3W/(m²·K)，气密性为 6 级，水密性为 4 级，抗风压性能为 4 级。房间气密性在样板间用气体浓度示踪法进行了检测，门窗密闭条件下的自然换气次数约为 0.4 次/h。

8.6.2 室内 $PM_{2.5}$ 控制设计

1. 空气质量控制标准调研

世界卫生组织的研究表明，很多不发达国家的户内 $PM_{2.5}$ 的浓度都很高，主要原因是使用燃煤或燃木材的简易灶具造成的，环境因素的影响较小。对于发达国家来说，户内 $PM_{2.5}$ 的主要来源是室外空气。研究显示，户内 $PM_{2.5}$ 浓度同户外浓度有较强相关性，但也会受到各家生活习惯的影响，并不很一致。一些室内活动，包括吸烟、做饭、扫除、游戏、运动等，对 $PM_{2.5}$ 都有一定影响。

实测表明，室内 $PM_{2.5}$ 变化趋势与室外 $PM_{2.5}$ 的趋势基本一致，但变化幅度低一些，且略有滞后，详见图 8.6-2。

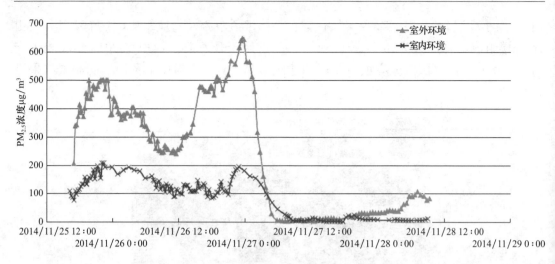

图 8.6-2 室内外 PM$_{2.5}$ 浓度实测结果

由于室外空气渗透是室内 PM$_{2.5}$ 的主要来源,当代汉阳满庭春项目应用了新风滤清系统来实现新风中 PM$_{2.5}$ 的过滤。该系统通过新风持续净化和回风快速净化相结合的方式有效控制室内 PM$_{2.5}$。新风净化工况时,当新风进口风阀完全打开,回风进口风阀完全关闭,室外新鲜空气通过多重过滤处理后,将洁净新风送入室内。此时由于室内微正压,室外空气不会渗入室内。当室内发尘量较大,需要快速去除 PM$_{2.5}$时,新风进口风阀完全关闭,回风进口风阀完全打开,进行室内空气循环并经过多重过滤处理后,将洁净新风送入室内。当冬季室外温度较低时,回风进口风阀完全打开,新风进口风阀按预设比例打开,进入混风状态,将洁净新风送入室内。

2. PM$_{2.5}$ 控制方案

(1)滤材性能选择

无论何种形式的净化器,核心部件都是滤材。因此,首先对滤材性能进行深入实验分析,下面节选了部分滤材的性能测试实验,并从中选出了作为过滤产品的配套滤材。

F7 级过滤器过滤样品示意图见图 8.6-3 所示,测试结果显示,当 PM$_{2.5}$ 初始浓度约为 $173\mu g/m^3$ 时,经实际连续测试,F7 过滤器对 PM$_{2.5}$ 的过滤效率约为 43.6%。

 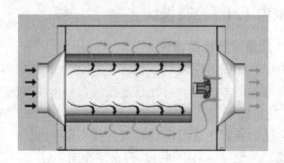

图 8.6-3 过滤样品示意图

F9 级过滤器的检测基于北京某项目新风系统,其机房新风过滤器现场照片见

图 8.6-4，测试结果显示，当 PM$_{2.5}$ 初始浓度约为 $62\mu g/m^3$ 时，经实际连续测试，F9 过滤器对 PM$_{2.5}$ 的过滤效率约为 81.8%。

H11 级过滤器检测的现场照片见图 8.6-5，当 PM$_{2.5}$ 初始浓度约为 $52\mu g/m^3$ 时，经实际连续测试，H11 过滤器对 PM$_{2.5}$ 的过滤效率约为 97.7%。

静电除尘过滤器（图 8.6-6）检测结果显示，当 PM$_{2.5}$ 初始浓度约为 $336\mu g/m^3$ 时，经实际连续测试，静电除尘对 PM$_{2.5}$ 的过滤效率约为 81.1%。

图 8.6-4 北京某项目新风　　　　图 8.6-5 亚高效 H11　　　　图 8.6-6 静电除尘过滤器
机房新风过滤器现场　　　　　过滤器现场照片

上述测试过程中涉及的空气过滤器品牌均不相同，产品质量差异较大，另外测试实验时初始工况均不相同，受室外空气质量影响，因此所得出的结论仅作为参考值。考虑一定的安全系数，选择的 PM$_{2.5}$ 过滤等级不低于 F9 级，过滤效率≥90% 作为过滤器选型条件。

（2）过滤系统功能特点

新风滤清设备的核心是 PM$_{2.5}$ 净化和洁净新风供应，该设备主要由高效离心风机、电动风阀、粗效过滤器、活性炭（可选）、PM$_{2.5}$ 过滤器、电路控制板等组成。其结构见图 8.6-7 所示，规格参数见表 8.6-1。

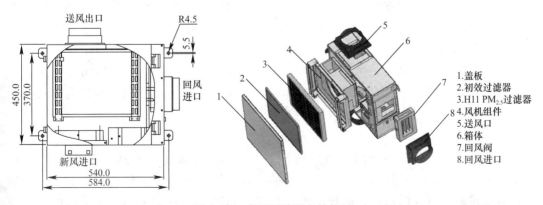

图 8.6-7 新风滤清设备结构图

1）粗效过滤器

采用 G4 板式粗效过滤器，主要过滤 $5\mu m$ 以上尘埃粒子大颗粒污染物，一般 2～3 个月清洗一次，经过水洗晒干后即可重复使用。

2）活性炭纤维（可选）

活性炭纤维在本设备过滤段为可选段，1～2.5mm 碳颗粒，主要在回风模式下去除室内残余甲醛、苯、异味等其他有害气体。

3）$PM_{2.5}$ 过滤器

$PM_{2.5}$ 过滤器采用 H11 级高效过滤器，一次过滤效率大于 98％，主要过滤 $PM_{2.5}$ 等微小颗粒物。每 3～6 个月更换一次。

新风滤清设备规格参数　　　　　　　　　　表 8.6-1

型号	运行状态	电压 V	额定功率 W	额定电流 A	风量 m³/h	可支配余压（静压）Pa	噪声 dB（A）	$PM_{2.5}$ 过滤效率	外形尺寸 长×宽×厚（mm）	重量 kg
KL（D-210 -ZG-A1	高速	220	84.7	0.39	210	74	50.1	99.4％	540×450×210	21.5
	中速	220	44	0.29	135	40	41.9	99.3％		
	低速	220	24.5	0.21	80	16	28	99.1％		

（3）运行模式与技术创新

1）运行模式

① 新风模式

在此模式下，回风阀关闭，新风阀开启，风机默认按中速运行，机组运行在全新风状态。可根据个人感受，手动选择风速。该模式的主要适用条件是业主及其家人（3～5 人）处于准静态家庭生活（如睡觉、看电视、看书、看报、聊天等），室内 $PM_{2.5}$ 发尘量较少时，以全新风模式为主自动运行。

② 净化模式

在此模式下，回风阀开启，新风阀关闭，风机默认按高速运行，机组运行在全回风状态。可根据个人感受，手动选择风速。该模式的主要适用条件是房屋停机一段时间后，刚回家的最初一段时间，启动全回风模式将室内 $PM_{2.5}$ 浓度在短时间内迅速降低。另外由室内行为导致室内 $PM_{2.5}$ 浓度瞬时值较高时（如打扫卫生、吸烟、炒菜做饭等）也可以短时间运行全回风模式，快速净化室内 $PM_{2.5}$。

③ 睡眠模式

在此模式下，回风阀关闭，新风阀开启，风机固定按低速运行，机组运行在新风低噪声状态，此模式下没有权限手动选择风速。该模式的主要适用条件是需要较为安静休息环境，同时保留洁净新风供应。

④ 混风模式

在此模式下，回风阀开启，新风阀开度由送风温度确定，风机固定按中速运行，可根据个人感受，手动选择风速。该模式的主要适用条件是在室外气温较低时，为防止室内送风温度过低而设置，既保证引入洁净的新风，又不至于导致送风温度过低而引起不适。

⑤ 全自动模式

此模式下，按设定程序自动运行。开机后首先按全回风模式运行30分钟（时间可调），之后自动转入新风模式，晚上23：00（时间可调）后自动转入睡眠模式，早上7：00（时间可调）后自动转入新风模式，如此循环。该模式的主要适用条件是长期规律性生活时采用，无需时时维护。

⑥ 智能模式

引入第三方室内空气检测装置后，可与新风滤清设备的控制系统实现智能化模式运行。

2）技术要点

技术要点一：大风量内循环＋洁净新风

创新性：将大风量内循环净化功能和持续新风净化功能进行了结合，既有家用净化器大风量快速净化 $PM_{2.5}$ 的效果，又有室外净化后的新风持续引入驱除室内有害气体的功效。独特之处在于将两种独立的空气净化产品进行了性能整合，精简了内部滤网多层设计，降低电机能耗，依靠新风置换原理驱除室内污染物。

实现路径：通过设置新风阀＋回风阀的双风阀配合设备内腔不同的气流，为上述方案实施提供的实现路径。

技术要点二：混风设计

创新性：混风功能的设计，为避免冬季送冷风和夏季送热风，影响室内热舒适度，采用混风设计，通过调节新回风比例确保温度不会过高或者过低。独特之处在于该模式的设计在保证热舒适度的前提下，降低了设备成本和维护操作，保证设备更加持久稳定的运行。

实现路径：将新风阀设置为比例调节阀，可根据设定送风温度动态调节新风阀的开度，保证送风温度不会出现过高或过低的现象。

技术要点三：移动互联＋净化处理

创新性：与第三方空气质量检测单位合作（天气软件），将新风滤清设备净化 $PM_{2.5}$、驱除室内 CO_2 的功能与室内空气质量检测装置检测的数据相结合，收集使用者的使用状态数据，增加了产品服务客户的深度，同时增加了使用者的直观感受和互动体验，并可借助室内空气质量检测装置检测到的室内空气质量参数指导新风滤清设备按照空气质量情况自动智能运行。独特之处在于通过与天气软件的合作，实现了大数据共享，通过云服务器的数据分析建立多种业务模块，便于信息、设备状态、室内空气质量的综合管理，可提供及时便捷的深度服务。

实现手段：新风滤清设备控制系统与天气软件的云服务器实现数据通信和数据共享，关联绑定新风滤清设备和室内空气质量检测装置，通过联网控制实现智能运行。

8.6.3 PM$_{2.5}$控制效果

1. 室内 PM$_{2.5}$浓度测试与分析

室内 $PM_{2.5}$ 浓度测试采用了美国 TSI 公司的专业仪器。在项目样板间安装新风滤清系统之后进行了连续测试，一方面证实了室内外 $PM_{2.5}$ 在关闭门窗的情况仍存在一定关联，同时验证新风滤清系统的实际运行效果。新风滤清系统不但可除去 $PM_{2.5}$，还可降低户内 CO_2 水平，增加室内空气含氧量。应用新风滤清设备时，室内 $PM_{2.5}$ 和 CO_2 浓度均比较低，整体空气质量良好，结果见图 8.6-8～图 8.6-10。

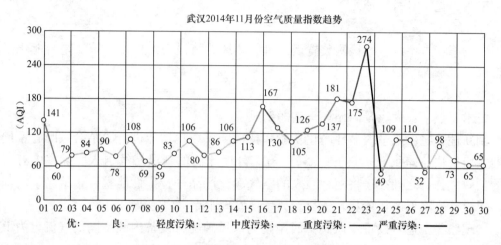

图 8.6-8　武汉 2014 年 11 月份空气质量趋势

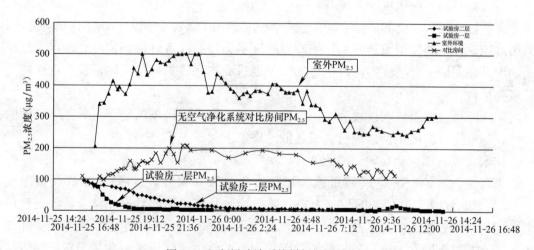

图 8.6-9　新风滤清系统样板间测试实验

2. 效益分析

新风滤清设备滤材采用增大容尘量的大尺寸设计，延长了业主的更换周期，降低了耗材量，同时风机功耗很低，额定工况下每天运行电耗不超过一度电。减少了不必要的或性能不稳定的构件，强化了核心部件功能。无论新建建筑还是改造建筑，均可以根据建筑结构情况提供良好的解决方案。

8.6.4　结束语

室内空气净化系统应该具备较高的净化效率，以提供洁净的新风，同时还应控制

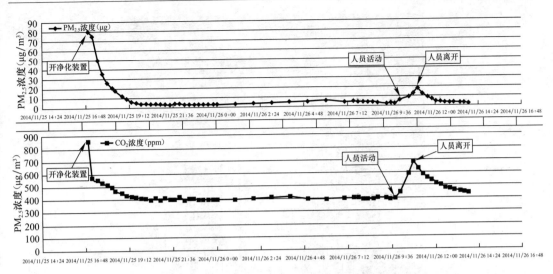

图 8.6-10　室内 $PM_{2.5}$ 和 CO_2 变化规律

其电能消耗。对于住宅建筑来说，同时还要兼顾低噪声运行。空气净化系统还应具备使用简单、方便维护的特点。此外，目前正处于互联网、智能化快速发展的时代，科技智能产品丰富着人们的生活，设备的智能运行和手机 APP 端的良好互动，必然会给用户带来超值的使用体验，因此，室内空气净化系统的智能化是一个具有前景的方向。

（执笔人：当代节能置业　邵兵华　柳明一　贾　岩）

8.7　中国建筑科学研究院科研楼

8.7.1　工程概况

中国建筑科学研究院科研楼位于北京市朝阳区北三环东路 30 号，建筑面积约 $64455m^2$，建筑高度为 79.8m。该建筑的 B2～B4 层为地下车库，B1 层为机房、餐厅（只有备餐间，无燃气厨房）等；地上部分为南、北两栋塔楼，三层以上通过连廊连接，1F 层为展览室、休息区、办公区，2F 层为会议室，3F 以上为办公区，见图 8.7-1。

项目空调系统的主要形式：

办公楼的空调冷、热源：夏季采用压缩式电制冷离心机加螺杆机提供的 7～12℃中央冷水空调机组，冬季采用热水锅炉房提供的 60～50℃采暖热水。

地下室二层的餐厅区域、首层大堂、二层报告厅及十九层多功能厅等较大空间，设计全空气系统，过渡季节充分利用室外的新风；其他空调区域均采用风机盘管加独立新风系统。办公区域各楼层、南北塔楼分别设置独立新风机组。

根据环境需求，空调系统的控制与运行以手动控制和自动控制两种方式进行控制。对于全空气系统，其新风进风电动风阀与回风电动风阀之间反向比例联动，并接受室

图 8.7-1　中国建筑科学研究院科研楼

外空气熵值传感设施的控制，对新风风量大小进行调节。大楼新风机组可以实现独立控制，对于不经常使用的区域（如会议室、部分楼层的办公室等），其对应的新风机组可以关闭。

8.7.2　室内 PM$_{2.5}$控制设计

1. PM$_{2.5}$控制方案

室内空气的 PM$_{2.5}$污染主要来源于以下两方面：室内 PM$_{2.5}$污染及其复合污染源，以及室外空气对室内的污染。而室外空气对室内的污染则主要有室外 PM$_{2.5}$通过空调新风系统进入室内、室外 PM$_{2.5}$通过围护结构缝隙渗透进入室内。因此，针对空调新风系统，项目选择了高压静电设备来降低随新风进入室内的 PM$_{2.5}$浓度。

2. 关键技术方案

针对空调系统通风量大、新风含尘量高的特点，选择静电除尘净化器。同时有效控制风管系统中灰尘的累积，对空调菌有一定的抑制作用。因此，建筑在新风机组内配置风管式静电除尘装置，消除新风中的 PM$_{2.5}$。

选用的静电除尘净化器在实验室条件下，能够达到 F7 中效过滤级别，且具有可清洗、可重复利用、寿命长、运行费用低等优势。静电除尘净化器安装在空调机组内部，结构简单，安装方便，与空调机组完美结合。为使静电除尘净化器净化 PM$_{2.5}$的效率更高，在静电除尘净化器的前段加装粗效过滤器。在粗效过滤器将室外空气中的粗颗粒过滤后，PM$_{2.5}$的过滤由静电除尘净化器完成。

3. 室内空气的质量监控与运营管理

在建筑运行过程中，对 PM$_{2.5}$浓度进行监测，是确保室内的 PM$_{2.5}$达标及过滤系统维护的重要环节。将 $PM_{2.5}$ 浓度监测与控制分为"日常检测"、"定期普查"和"运营管理"三个层次，实现空气质量监测方法的组合与互补，确保获取的空气质量参数准确可靠。

"日常检测"是日常性的检测工作，具体操作方式为工作人员利用手持式颗粒物检测仪，自行对不同楼层的新风机组下游、新风送风口的 $PM_{2.5}$ 浓度进行检测，了解新风机组的运行状况，以便及时发现问题。以新风送风口 $PM_{2.5}$ 浓度和新风机组下游浓度的比较，作为风管清灰处理的依据。"定期普查"是定期对全楼所有新风处理机组进行检测和维护，对风管进行定期清灰。"运营管理"是整个建筑的重要的环节，将室内空气品质管理纳入运营管理中，制定相应运行策略，如空气质量为"优"时，通过远程控制系统，将全楼的静电除尘净化装置关闭，以节约能耗。同时，根据室外污染状况，制定粗效过滤器更换周期及静电除尘净化器的清洗工作安排。

8.7.3 $PM_{2.5}$ 控制效果

1. 空调系统 $PM_{2.5}$ 过滤效果与分析

大楼空调系统对引入室内的新风集中通过楼层空调机组的新风处理段进行净化处理，为了解新风机组的效果，大楼物业人员会对新风机组进行常规性检测。

测试地点为 16F 北塔，北塔的面积为 $988m^2$，且设有独立的新风处理机组。新风处理机组中安装有粗效过滤器和高压静电除尘净化装置，其目的在于利用静电净化法收捕空气中微小颗粒物，过滤室外大气中的 $PM_{2.5}$。为具体掌握新风机组中空气净化设备对 $PM_{2.5}$ 的过滤效果，选择某一楼层的新风机组进行 $PM_{2.5}$ 浓度测试，测试点为净化设备的上游和下游位置。同时，为了解不同污染程度下净化设备的过滤效果，选择重度污染天气（AQI 为 $201\sim300$）和严重污染天气（AQI 大于 300）进行测试，测试结果见表 8.7-1。

新风机组净化设备过滤效果测试结果   表 8.7-1

采样次数	室外空气质量情况	$PM_{2.5}$ 浓度（$\mu g/m^3$）		$PM_{2.5}$ 去除率（%）
		净化设备上游	净化设备下游	
1	重度污染	238	33	86.13
2	重度污染	236	31	86.86
3	严重污染	278	78	71.94
4	严重污染	292	80	72.60

测试结果表明，在重度污染天气时，$PM_{2.5}$ 综合去除率约为 86%；但在严重污染天气，$PM_{2.5}$ 综合去除率有所下降，平均为 72% 左右。可见，粗效过滤器加静电除尘装置在重度污染时能够使室内保持较低 $PM_{2.5}$ 浓度水平，在严重污染时，效果略有下降。

2. 室内 $PM_{2.5}$ 浓度测试与分析

为了解办公楼内 $PM_{2.5}$ 浓度情况，依据科研楼的建筑设计特点和使用功能，选取该办公建筑中的 4 处典型区域进行 $PM_{2.5}$ 的浓度测试，分别为 4 人办公室、8 人办公室、走廊以及无人使用的会议室，在每个区域的中心位置进行三次重复采样。为了解过滤器效率及对比室内净化效果，选择重度污染天气（AQI 为 201～300）和严重污染天气（AQI 大于 300）情况进行测试，并记录室外 PM$_{2.5}$质量浓度。检测数据结果见表 8.7-2。

典型区域室内空气 PM$_{2.5}$浓度测试表　　　　　　　　　　　　　表 8.7-2

测试点	重度污染时 PM$_{2.5}$浓度（$\mu g/m^3$）				严重污染时 PM$_{2.5}$浓度（$\mu g/m^3$）			
	第 1 次测试	第 2 次测试	第 3 次测试	平均值	第 1 次测试	第 2 次测试	第 3 次测试	平均值
室外	239	235	238	237	278	276	275	276
4 人办公室	40	39	42	40	86	84	83	84
8 人办公室	45	42	43	43	85	87	84	85
走廊	69	66	66	67	105	101	101	102
无人会议室	31	31	32	31	79	79	78	79

检测数据显示，当室外 PM$_{2.5}$浓度为 $237\mu g/m^3$（重度污染）时，办公楼室内空气中的 PM$_{2.5}$质量较低。无人会议室的室内空气最好，PM$_{2.5}$的质量浓度为 $31\mu g/m^3$，当室内有人员活动时，室内 PM$_{2.5}$的浓度随着人员数量升高，其中 4 人办公室的 PM$_{2.5}$浓度为 $40\mu g/m^3$，8 人办公室的 PM$_{2.5}$浓度为 $43\mu g/m^3$。当室外 PM$_{2.5}$浓度为 $276\mu g/m^3$（严重污染）时，办公楼室内空气中的 PM$_{2.5}$质量较重度污染时有明显上升。其中，无人会议室的室内空气相对较低，PM$_{2.5}$的质量浓度为 $79\mu g/m^3$，当室内有人员活动时，室内 PM$_{2.5}$的浓度随着人员数量升高的趋势未变，其中 4 人办公室的 PM$_{2.5}$浓度为 $84\mu g/m^3$，8 人办公室的 PM$_{2.5}$浓度为 $85\mu g/m^3$。由于走廊中的人员流动频繁，所以导致走廊的 PM$_{2.5}$浓度要高于办公室。不同人员数量的办公室的 PM$_{2.5}$浓度不同的原因有两方面，一是由于人员的流动使颗粒物持续悬浮并使沉降的颗粒物再次悬浮，二是在测试期间，各办公室的门是敞开的，而从表 8.7-2 中可知，走廊的 PM$_{2.5}$浓度相对较大，所以走廊中的 PM$_{2.5}$可以通过敞开的门以及人员进出引起的空气流动进入办公区域室内。

在严重污染的天气，室内的 PM$_{2.5}$升高明显。可见，随着室外空气质量的下降，室内 PM$_{2.5}$的质量浓度也会随之上升。粗效过滤器加高压静电的过滤组合在重度污染条件下可以使室内 PM$_{2.5}$保持较低浓度水平，但严重污染天气时其效果会有所下降。图 8.7-2 所示为北京 2014 年每日室外空气质量分布情况，严重污染的天气仅占 4.1%，约 15 天。图 8.7-3 所示为北京市 2015 年 1 月～5 月每日空气质量分布情况，严重污染天气占 1.3%，约 2 天。可见，严重污染的天数在全年中仅占少数，该净化系统基本可以保证全年室内处于较低 PM$_{2.5}$水平之中。

3. 效益分析

中国建筑科学研究院科研楼空调系统使用的高压静电除尘设备耗材少，运营成本低，使用时只需花费少量电耗和定期清洗的成本，相较于其他"纸类、棉质类"空气净化设备，无需更换滤芯，且静电设备本身对较大粒径颗粒的吸附具有灭菌的作用，产生的不超过规定浓度的臭氧也有一定的杀菌效果。同时，由于静电除尘设备阻力小、

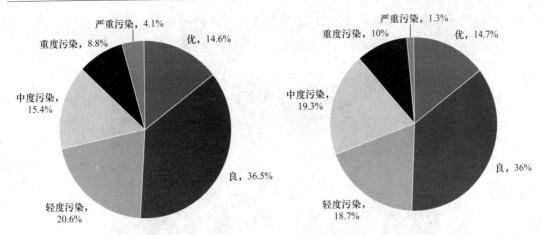

图 8.7-2　北京 2014 年日空气质量　　　图 8.7-3　北京 2015 年 1～5 月日空气质量

压降低，不会过多地增加风机的负担。另外，中国建筑科学研究院科研楼进行室内空气净化，采取了多项措施，其中合理的气流组织、加大新风等多数策略均是通过加强监管、依靠精细管理等手段进行控制和改善，整体工作并未过多增加设备投资成本。

中国建筑科学研究院科研楼应用了一套室内空气净化的解决方案，是多项技术的集成。实践证明，该套系统可有效控制建筑室内 $PM_{2.5}$ 浓度，可以在同类建筑中借鉴、推广和应用。

8.7.4　结束语

室内 $PM_{2.5}$ 污染的因素是多方面的，必须从污染源头加以控制，采用系统工程的方法综合配套治理。空气净化装置是新风和室内空气循环净化的重要设备，其正确的选型和配置是净化效果的关键。室外霾污染严重时，建筑外窗须关闭，降低室外 $PM_{2.5}$ 进入室内的浓度。在进行净化系统设计时，须根据当地大气 $PM_{2.5}$ 污染情况进行设计，避免盲目追求过高净化效率而导致系统能耗、投资等增加。

（执笔人：中国建筑科学研究院　刘　亮　孟　冲　李国柱
　　　　　建研凯勃建设工程咨询有限公司　郭　阳）

8.8　北京凯晨世贸中心大厦

8.8.1　工程概况

凯晨世贸中心大厦（图 8.8-1）位于北京金融区内复兴门内大街上，毗邻西长安街，与金融街隔街相望，总建筑面积达 19.4 万 m^2。建筑由东座、中座及西座大楼 3 幢平行且互相连通的 14 层写字楼组成，总占地面积约为 $21659m^2$，总高度约 57m，建筑密度为 51.3%，容积率为 6.28，绿化率为 20.9%。楼层分地上 14 层，地下 4 层，建筑层高 3.9m，室内净高 2.8m。2012 年 3 月，大厦对能源系统、室内环境等多方面进行了改造，并于 2013 年初完成改造并投入使用。

图 8.8-1　凯晨世贸中心效果图

8.8.2　室内 PM$_{2.5}$控制设计

项目在项目设计之初已经对室内环境质量进行充分优化，主要思路如下：

1. 减少室内源

室内装修采用环保材料，地面铺有地毯，装修风格见图 8.8-2。考虑到地毯对灰尘的吸附作用，使用时间较长会对室内造成污染，大楼物业设有专业保洁人员进行卫生保洁和定期地毯清洗工作，有效减少了室内 PM$_{2.5}$的二次悬浮问题。

图 8.8-2　室内装修效果图

办公建筑室内打印机是 PM$_{2.5}$的主要污染源之一，因此在室内功能分区中，将打印室设置在南侧靠近走廊区域，室内空气经单独排风口后直接进入排风管道排出室内，避免了打印机产生的 PM$_{2.5}$进入人员工作区域。

2. 减少室外源

北京雾霾天气频发，大气中的 PM$_{2.5}$严重影响了室内环境质量。在改造过程中对建筑外围护结构进行了统一改造，采用呼吸式幕墙，并加强了外窗洞口及玻璃缝隙处密封，增强了建筑气密性，减少了室外颗粒物渗透对室内环境的影响。

3. 新风系统改造

改造后，在原有过滤系统的基础上，在建筑各层的新风室入口处增加静电除尘装置。

4. 气流组织优化

对人员办公区域进行气流组织模拟，对气流组织进行优化，以避免室内大范围局部涡流对 $PM_{2.5}$ 的集聚作用以及 $PM_{2.5}$ 的交叉污染。

5. 运行管理

专门的物业公司对大厦进行统一管理。一方面，物业人员的专业能力相对较高，为大楼的高效运行和室内空气质量提供了有效保障。另一方面，物业公司具有完善的运行管理制度，除定期对室内颗粒物浓度检测外，还制定了空调系统的清洗计划。

8.8.3 $PM_{2.5}$ 控制效果

1. 空调系统 $PM_{2.5}$ 过滤效果与分析

大楼空调新风过滤系统采用粗效过滤器和静电除尘装置二级净化方案，在保证新风 $PM_{2.5}$ 达标的情况下，还对人员较多的大空间办公区域另设置了独立过滤装置，目的是当室内存在 $PM_{2.5}$ 发生源的情况下，允许室内独立过滤装置运行，以实现对室内整体 $PM_{2.5}$ 浓度的有效控制。为检测系统对 $PM_{2.5}$ 的控制效果，在雾霾严重的天气下，对大楼室内环境 $PM_{2.5}$ 进行了检测。

（1）室外检测

对室外四个方位进行了检测，$PM_{2.5}$ 质量浓度的检测结果取平均值为 $702.74\mu g/m^3$。

（2）新风过滤系统检测

本次检测随机抽取一、七、十二层进行检测。分别对新风系统粗效末端段和静电除尘设备前后端进行检测，每个断面取五个检测点，检测结果取平均值作为该点的检测结果（表 8.8-1）。

粗效＋静电设备过滤检测结果

表 8.8-1

检测对象	检测位置	$PM_{2.5}$浓度（$\mu g/m^3$）	$PM_{2.5}$去除率（%）
粗效	末端	389	45.62%
静电除尘器	前段	388.16	82.8%
	末端	66.61	
过滤系统	室外新风侧	702.74	90.52%
	室内新风入口侧	66.61	

经过检测发现，经粗效过滤后的新风 $PM_{2.5}$ 浓度仍然非常高。经静电除尘后，$PM_{2.5}$ 浓度为 $66.61\mu g/m^3$。粗效过滤器对 $PM_{2.5}$ 的过滤效率为 45.62%，静电除尘器的过滤效率为 82.8%，系统整体的过滤效率为 90.52%。

2. 室内 $PM_{2.5}$ 浓度测试与分析

对不同规模的办公房间进行抽测，其中大空间办公区域分别选择回风口末端加粗效过滤器、采用独立过滤装置和未采取措施的办公房间进行抽测，检测结果如表8.8-2所示。

典型房间 PM$_{2.5}$检测 表8.8-2

检测房间	检测位置	检测结果（$\mu g/m^3$）
西座大堂客厅（中间）	主要入口	192.56
西座大堂客厅（南侧）	主要入口	220.43
大堂中座	主要入口	161.57
十二层1209室	末端粗效	20.70
十二层1211室	末端粗效	16.75
十二层1217室（会议室）	末端粗效	15.43
十二层1220室	末端粗效	15.88
十二层1201室	末端粗效	66.65
十二层大厅前台	末端粗效	89.74
十层办公区域	室内有独立 PM$_{2.5}$除尘机组	47.40
七层办公区域	室内无独立 PM$_{2.5}$除尘机组	99.47

结果表明，在室外污染严重的天气中，在人员活动较多的入口大厅处，室内PM$_{2.5}$受室外环境的影响，质量浓度$>75\mu g/m^3$。对于室内环境质量要求较高的办公区域房间，可以在末端加粗效过滤器，室内 PM$_{2.5}$浓度在 15.43~20.70$\mu g/m^3$。

人员较多的办公区域内，局部增加独立除尘器，室内 PM$_{2.5}$浓度亦可得到有效改善。如十层办公室内人员大于 30 人，采用独立过滤器后，室内 PM$_{2.5}$的平均浓度为47.40$\mu g/m^3$。但对于同样规模的办公房间，未采用分体空调的七层办公区域，室内PM$_{2.5}$浓度为 99.47$\mu g/m^3$。

3. 效益分析

采用分级处理的措施，对于一般天气或中度污染的天气可以满足室内 PM$_{2.5}$浓度的要求；对于雾霾污染极其严重的天气，采用末端过滤或独立过滤器的方式，进一步对室内空气进行过滤，有效保证了室内 PM$_{2.5}$浓度的较低水平。通过系统优化和物业的高效管理，使室内 PM$_{2.5}$得到有效控制。

此外，过滤系统采用粗效加静电的过滤组合方式来满足大部分天气状况下的室内PM$_{2.5}$浓度要求，而且采用了独立过滤装置应对极其严重的雾霾天气。在运行时，可以根据室外空气质量状况，选择性地开启独立过滤装置，而不是在系统中集中设置高效过滤器，这种方式的优点是减小了系统整体阻力，"按需净化"，降低了系统能耗。

8.8.4 结束语

通过系统的设计优化和高效的运行管理，保证了建筑室内 PM$_{2.5}$的浓度。在实践中获得的经验可总结为：（1）注重源头控制，尽量将室内尘源以最短路径排除，避免交叉污染。（2）采用灵活的末端处理方式，既可减小系统阻力，也可应对极端污染天气下或室内源对室内造成的 PM$_{2.5}$污染。（3）高水平的物业管理是良好室内环境质量的保证，应加强对物业人员的技术培训和管理水平的提升。

（执笔人：重庆大学　王军亮）

8.9　天津泰达国际心血管病医院

8.9.1　工程概况

天津泰达国际心血管病医院（图8.9-1）是由天津经济技术开发区政府投资兴建的三级甲等心血管病专科医院，于2003年9月26日建成。医院建筑面积7.6万 m^2，可开展从常规心血管手术到心脏移植在内的各类心血管外科手术和内科介入手术。

图 8.9-1　泰达国际心血管病医院

随着大气环境污染问题的严重，医院也更加关心医院公共区域的空气品质。本着患者、家属及工作人员从进入医院大楼到直到离开均能呼吸到洁净空气的目的，2014年医院对非洁净区域（大堂、走廊、一般病房等区域）的新风系统进行了改造，主要控制室内 $PM_{2.5}$ 浓度。

8.9.2　项目改造与 $PM_{2.5}$ 控制

1. 改造前的基本情况

医院建设时分为洁净区域与非洁净区域，洁净区域多为手术室及实验室，空调系统均采用高效的空气过滤器，所以洁净区域的空气质量可以很好地控制。然而，非洁净区域（大厅、走廊、病房等）的空调新风系统中无空气过滤装置，存在潜在的交叉污染问题。非洁净区域是人员最多，条件最为复杂的，空气中既有颗粒物污染，又有细菌病毒及有害气体等污染物，使患者、家属及医务工作人员的健康受到威胁。

医院非洁净区域的各功能区包括：（1）候诊大厅：人员最为密集，人员流动性大。

（2）病房：病房与病房之间处于同一空调新风系统中，回风混合后再次分配到各房间，各病房存在交叉污染。（3）重症监护室（ICU）：重症监护病人一般都是生命垂危状态，抵抗力及机体能力极度低下。（4）急症输液室：急症输液室都是急重症病人，共同的特点是抵抗力低、细菌病毒的感染机率大，人体及药品的异味严重。非洁净区的各功能区的主要污染物及危害见表 8.9-1 所示。

非洁净区的各功能区的主要污染物及危害   表 8.9-1

序号	场所	主要污染物	主要危害
1	候诊大厅	颗粒物、细菌、病毒、人体异味	病毒交叉感染、异味
2	病房	颗粒物、VOC、病毒	病毒交叉感染、有害气体、异味
3	ICU	颗粒物、VOC、病毒	病毒交叉感染、异味
4	走廊	颗粒物、细菌、病毒	病毒交叉感染、异味

医院原采用的是仅带粗效过滤器的吊顶式机组，这种系统及维护管理存在下述问题：

（1）新风机无 PM$_{2.5}$的净化功能段，在引入新风的同时又将室外污染带入室内。

（2）由于吊顶内是开放空间，缺少定期维护清洗。

（3）无专门的 PM$_{2.5}$检测设备，对新风过滤效果的好坏没有直观的认识。

（4）新风系统不具备热回收功能，导致能量流失加大了整体空调负荷。

（5）整栋医院能源使用无监控，缺少有效的能耗数据统计。

2. 室内 PM$_{2.5}$控制方案及技术

针对医院原空调新风系统的问题，2014 年对新风系统进行了改造，将原新风机组更换为具有热回收功能的新风机组，并对新风管路进行了重新调整，以保证新风覆盖到所有非洁净功能区。

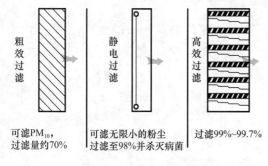

可滤 PM$_{10}$，过滤量约 70%　　可滤无限小的粉尘过滤至 98% 并杀灭病菌　　过滤 99%~99.7%

图 8.9-2　空气过滤流程图

（1）空气过滤

采用粗效过滤＋静电除尘器＋高效过滤三级净化的方式，可有效过滤空气中 99.9% 的 PM$_{2.5}$，既杜绝空气污染的源头，同时高压静电能杀死空气中的病菌，为室内环境提供优质的空气。图 8.9-2 为空气过滤流程图。

粗效过滤器可将空气中 PM$_{10}$过滤至 70% 左右，同时阻隔室外新风中的蚊虫、柳絮等大颗粒及杂物。静电除尘器的过滤效率可达 98%，使高效过滤器过滤负担只有 2%。高效过滤器对空气中 PM$_{2.5}$的过滤效率高达 99.7% 以上。

（2）全新风运行

改造后的新风系统为 100% 新风，不混合回风，这样的设计可将室内的污浊空气通过新风置换的方式排出室外，也避免了各房间的交叉污染。但一般的全新风系统会带来较大的新风能耗，医院更换的新风机组带有热回收功能，新风可通过热交换器回收排风中的能量，在温差大于25℃时，热回收效率可高达80%。

改造后的新风系统还配置了智能控制系统。过渡季节室外温度不高时，新风机组的新风旁通阀自动开启，新风不经过热交换器，只通过过滤器后直接进入室内，减少了室内空调消耗。室内还设有红外感应器，人少时，新风机组自动降低风机频率，节省电耗。

（3）能源与空气品质监控系统

对新风系统改造的同时，还增加了能源与空气品质监控系统。该系统通过空气品质管理器（图8.9-3），可实时查看室内空气品质情况，新风设备是否运行正常及建筑能耗情况。能源与空气品质监控系统界面见图8.9-4。

图8.9-3 空气品质管理器

图8.9-4 能源与空气品质监控系统界面

8.9.3 $PM_{2.5}$控制效果

经过新风系统改造后，室内空气品质有了很大改善。对该项目改造前后进行了测试，结果见表8.9-2所示。

<table>
<tr><td colspan="3" align="center">改造前后$PM_{2.5}$计数浓度对比</td><td align="right">表8.9-2</td></tr>
<tr><td></td><td align="center">改造前（个/L）</td><td align="center" colspan="2">改造后（个/L）</td></tr>
<tr><td>室外</td><td align="center">1107239</td><td align="center" colspan="2">1018498</td></tr>
<tr><td>室内</td><td align="center">950595</td><td align="center" colspan="2">381</td></tr>
</table>

经对比发现，未改造时，一般房间室内$PM_{2.5}$浓度与室外相差不大；而改造后，室内$PM_{2.5}$浓度仅为381个/L，$PM_{2.5}$净化效果明显。

此外，通过巧妙的设计，新风系统的改造并没有影响医院的整体装修风格，

图 8.9-5～图 8.9-7 为部分区域改造实景照片。

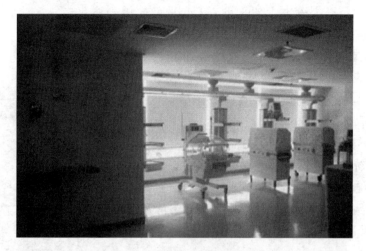

图 8.9-5　重症监护室

图 8.9-6　大堂

图 8.9-7　挂号处

8.9.4 结语

天津泰达国际心血管病医院的洁净新风系统改造是有效控制室内 PM$_{2.5}$ 的成功案例，使用高效的新风设备以及合理新风系统设计，可以有效地降低室内 PM$_{2.5}$ 污染。该案例能够为其他医院以及民用建筑的新风系统改造提供参考。

（执笔人：远大建筑节能有限公司　邓　鹏）

8.10　长沙远大品管办公楼

8.10.1　工程概况

长沙远大品管办公楼（图 8.10-1）位于湖南省长沙市远大三路远大城，是远大科技集团的总部办公楼，建筑面积 4212m^2，室内工作人员约 300 人。建筑共分 5 层，其中一层为展厅及会议室，地下一层、二、三、四层均为办公室。

图 8.10-1　远大品管办公楼

原建筑无新风系统，采用自然通风的方式进行通风换气。为保证一定的新风量，即使空调系统运行时，也要打开部分外窗进行新风交换，不仅浪费能源，同时，若室外存在空气污染，尤其是雾霾天气，开窗便将室外污染的空气引入室内。

对该建筑进行改造时，充分考虑到了 PM$_{2.5}$ 的污染控制，在新风系统的改造过程中，加装了带有静电除尘器和高效过滤器的热回收新风系统，室外新鲜空气经过滤器净化后送入办公区域以满足室内人员对新风的需要，排风与新风进行热交换后排出。

8.10.2　室内 PM$_{2.5}$控制设计

1. 室内 PM$_{2.5}$控制方案

（1）围护结构改造

围护结构是阻挡室外 PM$_{2.5}$进入室内的"屏障"，项目在保证建筑外围护结构热工性能的前提下，重点对外窗的气密性进行改造，减少了一半的可开启窗户面积，以减少室外 PM$_{2.5}$向室内的渗透。

（2）增设带过滤功能的新风系统

采用带热回收装置的新风机组对新风进行处理。新风机组除具有对排风进行热回收功能外，还设置了静电除尘器及高效过滤器，以降低新风中 PM$_{2.5}$浓度。

2. 关键技术方案

针对室外 PM$_{2.5}$污染，建筑新风系统采用了粗效过滤器、静电除尘以及高效过滤器三重 PM$_{2.5}$控制方案，同时为了降低能耗，配有新风热回收装置。粗效过滤器用于过滤较大颗粒物及阻挡进入新风系统的杂物（树叶、柳絮等）；静电除尘器用于 PM$_{2.5}$的净化，高效过滤器用以进一步净化新风中的 PM$_{2.5}$。三重 PM$_{2.5}$的控制策略，确保进入室内中的新风含有最低含量的 PM$_{2.5}$。

静电除尘对空气中的颗粒物具有较高的过滤效率，对后端的高效过滤器起到了良好的保护作用，大大延长了高效过滤器的使用时间。同时，静电除尘器格栅的结构使得风阻极低，降低了风机电耗。静电除尘器使用寿命长，不需要像滤纸一样频繁更换，用洗涤剂清洗即可将颗粒物洗掉，维护成本低。

项目采用的高效过滤器属于欧洲 CEN 过滤器标准中的 H13 级别，对于直径≥0.3μm 颗粒物的过滤效率约为 99.98%。

8.10.3　PM$_{2.5}$控制效果与检测分析

1. 检测内容与方案

项目检测对三楼室内 PM$_{2.5}$控制效果进行了抽样检测。选择 20 个点进行了抽样检测，采样点离墙距离大于 0.5m，且均避开了新风出口，采样高度为 1.5m，采样点见图 8.10-2。室外 PM$_{2.5}$浓度选择了东南西北四个方位的测点。

2. 结果分析

分别于 2010 年和 2013 年对该建筑加装新风系统前后的室内外颗粒物进行检测，结果见图 8.10-3 所示。2010 年 10 月 12 日室外空气中 PM$_{2.5}$为 75μg/m^3，2013 年 10 月 30 日为 120μg/m^3，可见室外 PM$_{2.5}$污染严重。未改造前，室内 PM$_{2.5}$浓度分布在 60~90μg/m^3 范围内，可见未改造时，室内 PM$_{2.5}$浓度比室外稍高。而改造之后，虽然室外浓度达到 120μg/m^3，但室内 PM$_{2.5}$浓度非常低。

为进一步考察室内 PM$_{2.5}$浓度，于 2014 年 12 月 28 日再次对该项目进行测试，室内 PM$_{2.5}$浓度见图 8.10-4。测试时的室外 PM$_{2.5}$平均浓度为 168.74μg/m^3，新风通过带有静电除尘及高效过滤器的新风系统后，三层空气中的 PM$_{2.5}$均值接近于 4μg/m^3，可见该系统对室内 PM$_{2.5}$ 的控制效果较好。

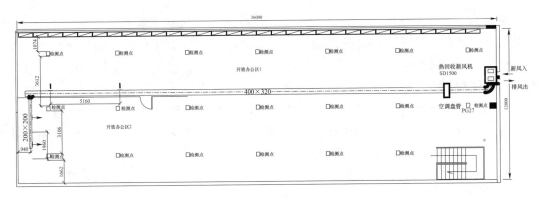

图 8.10-2 办公楼第三层检测布点图

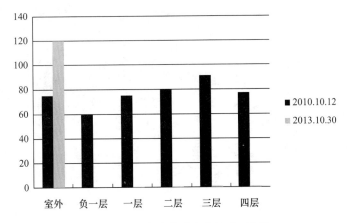

图 8.10-3 改造前后室内 PM$_{2.5}$ 浓度

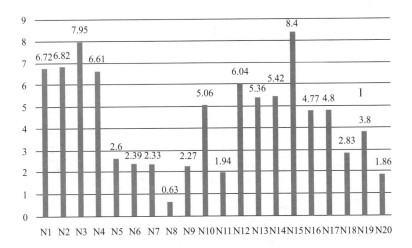

图 8.10-4 三层各测点的室内 PM$_{2.5}$ 浓度值

8.10.4　结束语

虽然治理大气雾霾需要一定的时间，但可以通过相关技术实现建筑室内 PM$_{2.5}$ 的控制。通过静电除尘装置及高效过滤器，使建筑室内空气中颗粒物得到有效控制，项目可作为室内 PM$_{2.5}$ 控制技术与应用的示范。另外，在众多空气净化技术中，应进行全面的测试和研究，将过滤效果最好、能耗最低、成本最低的方案总结出来，并将这样的技术应用在实际的项目中。静电除尘及高效过滤器的集成应用可以实现对空气中 PM$_{2.5}$ 的良好过滤，且静电极板的格栅阻力极低，可降低风机能耗，在多个已应用该技术的建筑中，室内空气品质都得到了大幅改善。

（执笔人：重庆大学　王军亮　王晓飞　朱荣鑫
　　　　　远大建筑节能有限公司　邓　鹏）

第9章 PM₂.₅产品检测与试验平台

大气环境中的 $PM_{2.5}$ 可以通过围护结构缝隙渗透、空调新风系统等途径进入室内，进而引起甚至加重室内 $PM_{2.5}$ 的污染。对此，建筑围护结构对 $PM_{2.5}$ 的阻隔性能、空调新风系统中过滤器对 $PM_{2.5}$ 的过滤性能便是降低室外颗粒物进入室内的关键。同时，空气净化器等颗粒物净化设备和产品也是室内 $PM_{2.5}$ 控制的重要方法。然而，室内颗粒物的控制效果取决于上述技术措施和产品对颗粒物的阻隔能力和过滤效率，因此有必要通过专业的试验平台对它们的性能进行测试。本章的主要内容是介绍 5 个不同功能和不同用途的 $PM_{2.5}$ 产品检测与试验平台。

9.1 建筑外窗颗粒物渗透性能测试台

9.1.1 功能概况

"建筑外窗颗粒物渗透性能测试台"用于测试室外颗粒物经由建筑外窗渗透进入室内的能力。"建筑外窗颗粒物渗透性能测试台"能够对不同规格和不同开启形式的建筑外窗实现不同压差、温度、湿度、颗粒物浓度等物理条件下的建筑外窗颗粒物渗透性能测试。

9.1.2 构成与装置

1. 测试台构成

测试台的基本构成包括送风机、风量调节装置、空气干燥装置、进风处理段、颗粒物发生装置、上游测试室、待测窗安装洞口、下游测试室、风扇、空气加湿装置、空气加热与制冷装置、温湿度监测与控制装置、压力/压差监测与控制装置、颗粒物检测装置、控制与数据采集系统、通风管道等。其连接形式为将送风机、风量调节装置、空气干燥装置、过滤段、颗粒物发生装置、上游测试室、窗安装洞口及下游测试室依次连接，同时将进风处理段后的通风管道增加三通并将通风管道连接至下游测试室，以阀门启闭控制该通风管道的气流输送。空气加湿装置、空气加热与制冷装置、温湿度监测与控制装置位于上游测试室，颗粒物检测装置、风扇放置在上游测试室和下游测试室，建筑外窗颗粒物渗透性能测试台各构成部分的启停、控制、测试数据实时显示及存储均由控制与数据采集系统完成。

根据颗粒物发生装置所用产生气溶胶或颗粒物的物质类型、产生的颗粒物浓度、颗粒物检测装置类型（计重/计数）及测试要求等，测试台还可以增加如下部分或全部装置，构成建筑外窗颗粒物渗透性能测试台的形式二，其连接形式为：在颗粒物发生装置与上游测试室之间连接颗粒物干燥装置；在颗粒物干燥装置与上游测试室之间连接静电去除装置；在颗粒物检测装置入口处连接颗粒物浓度稀释装置。测试台的构成与连接示意图见图 9.1-1，其中虚线部分为形式二中增加的装置。

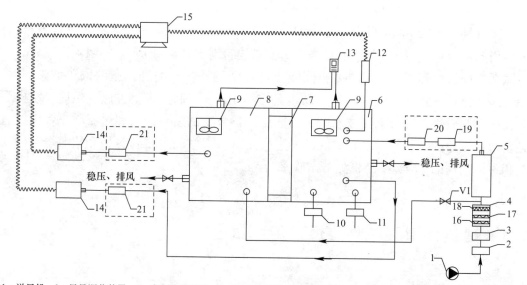

1—送风机　2—风量调节装置　3—空气干燥装置　4—进风处理段　5—颗粒物发生装置　6—上游测试室　7—窗安装洞口　8—下游测试室　9—风扇　10—空气加湿装置　11—空气加热与制冷装置　12—温湿度监测与控制装置　13—压力/压差监测与控制装置　14—颗粒物检测装置　15—控制与数据采集系统　16—粗效过滤器　17—中效过滤器　18—高效过滤器　19—颗粒物干燥装置　20—静电去除装置　21—颗粒物浓度稀释装置　V1—阀门

图 9.1-1　测试台的构成与连接示意图

2. 主要装置选择及功能

（1）空气干燥装置：用以干燥送风。

（2）进风处理段：内部设置粗效过滤器、中效过滤器和高效过滤器组合，用以过滤送风中的颗粒物，保证测试过程中无室外颗粒物源干扰。

（3）颗粒物发生装置：用以产生测试用颗粒物。所用产生气溶胶或颗粒物的物质类型很多，包括 DEHS、PAO、DOP、NaCl、KCl、PSL、石蜡油等，可根据测试要求进行选择。测试台的颗粒物发生装置是一款本体内配有压缩空气源的便携式气溶胶发生器，无需借助外来空气源，通过 2 或 6 个 Laskin Nozzles 喷嘴即可产生气溶胶，其技术参数见表 9.1-1。

颗粒物发生装置技术参数　　　　　　　　　　　　　表 9.1-1

可使用的流量范围	50~2000cfm（1.4~56.6m³/min）
气溶胶发生浓度	100μg/L：流量 200cfm
	10μg/L：流量 2000cfm
气溶胶类型	多分散粒子（冷）
发生方法	2 或 6 个 Laskin Nozzles 喷嘴

压缩空气	不需要（内置空气压缩机）
壳体	压铸铝制外壳
可用气溶胶发生试剂（液体）	PAO-4，DOS，Ondina EL，DOP，Mineral Oil，Paraffin，Corn Oil

（4）颗粒物检测装置：可根据需要选择计重型或计数型的颗粒物检测仪器。

（5）待测窗安装洞口：可调节规格尺寸，以适应安装不同规格和不同开启形式的建筑外窗。

（6）颗粒物干燥装置：用以干燥颗粒物。

（7）静电去除装置：用以去除颗粒物携带的静电。

（8）颗粒物浓度稀释装置：用以稀释颗粒物检测装置前的颗粒物浓度。

3. 主要控制方法

（1）颗粒物浓度控制

开启颗粒物发生装置，根据颗粒物检测装置的监测数据调节和控制颗粒物发生装置产生的颗粒物浓度，以达到不同测试时不同颗粒物浓度要求。在调节颗粒物浓度过程中及测试时，注意颗粒物浓度不应超过颗粒物检测装置的限值，否则应在颗粒物检测装置前加装颗粒物浓度稀释装置。

（2）测试压力控制

工作压力控制由压力/压差监测与控制装置和风量调节装置实现，二者相关联，以调节和控制送风量，进而控制所述颗粒物上游测试室和颗粒物下游测试室的压差，实现不同的压差条件。测试台同时辅以压力表和稳压风机，用以控制和调节工作压力，见图 9.1-2 和图 9.1-3。

图 9.1-2　压力表

图 9.1-3　稳压风机

（3）温湿度控制

通过温湿度控制装置控制由空气加湿装置和空气加热与制冷装置产生的湿度和温度，使颗粒物上游测试室内实现不同的温度、相对湿度条件。

4. 测试台布局

根据测试台的构成和连接方式，测试台的布局主要有三个功能空间：下游测试室、上游测试室、设备室，测试台的布局见图 9.1-4 所示。

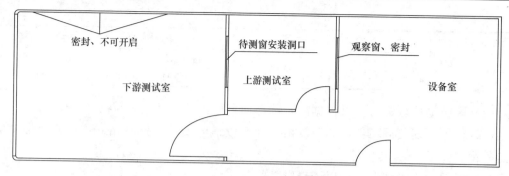

图 9.1-4　测试台布局

9.1.3　方法与评价

建筑外窗颗粒物渗透性能测试流程见图 9.1-5 所示，并简述如下：

1. 安装待测窗：将窗安装在待测窗安装洞口，并确保窗框与外窗安装洞口之间密封。

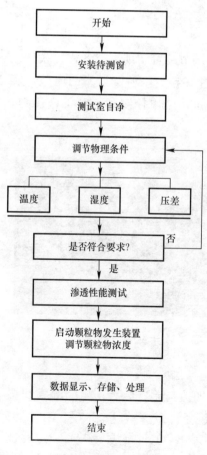

图 9.1-5　建筑外窗颗粒物
渗透性能测试流程图

2. 测试室自净：在步骤 1 基础上，关闭颗粒物发生装置 5，开启送风机 1、三通阀门 V1、风扇 9、颗粒物检测装置 14。开启三通阀门 V1 的目的是将空气引入至下游测试室 8；开启风扇 9 的作用是使上游测试室 6 和下游测试室 8 中的空气混合均匀。基本形式中的进风处理段 4 的作用是降低空气中颗粒物的影响，此步骤的目的是降低上游测试室 6 和下游测试室 8 的既有颗粒物浓度。

3. 调节测试物理条件：在步骤 2 基础上，关闭三通阀门 V1，开启空气加湿装置 10、空气加热与制冷装置 11、温湿度监测与控制装置 12、压力/压差监测与控制装置 13、控制与数据采集系统 15，根据测试的相对湿度、温度、压差等条件要求，调节各控制装置，使其稳定在测试要求范围。

4. 渗透性能测试：在步骤 3 基础上，启动所选颗粒物发生装置，调节颗粒物发生浓度，使其满足测试需要。相对湿度、温度、压差、上游测试室颗粒物浓度、下游测试室颗粒物浓度的显示和存储由控制与数据采集系统 15 完成。通过调节颗粒物发生装置 5 产生的颗粒物粒径尺寸和浓度大小，可测试不同粒径尺寸、不同浓度条件下，外窗颗粒物渗透的性能。

5. 渗透性能计算：根据步骤 4 中上游测试室颗粒物浓度和下游测试室颗粒物浓度计算渗透性能。

9.2 组合式空调机组过滤器性能试验平台

9.2.1 功能概况

根据相关的标准规范和研究成果，搭建了组合式空调机组过滤器性能试验平台，可以用于检测过滤器的阻力和过滤效率。该试验平台可以在不同的风量和 $PM_{2.5}$ 浓度下，对不同等级的过滤器进行性能测试。为了进一步研究不同过滤器组合对 $PM_{2.5}$ 的过滤性能，通过试验提出适用于不同污染条件的过滤器组合，试验平台应能够满足同时安装多级过滤器并且方便拆装和更换等条件。同时，该平台应该能够实现风量的连续控制。

9.2.2 构成与装置

1. 风道系统

试验平台的风道系统（图 9.2-1）应满足现行国家标准《空气过滤器》GB 14295 中关于空气过滤器性能试验的要求，可以检测不同过滤器的阻力和过滤效率。该风道系统从进风口到排风口按功能分为风段、气溶胶发生段、上游采样段、粗效过滤段、风机段、均流段、待测过滤段、下游采样段、排风段等。另外，在风道系统中还设有静压环，试验过程中可以分别测试不同过滤器前后的压差，即过滤阻力。

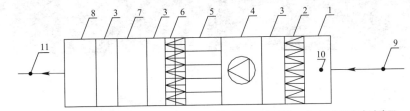

1—进风段　2—G4初效过滤器　3—过渡段　4—风机段　5—均流段　6—F7中效袋式过滤器
7—亚高效过滤段（静电过滤段）　8—出风段　9—气溶胶引入点　10—上游采样点　11—下游采样点

图 9.2-1　风道系统示意图

组合式空调机组过滤性能试验平台采用正压送风的方式，在新风引入箱体与气溶胶混合之前，首先对其进行过滤，排除测试过程中室外 $PM_{2.5}$ 污染源的干扰，如图 9.2-2 所示。经过处理的新风进入箱体与气溶胶混合之后，风道系统依次设置了 1 风阀、2 带过滤法兰焊件、3 风机及变频装置、4 风口隔板组件、5 过滤器框架、6 空气过滤器、7 拼装式外挂电控箱以及静压环。试验台实景图见图 9.2-3 所示。

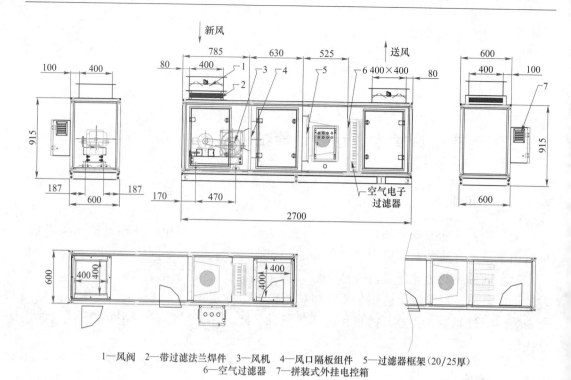

1—风阀 2—带过滤法兰焊件 3—风机 4—风口隔板组件 5—过滤器框架(20/25厚)
6—空气过滤器 7—拼装式外挂电控箱

图 9.2-2 组合式空调机组 PM_{2.5}过滤性能试验台

图 9.2-3 试验台实景图

在试验台设计的过程中，研制了一种用于组合式空调机组过滤装置固定的弹簧卡扣。在过滤装置的框架上设有弹簧卡扣，卡扣通过弹性压缩的方式改变夹角和卡扣中部环形圆管的形状，实现框架和过滤装置的锁扣，如图 9.2-4。在使用时首先将过滤装置放在风道系统相应位置上，然后通过卡合部将弹簧卡扣固定在过滤装置框架上，将弹簧卡扣按照图示方式旋转，使卡扣前端置于过滤装置和框架的缝隙之间，将过滤装置固定在框架上，实现过滤装置的安装和拆卸。

2. 气溶胶的发生与检测

本试验平台采用气溶胶发生器（图 9.2-5）作为人工尘源，可以实现过滤器效率的测试。采用气溶胶发生器发尘，可在流量 50～2000cfm，浓度 10μg/L，2000cfm～

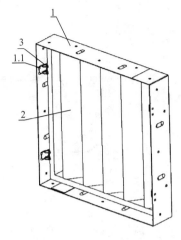
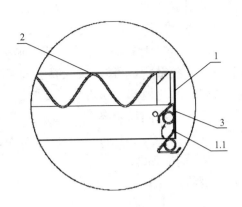

1—过滤装置框架　2—过滤装置　3—弹簧卡扣　1.1—卡合部

图 9.2-4　弹簧卡扣原理图

图 9.2-5　气溶胶发生器

$100\mu g/L$，200cfm 范围内使用。该装置采用冷发生方式形成多分散性气溶胶，试验过程中可根据需要选用不同的气溶胶发生试剂，如聚阿尔法烯烃 PAO-4、癸二酸二酯 DE-HS、邻苯二甲酸二辛酯 DOP、NaCl 溶液等。该装置自带空气压缩机，不需要借助外来空气源，试验过程中可以根据需要采用 2 个或者 6 个 Laskin Nozzles 喷嘴实现对发尘浓度的控制。

本试验台同时配有微电脑粉尘仪和粒子计数器，可分别对过滤器的计重效率和计数效率进行测试。

9.2.3　方法与评价

待选的被测过滤器有粗效、中效、高中效和亚高效过滤器、静电过滤器等。

1. 测试项目

分别测试单个被测过滤器和过滤器组合方案的性能参数：

（1）PM$_{2.5}$净化效率测试：计重效率和计数效率。

（2）阻力的测试：测试 50％、75％、100％、125％风量条件下的阻力，并绘制风量阻力曲线。

（3）设备节能效果检测：最佳通过风量、流速的确定。

（4）合适的使用方案（设计方案）的确定，给出标准配置图。

2. 试验步骤

首先对单个过滤器的性能进行检测。然后，根据上述试验结果，再对不同的过滤器进行组合设计，测试不同的过滤器组合方案对 PM$_{2.5}$的过滤效率。

（1）上下游浓度检验

对未安装过滤器的风道系统，分别测试不同风量下，上、下游浓度。

（2）上游测试断面均匀度测试

浓度场的测定采用 9 点分割法，将上游采样点风管截面分成 9 份，取各分割区的中心点为测点。测量所有可测粒径的粒子数并记录数据。

（3）颗粒物净化效率

分别测试 4 个不同风量条件（50％、75％、100％、125％额定风量）下，不同粒径范围（$d \geqslant 0.5 \mu m$、$d \geqslant 1.0 \mu m$、$d \geqslant 2.5 \mu m$、$d \geqslant 5 \mu m$）的粒子数和 PM$_{2.5}$ 的计重浓度。在同一风量下，采样 5 次并记录数据。

（4）过滤器的阻力

压差计测量 4 个不同风量条件下过滤器的阻力，绘制风量阻力曲线。

（5）根据单个过滤器性能试验结果，设计组合方案，重复步骤（3）和（4）。

9.3　PM$_{2.5}$ 净化装置性能检测系统

9.3.1　功能概况

本检测系统可以满足大跨度风量范围（500～7200m³/h）、不同尺寸规格 PM$_{2.5}$ 净化装置的性能检测，可以测定 PM$_{2.5}$ 净化装置阻力、大气尘和人工尘的计径计数效率和计重效率、PM$_{2.5}$ 去除效率等多项性能指标。另外，也可以对"一般通风用空气过滤器"及"高效空气过滤器"的性能进行检测，如图 9.3-1 所示。

图 9.3-1　PM$_{2.5}$ 净化装置性能检测系统实例图

9.3.2　构成与装置

1. 风洞结构

风洞采用 1mm 不锈钢板，基础尺寸为 DN500，采用负压抽出式，从进风口到排风口各段按功能分为进风处理段、气溶胶发生段、混合段、上游采样段、被测 PM$_{2.5}$净化装置段、下游采样段、静压箱、风量测量段、排风处理段、风机段、排风段。进风处理箱体 4 安装在底端装有万向滚动轮的支架上，可将进风处理段箱体随时拆卸移走。

　　PM$_{2.5}$净化装置性能检测系统采用负压抽出式，在进风处理箱体 4 内依次设置了粗效过滤器 1、中效过滤器 2、高效过滤器 3，进风处理箱体经一段短风管与电动气密阀 5 相连后接至上游测试风洞 7，上游测试风洞上依次设置气溶胶发生管 6、上游采样管 8、静压环 9。与上游测试风洞相邻设置下游测试风洞 15，上、下游测试风洞之间为被测 PM$_{2.5}$净化装置段 13，被测 PM$_{2.5}$净化装置 11 经上、下游被测 PM$_{2.5}$净化装置连接夹具 10、12 分别与上、下游测试风洞相连。在下游测试风洞上依次设置静压环 14、下游采样管 16，下游测试风洞经软连接 17 与换向静压箱 18 相连。经静压箱换向后，分别连接管径大小不同的两条风量测量通路 19、20，风量测量通路上依次连有孔板流量计 21 和 22、电动气密阀 23 和 24，然后接至排风处理箱 26，排风处理箱内安装有高效过滤器 25，经处理的排风由风机 27 经排风管道排至室外，如图 9.3-2 所示。

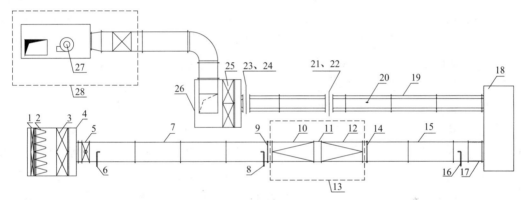

1—粗效过滤器　2—中效过滤器　3—高效过滤器　4—进风处理段　5—电动气密阀　6—气溶胶发生管　7—上游测试风洞　8—上游采样管　9—静压环　10—被测PM$_{2.5}$净化装置上游通路连接夹具　11—被测PM$_{2.5}$净化装置　12—被测PM$_{2.5}$净化装置下游通路连接夹具　13—被测PM$_{2.5}$净化装置段　14—静压环　15—下游测试风洞　16—下游采样管　17—软连接　18—换向静压箱　19(20)—风量测量段　21(21)—孔板流量计　23(24)—电动气密阀　25—高效过滤器　26—排风处理箱　27—抽气风机　28—抽气风机房　29—气溶胶发生器、30—上游采样器　31—压差传感器　32—下游采样器　33—温湿度传感器　34(35)—压差传感器　36—变频器　37—计算机

图 9.3-2　PM$_{2.5}$净化装置性能检测系统管路结构示意图

　　检测系统上游测试风洞 7 采用固定支架支撑，下游测试风洞 15 采用活动支架支撑，可由计算机控制气缸驱动机构，带动活动支架自由行进，以适应不同厚度 PM$_{2.5}$净化装置的测试；可将上、下游被测 PM$_{2.5}$净化装置连接夹具拆卸、更换为其他尺寸的连接夹具，以适应不同尺寸规格 PM$_{2.5}$净化装置的检测；风量测量段分为管径大小不同的两条测量通路，分别适应不同风量范围的 PM$_{2.5}$净化装置性能检测，以满足大跨度风量范围的测试需求。

　　当被测 PM$_{2.5}$净化装置截面尺寸与测试风洞截面不同时，应采用变径管，用以夹持被测 PM$_{2.5}$净化装置的管段 10、12 总长度应为受试净化器长度的 1.1 倍，且不小于 1000mm，其渐扩角应小于 15°，渐缩角应小于 30°，如图 9.3-3 所示，则应有 $(m+n) \geqslant$

max（1.1d，1000）。

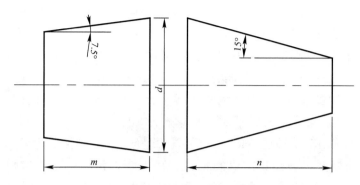

图 9.3-3　变径管连接件示意图

　　检测系统的主要特点在于：（1）在风洞的气溶胶发生段前、排风处理段前均设置电动气密阀 5、23、24，以便对风洞进行甲醛熏蒸等消毒处理；（2）风洞的排风口与抽气风机 27 连通，使风洞内始终保持负压，使得风洞内的有害气体不会发生泄漏，以保证人身、财产安全。此外，还有以下特点：在排风处理箱 26 内装有高效过滤器 25以过滤去除微生物、人工尘等气溶胶，能够保证排风不破坏周围环境；在进风处理箱 4 内依次装有粗效、中效、高效过滤器 1、2、3，且进风处理箱 4 下装有万向滚动轮，可将进风处理段箱体随时拆卸移走，使用灵活。在检测 PM$_{2.5}$净化装置人工尘的去除效率时，保留进风处理箱 4；当测定 PM$_{2.5}$净化装置大气尘净化效率时，移走进风处理箱 4；上游测试风洞 7 采用固定支架支撑，下游测试风洞 15 采用活定支架支撑，可由计算机控制气缸驱动机构，带动活动支架自由行进，以适应不同厚度 PM$_{2.5}$净化装置的检测；可将上、下游被测 PM$_{2.5}$净化装置连接夹具拆卸，并更换为其他尺寸的连接夹具，以适应不同尺寸规格 PM$_{2.5}$净化装置的检测。

2. 数据采集与控制软件系统

　　数据采集控制系统如图 9.3-4 所示，风机 27 连接变频器 36，换向静压箱 18 内设

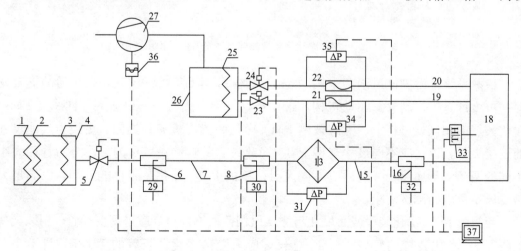

图 9.3-4　数据采集控制系统示意图

置温湿度传感器 33，气溶胶发生管 6 接至气溶胶发生器 29，上游采样管 8 接至上游采样器 30，被测 PM$_{2.5}$净化装置段 13 两端的静压环 9、14 接至压差传感器 31 用以测定被测 PM$_{2.5}$净化装置的阻力，下游采样管 16 接至下游采样器 32，孔板流量计 21、22 两侧分别接至压差传感器 34、35。电动气密阀 5、变频器 36、电动气密阀 23 和 24、上游采样器 30、PM$_{2.5}$净化装置阻力测试压差传感器 31、孔板流量计压差传感器 34 和 35、下游采样器 32、温湿度传感器 33，这些部件分别与计算机 37 的数据采集控制卡相连，由计算机进行数据采集、自动控制。

3. 气溶胶的发生与采集

通过选择不同类型的气溶胶发生器、采样器，可实现 PM$_{2.5}$净化装置多种净化效率的测试。选择 DEHS 等油性气溶胶发生器、激光粒子计数器可实现颗粒物计数效率的测试，选择 KCl 溶液等气溶胶发生器、激光粉尘仪可实现颗粒物计重效率的测试。尘埃颗粒物的计数效率、计重效率均可由本试验台的数据采集自控系统自动在线检测给出。PM$_{2.5}$净化装置性能检测流程如图 9.3-5所示。

污染物发生源应可以稳定连续发生污染物，且保证发出污染物的浓度为标准浓度的 1～2 倍，波动不超过±0.1 倍。采样管应是内壁光滑、干净的管子，其构造如图 9.3-6。采样管口部直径

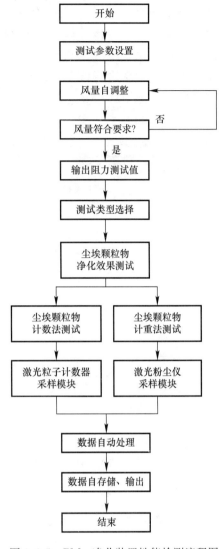

图 9.3-5　PM$_{2.5}$净化装置性能检测流程图

的选择应考虑近似等动力流的条件，即采样管口的吸入速度与风道内风速应近似，最大偏差应小于±10％。当风道内风速与采样管口速度近似时，采样管采用图 9.3-6*a* 型式；当风道内风速低于采样管口速度时，采样管采用图 9.3-6*b* 型式；当风道内风速高于采样管口速度时，采样管采用图 9.3-6*c* 型式。

9.3.3　方法与评价

1. 阻力的测定

对于 PM$_{2.5}$净化装置，需要测定其阻力，至少检测 50％、75％、100％和 125％风量下的阻力，然后绘制风量阻力曲线。

2. 净化效率的测定

在 PM$_{2.5}$净化装置正常工作情况下，在风洞结构气溶胶注入口处用污染物发生器

稳定发生污染物，待污染物浓度稳定以后，在 PM$_{2.5}$净化装置上游和下游同时取样，取样结束以后，分析计算污染物的上、下游浓度，得出 PM$_{2.5}$净化装置对污染物的一次性净化效率。应注意的是，当测试所用污染物自然衰减作用明显时，应对 PM$_{2.5}$净化装置净化效率进行修正，即总净化效率减去污染物自然衰减效率，即同等测试条件下未安装被测 PM$_{2.5}$净化装置时，上、下游采样截面之间的污染物自然衰减率。

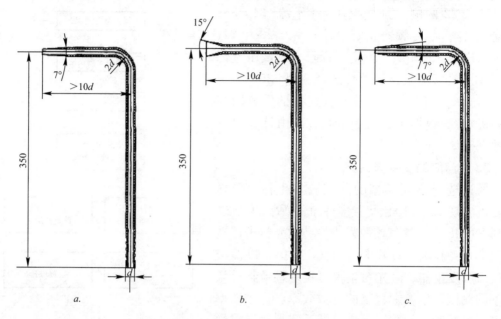

图 9.3-6 采样管

PM$_{2.5}$净化装置净化效率常以下面的公式进行计算：

$$E = 1 - P$$

$$P = \frac{C_{N,d}}{C_{N,u}}$$

$$E_{actural} = E_{total} - E_{natural}$$

式中， E——PM$_{2.5}$净化装置的净化效率，%；

P——PM$_{2.5}$净化装置的穿透率，%；

$C_{N,u}$、$C_{N,d}$——上、下游采样浓度，$\mu g/m^3$；

$E_{actural}$——考虑自然衰减率后的 PM$_{2.5}$净化装置的实际净化效率，%；

E_{total}——包括自然衰减在内的 PM$_{2.5}$净化装置的总净化效率，%；

$E_{natural}$——污染物的自然衰减率，%。

9.4 空气净化器检测用环境试验舱

9.4.1 功能概况

室内空气污染物种类繁多，空气净化器评价方法不同，评价结果存在很大差异。

依据国家标准《空气净化器》GB/T 18801—2015 设计并构建了用于检测空气净化器的标准试验舱,制定统一的检测方法和合理的计算方法,使试验室出具的数据具有科学性和对比性,从而能够有效评价空气净化器对与各种室内污染物的净化效果。空气净化器检测用环境试验舱属于高度密闭性试验舱,其可模拟受到污染的室内环境,对空气净化设备进行测试,是一种检测和研究空气净化产品性能的重要工具。本试验舱为 $30m^3$ 大型环境试验舱。

该试验舱适用于空气净化器、空气净化材料的净化性能、除菌性能测试,具体包括:

(1) 净化颗粒物洁净空气量(CADR)测试,$PM_{2.5}$ 计重效率试验;

(2) 甲醛、苯系列、TVOC 等污染气体的 CADR 值及净化效率试验;

(3) 氮氧化物、臭氧、一氧化碳等常见气体净化效率试验;

(4) 空气自然菌除菌率试验;

(5) 空气净化器、净化材料性能衰减试验,老化寿命试验;

(6) 室内建筑装饰材料污染物释放特性试验;

(7) 空气净化器对建筑装饰材料的净化性能试验;

(8) 模拟房间实际污染物释放特性及净化器净化性能试验。

9.4.2 构成与装置

$30m^3$ 试验舱的结构参数见表 9.4-1,试验舱示意图见图 9.4-1。

$30m^3$ 试验舱结构参数表 表 9.4-1

试验舱容积	$30m^3$
试验舱内尺寸	$3.5m \times 3.4m \times 2.5m$,允许 $\pm 0.5m^3$ 偏差
框架	铝型材或不锈钢
壁	用厚度为 5mm 以上浮法平板玻璃或厚度为 0.8mm 以上的不锈钢
地板	用厚度为 0.8mm 以上的不锈钢板
顶板	不锈钢板或类似材料金属复合板
密封材料	用硅橡胶条及玻璃密封胶
吊扇	直径为 1.4m,三叶
循环风扇	$(500 \sim 700)$ m^3/h,直径 20cm,安装位置:离地 1.5m,离后墙 0.4m
气密性	换气次数不大于 $0.05h^{-1}$
混合度	大于 80%

9.4.3 方法与评价

以下方法为以香烟烟雾作为空气净化器洁净空气量(CADR)的测试步骤与评价方法,适用于在规定的试验舱体积、初始浓度、检测仪器精度、测试时间等试验条件下,针对标称范围 $30 \sim 800 m^3/h$ 的洁净空气量的测试。

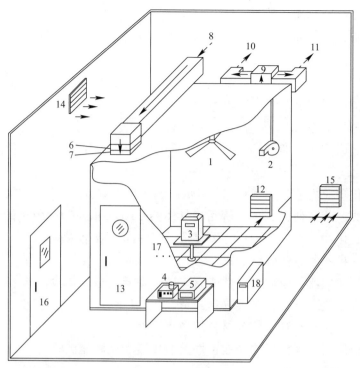

1—搅拌风扇　2—循环风扇　3—试验样机　4—污染物检测装置　5—污染物发生装置　6—空气过滤器　7—试验室供气阀　8—试验舱恒温恒湿空调送风(兼排风时送风)　9—风道换向阀(用于转换10和11两种回风路径)　10—试验舱恒温恒湿空调回风　11—试验舱向室外排风　12—试验舱排风阀、13—试验舱门　14—外舱恒温空调进风口　15—外舱恒温空调回风口　16——外舱门　17—试验舱采样口及送样口　18—稳压电源

图 9.4-1　30m³ 试验舱示意图

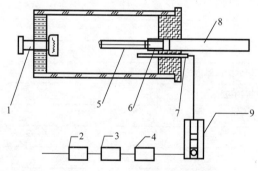

1—点烟器　2—油水分离器　3—颗粒物过滤器　4—减压阀　5—香烟　6—烟嘴　7—空气导入管　8—烟雾导入管　9—空气流量计

图 9.4-2　正压法发生香烟烟雾示意图

1. 颗粒物污染物的发生

用香烟烟雾作为颗粒物污染物的尘源,以 $0.3\mu m$ 以上的颗粒物总数表示。颗粒物发生可采用图 9.4-2 所示的发生原理或其他等同效果的发生方式。

2. 颗粒物污染物的自然衰减试验

(1) 将待检验的空气净化器放置于 $30m^3$ 试验舱内。把空气净化器调节到试验的工作状态,检验运转正常,然后关闭空气净化器。

(2) 将采样点位置布置好,避开进出风口,离墙壁距离应大于 0.5m,相对试验室地面高度 0.5～1.5m。一个采样点安置一个采样头,并与舱外采样器连接。

(3) 确定试验的记录文件。

(4) 开启高效空气过滤器,净化试验室内空气,使颗粒物粒径在 $0.3\mu m$ 以上的粒子背景浓度小于 1000 个/L,同时启动温湿度控制装置,使室内温度和相对湿度达到规定状态。

（5）待颗粒物背景浓度降低到适合水平，记录颗粒物背景浓度，关闭高效空气过滤器和湿度控制装置，启动循环风扇。将标准香烟放入香烟燃烧器内，燃烧器与低压空气源连接，燃烧器香烟烟雾出口连接一根穿过试验舱壁的管子，排出的烟雾可被卷入循环风扇搅拌所形成的空气涡流中。点燃香烟，盖好燃烧器。用低压空气吹送燃烧器中的香烟烟雾持续至达到试验初始浓度。然后关闭低压空气源和穿过试验舱壁的管子，搅拌风扇再搅拌 10min，使颗粒物混合均匀并关闭循环风扇。

（6）稍后待搅拌风扇停止转动，测定颗粒物的浓度，该测试点的数值作为试验舱内的初始浓度 C_0（$t=0$min）。

（7）待试验舱内的初始浓度 C_0（$t=0$min）测定后，每 2min 测定并记录一次颗粒物的浓度，连续测定 20min。只有数值大于检测仪器的检测下限的数据点才是有效数据点，最终用于计算的有效数据点至少 9 个，如果有效数据点不足 9 个，可缩短测定时间间隔和测试总时间，自然衰减也相应作调整。

（8）记录试验时试验舱内的温度和相对湿度。

3. 颗粒物污染物的总衰减试验

（1）按自然衰减试验（1）～（6）的步骤进行试验。

（2）待室内的初始浓度 C_0（$t=0$min）测定后，开启待检验的空气净化器，开始检测试验。检测试验过程中颗粒物的浓度每 2min 测定一次，连续测定 20min。

（3）关闭空气净化器。记录试验时室内的温度和相对湿度。

4. 颗粒物污染物的洁净空气量（CADR）的计算方法

（1）衰减常数的计算

污染物的浓度随时间的变化符合指数函数的变化趋势，可写成式（9.4-1）：

$$C_t = C_0 e^{-kt} \tag{9.4-1}$$

式中，C_t——在时间 t 时的颗粒物浓度，个/L；

C_0——在 $t=0$ 时的颗粒物初始浓度，个/L；

k——衰减常数，min^{-1}；

t——时间，min。

以自然衰减和总衰减试验中的取样数据，按照式（9.4-1）做 $\ln C_t$ 和 t 的回归拟合，可求得自然衰减常数 k_n 和总衰减常数 k_e。

（2）洁净空气量（CADR）的计算

依据式（9.4-2）计算颗粒物污染物的洁净空气量：

$$Q = 60 \times (k_e - k_n) \times V \tag{9.4-2}$$

式中，Q——洁净空气量，m^3/h；

k_e——总衰减常数，min^{-1}；

k_n——自然衰减常数，min^{-1}；

V——试验舱容积，m^3。

9.5　国家空调设备质量监督检验中心空气净化设备检测试验装置

9.5.1　功能概况

中国建筑科学研究院国家空调设备质量监督检验中心依据国内外关于空气净化设备性能检测的标准，设计建造了空气净化设备检测试验装置。该装置能够对空气净化设备的阻力、计数效率、计重效率、PM$_{2.5}$和PM$_{10}$一次通过净化效率、容尘量等性能进行测试和试验研究。其主要技术能力指标如表 9.5-1 所示。检测试验装置可以采用不同类型的气溶胶和不同的人工尘对净化产品效率和容尘量等性能进行试验，可以模拟不同的风速条件、温度条件和湿度条件对净化产品进行试验，可以对带静电的空气过滤产品进行消静电试验等。

空气净化设备检测试验装置技术能力指标　　　　表 9.5-1

项目	技术能力指标
检测产品	粗效、中效、高中效、亚高效、高效和超高效空气过滤器（国标）G1-G4，M5-M6，F7-F9，E10-E12，U15-U17 过滤器（欧标）MERV1-16（美标）、空气过滤器用滤料、模块式空气净化装置、汽车空调滤芯、新风净化机等
检测项目	风量、阻力、风压、功率、计数效率、计重效率和容尘量、PM$_{2.5}$和PM$_{10}$一次通过净化效率
风量范围	100～5500m³/h
阻力范围	0～3500Pa
计数效率	0～99.9999995%
计重效率	0～99.5%
PM$_{2.5}$和PM$_{10}$一次通过净化效率	0～99.995%
容尘量	＞0.1g

空气净化设备检测试验装置各项参数性能指标如表 9.5-2 所示。

空气净化设备检测试验装置各项参数性能指标　　　　表 9.5-2

参数	性能指标
打压检漏	不存在泄漏
风量偏差	±2%以内
风速均匀性	＜10%
气溶胶浓度均匀性	＜15%
气溶胶浓度稳定性	＜10%

9.5.2　构成与装置

1. 检测装置结构

空气净化设备检测试验装置示意图如图 9.5-1 和图 9.5-2 所示。主要由以下几部分组成：

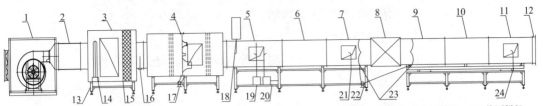

1—风机箱 2—软连接管 3—净化加热箱 4—喷嘴箱 5—发尘段 6—上游混合段 7—上游采样段 8—待测样机 9—下游混合段1 10—下游混合段2 11—下游采样段 12—末端段 13—支架 14—电加热管 15—高效过滤器 16—温湿度传感器 17—压力变送器1 18—KCl固态气溶胶发生器 19—液态气溶胶发生器 20—人工尘发尘器 21—上游采样管 22—压力变送器2 23—静压环 24—下游采样管

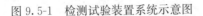

图 9.5-1 检测试验装置系统示意图

图 9.5-2 空气净化设备检测试验装置

（1）风机箱：提供样机检测所需风量，由入口粗效过滤器、离心风机和风机箱组成，风机箱采用聚氨酯板进行加工制作，风机箱应确保密封不漏气。

（2）空气处理段：对进风进行净化、调温和调湿处理，确保系统空气的洁净度、温度和相对湿度满足标准的要求；进风空气处理段含有电加热和高效过滤器等设备。

（3）污染物发生装置：稳定均匀发生检测用固态或液态气溶胶以及标准人工尘。

（4）测量系统：包括上、下游采样管，上、下游采样静压环、切换采样装置以及各种测量设备，能够实现效率、阻力等性能参数的测试。

（5）喷嘴箱：由数个喷嘴组合而成，能够调节和测量检测台所需风量大小；喷嘴箱采用 3mm 厚 304 不锈钢加工制作。

（6）风道系统：样品安装测试载体，并确保检测风速均匀性和气溶胶浓度分布的均匀性；风道系统采用 2.5mm 厚 304 不锈钢加工制作；风道系统支架采用铝型材进行制作。

（7）控制柜和操作台：由变频器、CPU 模块、数字量输出模块、模拟输入模块、以太网模块、触摸屏和各种电气元件组成，能够实现测试过程中各参数的自动监测和控制。

检测试验装置主要有以下特点：

（1）检测台风道系统采用标准 304 不锈钢材质制作、支架采用铝合金材质制作，整体结构合理、外观美观和耐腐蚀；

（2）能够测试的产品种类和性能参数多；

（3）仪器设备均采用进口品牌；

（4）自动化程度高，均由计算机进行测试数据的采集、处理和存档。

2. 检测试验装置主要仪器设备

（1）颗粒物发生设备

空气净化设备检测用颗粒污染物发生设备根据各国检测标准的不同主要分为 KCl 多分散固态气溶胶（如图 9.5-3）发生器、多分散液态气溶胶发生器和标准人工尘发生器（如图 9.5-4），颗粒物发生装置设计依据标准、发生颗粒物类型和发生颗粒物粒径范围等如表 9.5-3 所示。

颗粒物发生设备及颗粒物特性   表 9.5-3

颗粒物发生装置	KCl 多分散固态 气溶胶发生器	多分散液态气溶胶发生器	标准人工尘 发尘器
发生装置 设计依据标准	GB/T 14295—2008 ASHRAE 52.2—2012	EN 779—2012	ASHRAE 52.2—2012
制造单位	中国建筑科学研究院	中国建筑科学研究院	中国建筑科学研究院
发生颗粒物类型	KCl 多分散 固态气溶胶	DEHS、PAO 等 多分散液态气溶胶	ASHRAE 标准尘、ISO 标准尘、 滑石粉、氧化铝粉
发生粒径范围	$0.3 \sim 10.0 \mu m$	$0.2 \sim 3.0 \mu m$	/

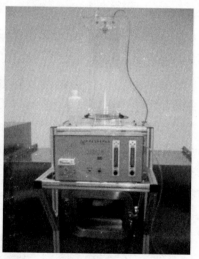

图 9.5-3 KCl 多分散固态气溶胶发生器

（2）颗粒物测量仪器

颗粒物测量仪器主要分为粒子计数器、粉尘仪和电子天平。

粒子计数器主要用于测试空气净化设备的计数效率。根据测试的粒径范围分为：1）手持式激光粒子计数器，采用光散射原理来测试粒子的粒径和浓度，粒径范围通常在 $0.3 \sim 10.0 \mu m$，采样流量通常为 2.83L/min，如 TSI 9306 型激光粒子计数器，主要用于测试粗、中效过滤器；2）大流量台式激光粒子计数器，也是采用光散射原理来测

a.多分散液态气溶胶发生器　　　　　　b.标准人工尘发生器

图 9.5-4　发尘器

试粒子的粒径和浓度，粒径范围通常在 0.1~5.0μm，采样流量通常为 28.3L/min，如 Metone 3411 和 PMS LASAIR Ⅱ等，主要用于测试高效过滤器；3）粒径谱仪，如 TSI 3936 扫描电迁移率颗粒物粒径谱仪，粒径范围 10~1000nm，能够分成 164 个通道进行粒径扫描，主要用于测试高效过滤器和超高效过滤器。不同粒子计数器如图 9.5-5 所示。

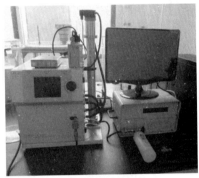

a.手持式　　　　　　　　b.台式　　　　　　　　c.粒径谱仪

图 9.5-5　粒子计数器

粉尘仪主要用于测试空气净化设备 $PM_{1.0}$、$PM_{2.5}$ 或 PM_{10} 一次通过净化效率，如图 9.5-6 所示为 TSI AM510、TSI 8533 和 TSI 8530 型号粉尘测试仪。

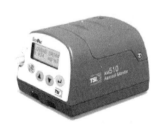

图 9.5-6　粉尘仪

电子天平主要用于称量检测过程中的发尘量和过滤器增重等参数，得到空气净化设备的容尘量和计重效率，要求量程≥12kg，精度为 0.1g。电子天平如图 9.5-7a

所示。

（3）阻力测量仪器

空气净化设备阻力测试采用压差变送器（如图 9.5-7b 所示），控制软件能实时采集和记录保存空气净化设备的阻力值。

a.电子天平　　　　　　　　　　　　　　　b.压差变送器

图 9.5-7　电子天平和压差变送器

9.5.3　方法与评价

空气净化设备主要的测试项目包括风量阻力曲线测试、计数效率测试、计重效率和容尘量测试、PM_{10} 或 $PM_{2.5}$ 一次通过净化效率测试。

1. 风量阻力曲线测试

测试原理：通过采用压力变送器对空气净化设备前、后静压环处的静压值进行测量，得出阻力值。

测试方法如下：（1）根据风量的大小更换喷嘴箱中喷嘴组合；（2）开启风机，调节至所需风量；（3）待风量稳定后，测试并记录阻力值。

2. 计数效率测试

测试原理：计数效率是指未积尘的空气净化设备上、下风侧气流中气溶胶计数浓度之差与其上风侧计数浓度之比，即受试空气净化设备捕集粒子数量的能力。

测试方法如下：（1）开启风机调节至测试所需额定风量；（2）开启空压系统，为气溶胶发生提供洁净干燥的空气；（3）打开气溶胶发生器，待发生气溶胶稳定后，用粒子计数器依次在上游采样管处和下游采样管处切换采样，上游和下游都至少获得 10 组稳定的测试数据，并计算得到计数效率，计数效率计算公式如下：

$$E = \left(1 - \frac{A_2}{A_1}\right) \times 100\%$$

式中，E——对某一粒径的计数效率，%；

A_1——某一粒径上游气溶胶粒子浓度，个/L 或个/m³；

A_2——某一粒径下游气溶胶粒子浓度，个/L 或个/m³；

3. 计重效率和容尘量测试

测试原理：计重效率和容尘量是评价空气净化设备性能的主要指标。计重效率是指用人工尘试验，在任意一个试验周期内，受试样机集尘量与发尘量之比，即受试样机捕集灰尘粒子重量的能力；容尘量是指额定风量下，受试样机达到终阻力时所捕集的人工尘总质量，通常用于评价样机寿命。

测试方法如下：

（1）安装好被测空气净化设备，空吹 10～20min，记录被测样机的初阻力，然后取下检测装置末端亚高效过滤器，称量其质量，记录初始质量值；

（2）称量一定质量干燥的人工尘（30～90g），加入人工尘发尘器中；

（3）调整系统风量至额定风量，待风量测试稳定后，开启人工尘发尘器进行容尘试验；

（4）初始发尘阶段：在额定风量下，初次发尘 30g，取下检测装置末端亚高效过滤器，称量其质量然后计算出受试样机的初始计重效率。

（5）初始发尘阶段结束以后，在到达终阻力前至少发 4 次大致相等的人工尘，然后算出每次的计重效率，得出计重效率和容尘量的曲线。

（6）计重效率的计算

$$A_j = (1 - m_j/M_j) \times 100\%$$

式中，m_j——容尘阶段"j"期间穿过受试样机的粉尘质量（末端亚高效过滤器质量增量以及受试样机之后风道中的积尘），g；

M_j——容尘阶段"j"的发尘质量，g；

A_j——容尘阶段"j"的计重效率，%；

平均计重效率 A_m 的计算如下

$$A_m = (1/M) \times (M_1 \times A_1 + M_2 \times A_2 + \cdots + M_n \times A_n)$$

式中，M——总发尘量，g；

（7）容尘量：用发尘总质量乘以平均计重效率，得出容尘量。

4. PM_{10} 或 $PM_{2.5}$ 一次通过净化效率测试

测试原理：在空气净化设备入口段发生一定浓度的 KCl 固态气溶胶，分别测定空气净化设备入口处管道空气中颗粒物（PM_{10} 或 $PM_{2.5}$）质量浓度和出口处管道空气中颗粒物（PM_{10} 或 $PM_{2.5}$）质量浓度，通过空气净化装置入口、出口空气中颗粒物（PM_{10} 或 $PM_{2.5}$）质量浓度之差与入口空气中颗粒物（PM_{10} 或 $PM_{2.5}$）质量浓度之比，得到 PM_{10} 或 $PM_{2.5}$ 一次通过净化效率。

测试方法如下：

（1）开启检测装置风机，调节风机风量至空气净化设备额定风量；

（2）开启 KCl 多分散固态气溶胶发生器，在空气净化设备入口处管道中发生满足试验浓度要求的颗粒物（入口处管道中 PM_{10} 或 $PM_{2.5}$ 浓度宜控制在 8S±2S，S 为国家标准《环境空气质量标准》GB 3095—2012 中所规定的二级 24 小时平均浓度限值）；

（3）待发尘稳定后，在入口处管道采样处和出口处管道采样处分别用粉尘仪进行测试，取至少 6 次测试的平均值作为上游浓度值或下游浓度值；